W0262780

Teubner Studienskripten Elektrotechnik

Ebel,	Regelungstechnik 3., neubearbeitete und erweiterte Auflage. 200 Seiten. DM 15,80
Ebel,	Beispiele und Aufgaben zur Regelungstechnik 2., überarbeitete Aufl. 151 Seiten. DM 12,80
Eckhardt,	Numerische Verfahren in der Energietechnik 208 Seiten. DM 16,80
Fender,	Fernwirken 112 Seiten. DM 12,80
Freitag,	Einführung in die Vierpoltheorie 2., durchgesehene Aufl. 128 Seiten. DM 12,80
Frohne,	Einführung in die Elektrotechnik Band 1 Grundlagen und Netzwerke 4., durchgesehene Aufl. 172 Seiten. DM 14,80 Band 2 Elektrische und magnetische Felder 3., durchgesehene und erweiterte Auflage. 281 Seiten. DM 16,80 Band 3 Wechselstrom 3., durchgesehene Aufl. 200 Seiten. DM 15,80
Gad,	Feldeffektelektronik 266 Seiten. DM 17,80
Gerdsen,	Hochfrequenzmeßtechnik 223 Seiten. DM 16,80
Gerdsen,	Digitale Übertragungstechnik 322 Seiten. DM 18,80
Goerth,	Einführung in die Nachrichtentechnik 184 Seiten. DM 14,80
Haack,	Einführung in die Digitaltechnik 3., neubearbeitete und erweiterte Auflage. 232 Seiten. DM 16,80
Harth,	Halbleitertechnologie 2., überarbeitete Aufl. 135 Seiten. DM 14,80
Heidermanns,	Elektroakustik 138 Seiten. DM 12,80
Hilpert,	Halbleiterbauelemente 3., erweiterte Aufl. 184 Seiten. DM 14,80
Höhnle,	Elektrotechnik mit dem Taschenrechner 228 Seiten. DM 16,80
Kirschbaum,	Transistorverstärker Band 1 Technische Grundlagen 2., durchgesehene Aufl. 215 Seiten. DM 15,80 Band 2 Schaltungstechnik Teil 1 2., durchgesehene Aufl. 231 Seiten. DM 15,80 Band 3 Schaltungstechnik Teil 2 2., durchgesehene Aufl. 247 Seiten. DM 16,80
Morgenstern,	Farbfernsehtechnik 230 Seiten. DM 16,80

Fortsetzung auf der 3. Umschlagseite

Zu diesem Buch

Dieses Skriptum behandelt Inhalt und Ergänzung
des dritten Teils einer vom Verfasser an der
Fachhochschule Koblenz gehaltenen Vorlesung.
Es beschreibt den Transistor im praktischen
Einsatz als Verstärker.

Beim Leser werden die im ersten Band dargeleg-
ten Transistorgrundlagen und mathematische
Grundkenntnisse, die elementaren Grundlagen
über Gleich- und Wechselstrom sowie der Stoff
des zweiten Bandes vorausgesetzt.

Aufgrund der sehr ausführlichen Darstellung
eignet es sich besonders zum Selbststudium.

Durch die zahlreichen Beispiele, denen stets
Daten, Diagramme und Kennlinien der Industrie
zugrunde liegen, wird der Leser mit den Anwendungen des behandelten Stoffes vertraut gemacht. Viele dieser Beispiele führen zu vollständig dimensionierten charakteristischen
Verstärkerschaltungen.

Dieses Buch wendet sich an die Studierenden
der Elektrotechnik und Physik an Fachhoch-
schulen und Technischen Universitäten sowie
an alle Interessenten, die eine breite,
praxisnahe Darstellung bevorzugen.

Transistorverstärker

3 Schaltungstechnik Teil 2

Von Dr.-Ing. H.-D. Kirschbaum

Professor an der Fachhochschule
des Landes Rheinland-Pfalz
Abteilung Koblenz

2., durchgesehene Auflage
Mit 105 Bildern, 34 Beispielen,
2 Tabellen

Springer Fachmedien Wiesbaden GmbH

Dr.-Ing. Hans-Dieter Kirschbaum

1936 geboren in Kehl a.Rh. Studium der Elektrotechnik (Studienrichtung Nachrichtentechnik) an
der Technischen Hochschule Karlsruhe. 1963 Dipl.-
Ing. 1963 bis 1970 Wissenschaftlicher Assistent
am Institut für Hochfrequenztechnik und Hoch-
frequenzphysik der Technischen Hochschule Karlsruhe. SS 66 und WS 66/67 Lehrbeauftragter für
Grundlagen der Elektrotechnik an der Staatlichen Ingenieurschule in Karlsruhe. 1970 Promo-
tion. 1970 Dozent für Hochfrequenztechnik an der
Staatlichen Ingenieurschule Koblenz mit nachfol-
gender Berufung zum Professor an der Fachhochschule (1972).

Kirschbaum, Hans-Dieter:
Transistorverstärker / von H.-D. Kirschbaum. -
Stuttgart : Teubner

3. Schaltungstechnik : Teil 2. - 2., durchges.
Aufl. - 1983.
   (Teubner-Studienskripten ; 76 : Elektrotechnik)

   ISBN 978-3-519-10076-8   ISBN 978-3-322-92673-9 (eBook)
   DOI 10.1007/978-3-322-92673-9

NE: GT

Gesamtherstellung: Beltz Offsetdruck, Hemsbach/Bergstr.
Umschlaggestaltung: W. Koch, Sindelfingen

Vorwort zur 2. Auflage

Die Änderungen gegenüber der 1. Auflage beschränken sich auf
die Beseitigung erkannter Tippfehler und das Aktualisieren der
Transistordaten sowie auf das Überarbeiten einiger ungeschickt
formulierter Textteile.

Weil der Einsatz integrierter Verstärkerschaltungen in den
letzten Jahren stark zugenommen hat, ist es sicher sinnvoll,
in dieses Lehrbuch auch ein Kapitel über IC-Verstärker einzu-
gliedern. In dem vorliegenden bereits sehr umfangreichen
Skriptum wäre durch Kürzen der bisherigen Abschnitte jedoch
lediglich eine datenblattähnliche Behandlung einiger weitver-
breiteter Verstärker-IC möglich gewesen. Eine solch knappe Behandlung kann nicht auf die interne prinzipielle Ausführung
der IC's eingehen, deren Kenntnis die Anwendung erleichtert
und die Anpassung an spezielle Probleme ermöglicht (eine in-
formationsreiche Darstellung findet man z.B. in [27]).

In dieses zu Recht vermißte Kapitel wären auch die nicht behandelten Differenzverstärker und schließlich die damit sehr
eng zusammenhängenden Operationsverstärker einzubeziehen.

Es ist zweckmäßiger, diesen fehlenden Stoff in einem Extra-
band zu behandeln, der gegenüber der typenneutralen Darstellung der Verstärkergrundlagen in den vorliegenden Bänden in
kürzeren Zeitabständen aktualisiert werden müßte, weil die
Behandlung der Verstärker-IC's sicher nicht ohne Typennennun-
gen auskommen kann.

Dieses Vorgehen erscheint mir deshalb auch sinnvoller, weil
Rundfunk- und Fernsehtechnik, in der IC-Verstärker hauptsächlich angewandt werden, vermutlich in Wahlvorlesungen, der
Grundlagenstoff der drei Bände aber vorwiegend in der "Hochfrequenztechnik" angeboten wird. Ein gesondertes Skriptum käme
auch dem Stoff "Operationsverstärker" entgegen, der überwiegend in dem Fach "Elektronik" behandelt werden dürfte.

Da sich dieser Ergänzungsteil unmittelbar an den zweiten Band
anschließt, wurde außer bei der Seitenzahl die Numerierung der
Abschnitte, Bilder, Gleichungen, Beispiele und Tabellen nicht
neu begonnen.

Koblenz, im Dezember 1982   H.-D. Kirschbaum

Inhalt

4.8. Stabilitätsbedingung für Transistorverstärker

Durch die innere Rückkopplung, [2] S.104, ist der Transistor nicht rückwirkungsfrei. Aufgrund dieser Tatsache ist z.B. die Eingangsadmittanz $Y_1 = G_1 + jB_1$ des Transistors abhängig von der am Transistorausgang angeschlossenen Lastadmittanz $Y_{1w} = G_{1w} + jB_{1w}$, [2] Gl.(76). Diese Abhängigkeit kann unter bestimmten Bedingungen sogar dazu führen, daß der Realteil G_1 der Betriebs-Eingangsadmittanz Y_1 negative Werte annimmt. Für den, der zum ersten Mal mit diesem Problem konfrontiert wird, klingt diese Behauptung ziemlich unglaubhaft. Um diesbezügliche Zweifel auszuräumen, kann man folgendes Beispiel durchrechnen:

Beispiel 59: Für den Transistor, dessen y-Parameter in [2] Bild 17 gegeben sind, ist der Realteil G_1 seiner Eingangsadmittanz zu berechnen, wenn sein Ausgang mit der induktiven Admittanz $Y_{1w} = 120\mu S - j260\mu S$ abgeschlossen und bei der Betriebsfrequenz $f = 450$ kHz der Arbeitspunkt $I_C = 3$ mA, $U_{CE} = 10$ V eingestellt ist.

L ö s u n g :   Aus [2] Bild 17 wird abgelesen:

$$y_{11e} = 0,8 \text{ mS} + j\,0,11 \text{ mS} \qquad y_{12e} = 2,8 \text{ } \mu S \text{ } exp(-j90^\circ)$$

$$y_{21e} = 95,5 \text{ mS } exp(j0^\circ) \qquad y_{22e} = 10,9 \text{ } \mu S + j5\mu S$$

Setzt man diese komplexen Parameter und die gegebene Last Y_{1w} in [2] Gl.(76) ein, so ergibt sich als Realteil der Eingangsadmittanz der negative Wert $G_1 \approx -30\mu S$.

Bei einem negativen Realteil G_1 der Eingangsadmittanz Y_1 besteht die Gefahr einer unerwünschten Selbsterregung der Verstärkerstufe (wildes Schwingen). Ist z.B. am Transistoreingang ein Parallelresonanzkreis mit dem Resonanzleitwert G angeschlossen, so wird dieser Kreis durch den negativen Realteil G_1 entdämpft und zu Schwingungen angeregt, wenn das Größenverhältnis $G < |G_1|$ vorliegt.

Eine Verstärkerschaltung die schwingt, bezeichnet man als instabil. Da ein Transistorverstärker mit $G_1 < 0$ nicht notwendigerweise instabil sein muß (in dem oben angeführten Parallelresonanzkreis treten z.B. keine Schwingungen auf, wenn $|G_1|<G$ ist), bezeichnet man ihn als <u>bedingt stabil</u> bzw. auch <u>bedingt instabil</u>, weil eine Instabilität möglich ist.

Im folgenden soll untersucht werden, unter welchen Bedingungen der Realteil G_1 der Eingangsadmittanz negative Werte annimmt und dadurch der Verstärker instabil werden kann.

Hierzu berechnen wir zunächst einmal die Beziehung, die erfüllt sein muß, damit der Realteil G_1 Null wird. Daraus läßt sich dann leicht die Bedingung ableiten, für die ein negativer Realteil G_1 auftritt, d.h. $G_1<0$ ist.

Der Realteil G_1 kann nach $[2]$ Gl.(76) durch die komplexen y-Parameter des Transistors und durch die Lastadmittanz Y_{1w} ausgedrückt werden. Hierzu ersetzen wir zunächst in $[2]$ Gl.(76) alle vier y-Parameter und die Last Y_{1w} jeweils durch ihre arithmetische Form, $[2]$ Gl.(63) und $[2]$ Gl.(73). Im Zähler des Bruches aus $[2]$ Gl.(76) steht die komplexe Größe $y_{12}y_{21}=\mathrm{Re}(y_{12}y_{21}) + j\mathrm{Im}(y_{12}y_{21})$, wobei

$$g_{12}g_{21} - b_{12}b_{21} = \mathrm{Re}(y_{12}y_{21}) \tag{335}$$

$$g_{12}b_{21} + g_{21}b_{12} = \mathrm{Im}(y_{12}y_{21}) \tag{336}$$

gilt. Multipliziert man diesen Bruch im Zähler und Nenner mit dem konjugiert komplexen Nenner $(g_{22}+G_{1w})-j(b_{22}+B_{1w})$ und ordnet den Gesamtausdruck nach Real- und Imaginärteil, so ergibt sich für den Realteil G_1 der Eingangsadmittanz

$$G_1=g_{11} - \frac{(g_{22}+G_{1w})\mathrm{Re}(y_{12}y_{21})+(b_{22}+B_{1w})\mathrm{Im}(y_{12}y_{21})}{(g_{22}+G_{1w})^2 + (b_{22}+B_{1w})^2} \tag{337}$$

Die Realteile g_{11} und g_{22} der Parameter y_{11} und y_{22} sind bei allen Transistoren positiv, $[2]$ S.80. Außerdem darf für alle praktischen Fälle vorausgesetzt werden, daß der Realteil der Lastadmittanz positiv ist, $G_{1w} \geqq 0$. Der Imaginärteil B_{1w} von Y_{1w} kann jedoch kapazitiv oder induktiv sein, B_{1w} ist also beliebig anzusetzen.

Da der Transistor sich an der Grenze der möglichen Instabilität befindet, wenn der Realteil G_1 Null wird, setzen wir die

Gl.(337) gleich Null. Verwendet man hierbei die Abkürzungen

$$x = g_{22} + G_{1w} = \text{Re}(y_{22} + Y_{1w}) \tag{338}$$

$$y = b_{22} + B_{1w} = \text{Im}(y_{22} + Y_{1w}) \tag{339}$$

$$x_M = \frac{\text{Re}(y_{12}y_{21})}{2g_{11}} \quad ; \quad y_M = \frac{\text{Im}(y_{12}y_{21})}{2g_{11}} \tag{340}$$

d.h.

$$x_M^2 + y_M^2 = \left(\frac{|y_{12}y_{21}|}{2g_{11}}\right)^2 \tag{341}$$

so lautet die mit der positiven Größe $(x^2+y^2)/g_{11}$ multiplizierte Bedingungsgleichung

$$x^2 - 2x_M x + y^2 - 2y_M y = 0 \tag{342}$$

Die Terme mit x und y auf der linken Seite lassen sich jeweils zum Quadrat eines Binoms ergänzen, wenn auf der rechten Seite die quadratische Ergänzung addiert wird:

$$(x - x_M)^2 + (y - y_M)^2 = x_M^2 + y_M^2 \tag{343}$$

Dies ist die Gleichung eines Kreises in der x, y-Ebene mit dem Mittelpunkt M $(x_M; y_M)$ und dem Radius $r_M = \sqrt{x_M^2 + y_M^2}$.
Mit den ursprünglichen Bezeichnungen läßt sich Gl.(343) auf die Form

$$\left[G_{1w} - \left(\frac{\text{Re}(y_{12}y_{21})}{2g_{11}} - g_{22}\right)\right]^2 + \left[B_{1w} - \left(\frac{\text{Im}(y_{12}y_{21})}{2g_{11}} - b_{22}\right)\right]^2 = $$

$$= \left(\frac{|y_{12}y_{21}|}{2g_{11}}\right)^2 \tag{344}$$

bringen. Die Gl.(344) stellt in der Komponentenebene (G_{1w}, B_{1w}-Ebene) der Lastadmittanz Y_{1w} also einen Kreis dar. Der Kreismittelpunkt M (a;b) hat unter Verwendung der Abkürzung in [2] Gl.(88) die Abszisse

$$a = \frac{\mathrm{Re}(y_{12}y_{21})}{2g_{11}} - g_{22} = \frac{g_{22}}{2}\,(\varrho - 2) \tag{345}$$

und mit der Abkürzung in $\begin{bmatrix}2\end{bmatrix}$ Gl.(87) die Ordinate

$$b = \frac{\mathrm{Im}(y_{12}y_{21})}{2g_{11}} - b_{22} = \frac{g_{22}}{2}\,\sigma - b_{22} \tag{346}$$

Für den Radius findet man die Beziehung

$$r = \frac{|y_{12}y_{21}|}{2g_{11}} = \frac{g_{22}}{2}\sqrt{\varrho^2 + \sigma^2} \tag{347}$$

Für jeden Y_{lw}-Wert, dessen Darstellung in der G_{lw}, B_{lw}-Ebene
auf dem Umfang des Kreises nach Gl.(344) liegt, wird der Realteil G_1 der Eingangsadmittanz gleich Null.
Es ist leicht einzusehen, daß durch die Forderung $G_1 < 0$ an den
Ausdrücken links und rechts von Gl.(344) nichts geändert wird.
Aus der Gleichung wird lediglich eine Ungleichung: die linke
Seite muß kleiner sein als die rechte Seite. Dies bedeutet,
daß für jeden Y_{lw}, dessen Darstellung in der G_{lw}, B_{lw}-Ebene
innerhalb des Kreises zu liegen kommt, die Eingangsadmittanz
einen negativen Realteil G_1 aufweist. Außerhalb des Kreises
liegen die Y_{lw}-Werte, die zu einem positiven Realteil G_1 führen.

Beispiel 60: In einer Verstärkerschaltung soll der Transistor-
typ verwendet werden, dessen y-Parameter in $\begin{bmatrix}2\end{bmatrix}$ Bild 17 gegeben sind. Als Arbeitspunkt sind für den Transistor die Werte
I_C=3 mA und U_{CE}=10 V vorgesehen. Man untersuche, für welche
Lastadmittanzen Y_{lw} mit positivem Realteil G_{lw} der Verstärker
bei den Betriebsfrequenzen 450 kHz, 100 MHz und 200 MHz möglicherweise instabil werden kann.

L ö s u n g : Die y-Parameter bei 450 kHz wurden bereits in
Beisp.59, die bei 100 MHz in $\begin{bmatrix}2\end{bmatrix}$ S.86 und diejenigen bei
200 MHz in $\begin{bmatrix}2\end{bmatrix}$ S.87 aufgeführt. Die Daten für den Kreis aus
Gl.(344) sind in Tab.13 zusammengestellt.

Gl.	ϱ	σ	a	b	r
	[2]Gl.(88)	[2]Gl.(87)	(345)	(346)	(347)
f=450kHz	0	-30,67	-10,9µS	-172µS	167µS
f=100MHz	-45,8	-15,8	- 1,51mS	-1,6mS	1,53mS
f=200MHz	-15,2	3,5	- 1,1mS	-2,0mS	1,0mS

Tabelle 13   Rechenergebnisse zu Beisp.60

Nur der Kreis für 200 MHz (Bild 81b) verläuft vollständig in
der linken Halbebene. Weil bei den anderen zwei Frequenzen
|a|<r ist, verlaufen die zugehörigen Kreise (Bild 81) teilwei-
se in der rechten Halbebene. Für induktive Lastadmittanzen
Y_{lw} ist demnach eine Instabilität möglich. Der Punkt A in
Bild 81a

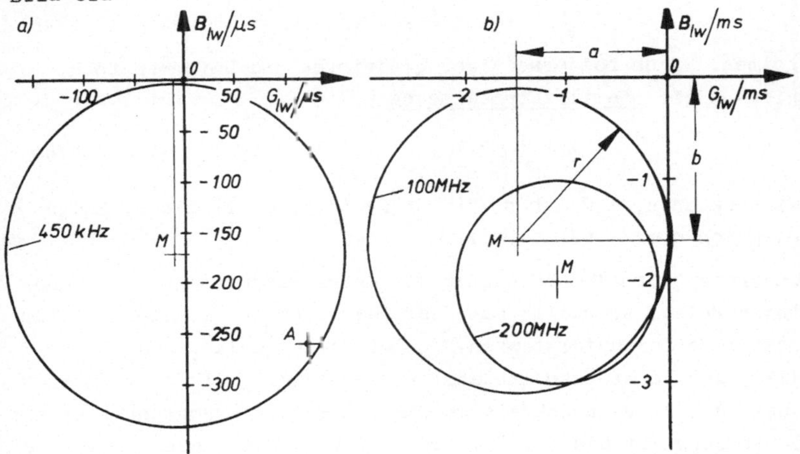

Bild 81   Ortskurven für eine rein imaginäre Eingangsadmittanz
des Transistors. Parameter: Frequenz

markiert z.B. die Lastadmittanz aus Beisp.59. In der Praxis
hat nur die rechte Halbebene eine Bedeutung, weil der Realteil
G_{lw} der Last stets positiv ist. Wenn also - wie im obigen
Beispiel bei der Frequenz 200 MHz - der Kreis vollständig in
der linken Halbebene verläuft, kann

die Schaltung nicht mehr instabil werden. Die Schaltung ist
nur dann bedingt instabil, wenn der Kreis die B_{1w}-Achse
schneidet. Aus dieser Erkenntnis läßt sich offentsichtlich
eine Bedingung herleiten, die gewährleistet, daß der Verstärker für jede Last mit positivem Realteil absolut stabil arbeitet. Dies ist der Fall, wenn
1.) die Abszisse des Kreismittelpunktes negativ ist, $a < 0$ und
außerdem
2.) der Abstand des Kreismittelpunktes von der Ordinatenachse
gleich groß ist wie der Kreisradius bzw. größer als r ist,
$|a| \geqq r$.
Wegen der 1. Bedingung folgt aus Gl.(345) die Forderung $\rho < 2$.
Beide Bedingungen sind erfüllt für $a + r \leqq 0$. Mit Gl.(345)
und (347) muß also die Ungleichung

$$\sqrt{\rho^2 + \sigma^2} \leqq 2 - \rho \tag{348}$$

gelten. Durch beiderseitiges Quadrieren und Umformen folgt
hieraus die <u>Stabilitätsbedingung</u>

$$\rho + \frac{1}{4}\sigma^2 \leqq 1 \tag{349}$$

Wir erkennen, daß mit $\rho \leqq 1 - \sigma^2/4$ (d.h. $\rho \leqq 1$) die 1. Bedingung von oben erfüllt ist.

Untersucht man das Verhalten der Ausgangsadmittanz Y_2 in ana-
loger Weise, so stellt man fest, daß auch ihr Realteil G_2 für
bestimmte Innenadmittanzen Y_{iw} der Steuerquelle negativ und
damit der Verstärker instabil werden kann, falls an seinem
Ausgang ein Resonanzkreis geschaltet ist. Ausgangspunkt dieser
Berechnung ist die Gl.(77) aus [2]. Vergleicht man sie mit der
oben verwendeten Beziehung für Y_1, [2] Gl.(76), so ist festzustellen, daß lediglich die Parameter y_{11} und y_{22} ihre Plätze
vertauscht haben und anstelle von Y_{1w} jetzt Y_{iw} zu finden ist.
Dies bedeutet, daß sich aus der Bedingung $G_2 = 0$ wieder eine
zu Gl.(344) analoge Kreisgleichung ergibt. Statt g_{11} steht
jetzt g_{22} und umgekehrt, für b_{22} steht b_{11} und anstelle von
G_{1w} steht G_{iw} sowie für B_{1w} jetzt B_{iw}. Die Größen ρ und σ

ändern ihre Werte nicht. Die Ortskurve für eine rein imaginäre Ausgangsadmittanz stellt also ebenfalls einen Kreis dar;
jetzt aber in der Komponentenebene (G_{iw}, B_{iw}-Ebene) der Innenadmittanz des Steuergenerators. Die Mittelpunktskoordinaten
lauten

$$a' = \frac{g_{11}}{2} \, (\varrho - 2) \; ; \qquad b' = \frac{g_{11}}{2} \, \sigma \, - b_{11} \qquad (350)$$

und für den Radius gilt

$$r' = \frac{g_{11}}{2} \, \sqrt{\varrho^2 + \sigma^2} \qquad (351)$$

Der Verstärker wird wiederum möglicherweise instabil, wenn
der Admittanz Y_{iw} ein Punkt im Inneren des Kreises entspricht.
Er ist für $G_{iw} \gtreqless 0$ absolut stabil, wenn $a' + r' \leqq 0$. Aus dieser Bedingung folgt wieder die Gl.(349).
Wenn die Realteile G_{iw} und G_{lw} positiv sind, werden weder der
Realteil G_1 der Eingangsadmittanz Y_1 noch der Realteil G_2 der
Ausgangsadmittanz Y_2 negativ, falls die Bedingung in Gl.(349)
erfüllt ist. Der Verstärker ist dann <u>absolut stabil</u>.
Es fällt sofort auf, daß die Stabilitätsbedingung in Gl.(349)
identisch ist mit der aus $[2]$ Gl.(91) ableitbaren Bedingung
für die Möglichkeit der beiderseitigen Leistungsanpassung
eines Transistors. Daraus folgt das Ergebnis:

Nur bei absolut stabilen Verstärkerstufen können die Innenadmittanz Y_{iw} und die Lastadmittanz Y_{lw} so gewählt werden,
daß gleichzeitig am Ein- und Ausgang Leistungsanpassung herrscht.

Durch Umschreiben läßt sich die Bedingung in Gl.(349) auch
noch in eine andere Form bringen:
Wir verwenden hierfür die Schreibweise aus Gl.(348). Die linke
Seite entspricht nach Gl.(347) der Größe $|y_{12}y_{21}|/(g_{11}g_{22})$.
Mit der Abkürzung $[2]$ Gl.(88) erhält dann die <u>Stabilitätsbe-</u>
<u>dingung</u> die oft verwendete Form

$$|y_{12}y_{21}| + \mathrm{Re}(y_{12}y_{21}) \leqq 2g_{11}g_{22} \qquad (352)$$

Falls diese hinreichende aber nicht notwendige Bedingung nicht

erfüllt ist, gibt es einfache Möglichkeiten, die eventuell
auftretende Instabilität zu unterdrücken. Man muß hierzu lediglich den Transistor durch Zuschalten von geeigneten Widerständen in einen neuen Gesamtvierpol überführen, dessen y-
Parameter (wir kennzeichnen sie hier durch einen hochgestellten Strich) die Ungl.(352) erfüllen. Im einfachsten Fall genügt es, wenn dem Ein- und Ausgang des Transistors je ein
Widerstand parallelgeschaltet wird, Bild 82a).

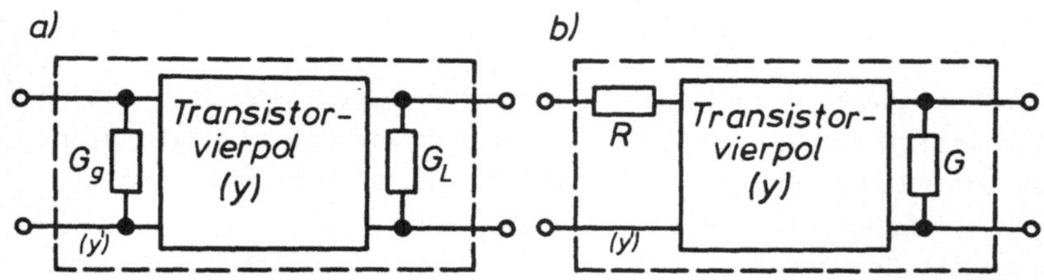

Bild 82   Einfache Stabilisierung eines Transistors

Die y-Matrix für den Gesamtvierpol lautet jetzt (ausgedrückt
durch die y-Parameter des Transistors):

$$(y') = \begin{pmatrix} y_{11}+G_g & y_{12} \\ y_{21} & y_{22}+G_L \end{pmatrix} \tag{353}$$

Es werden also lediglich die Realteile von y_{11} und y_{22} vergrößert, $g'_{11}=g_{11}+G_g$ und $g'_{22}=g_{22}+G_L$. Die Parameter y_{12} und y_{21}
bleiben unverändert, $y'_{12}=y_{12}$ und $y'_{21}=y_{21}$.

Schreibt man die Ungl.(352) für den Gesamtvierpol mit seinen
Parametern y' auf, so ergibt sich unter Berücksichtigung der
Gl.(353) die Forderung

$$|y_{12}y_{21}| + \mathrm{Re}(y_{12}y_{21}) \lessgtr 2(g_{11} + G_g)(g_{22} + G_L) \tag{354}$$

Man kann die Leitwerte G_g und G_L also stets so wählen, daß
die Ungl.(354) erfüllt wird. Die Schaltung ist dann für belie-
bige Belastungen (mit positivem Realteil) am Ein- und Ausgang
stabil.

Da diese Methode für den Transistor eine Fehlanpassung bedeutet (der eigentliche Transistorvierpol wurde ja als bedingt stabil, d.h. als nicht anpassbar vorausgesetzt), wird die Stabilität auf Kosten der Leistungsverstärkung des Transistors erreicht.

Die Stabilität der Schaltung ist umso besser gewährleistet, je größer die rechte Seite in der Ungl.(354) gegenüber der linken Seite ist, d.h. je größer der sog. Stabilitätsfaktor

$$s = \frac{2(g_{11} + G_g)(g_{22} + G_L)}{|y_{12}y_{21}| + \text{Re}(y_{12}y_{21})} \tag{355}$$

gewählt werden kann. Parameteränderungen, die z.B. durch Speisespannungs- oder Temperaturschwankungen bzw. durch Exemplarstreuungen entstehen, können dann keine Selbsterregung auslösen.

Der Stabilitätsfaktor s gibt an, wie weit der Verstärker von der Schwinggrenze bei s=1 entfernt ist. Der Verstärker ist stabil für s > 1. Je größer der Wert von s ist, um so weiter ist er von einer eventuellen Selbsterregung entfernt. Bei einem rückwirkungsfreien Transistor mit y_{12}=0 geht s gegen Unendlich.

Da der Gesamtvierpol in Bild 82 die Stabilitätsbedingung erfüllt, kann bei ihm die beiderseitige Leistungsanpassung erreicht werden. Für einen vorgegebenen Stabilitätsfaktor s lassen sich daher die optimalen Werte für die Admittanzen Y_{iw} und Y_{lw} berechnen, [3] Abschn.4.3. Der sehr umfangreiche Rechengang und die unhandlichen Ergebnisse werden hier nicht wiedergegeben.

Das Bild 82b) zeigt eine weitere in [4] S.196 angegebene einfache Stabilisierungsmöglichkeit. Diese äußere Beschaltungsart verändert alle y-Parameter und zwar so, daß sich die Grössenverhältnisse

$$|y'_{12}y'_{21}| < |y_{12}y_{21}| \quad ; \quad \text{Re}(y'_{12}y'_{21}) < \text{Re}(y_{12}y_{21})$$

$$g'_{11} < g_{11} \qquad\qquad g'_{22} > g_{22} \tag{356}$$

ergeben. Die Stabilitätsbedingung ist auf diese Weise also auch zu erfüllen. Wenn die Ungl.(352) mit den h-Parametern des Transistors angeschrieben wird, [4] Gl.(6.83)

$$|h_{12}h_{21}| + Re(h_{12}h_{21}) \lessgtr 2\, Re(h_{11})Re(h_{22}), \tag{357}$$

ist dies leichter einzusehen: Die Beschaltung gem. Bild 82b) vergrößert lediglich die Realteile $Re(h_{11})$ und $Re(h_{22})$ und läßt die Parameter h_{12} und h_{21} unverändert.

Die innere Rückkopplung des Transistors macht sich besonders bei selektiven Hochfrequenzverstärkern sehr störend bemerkbar. Um die geforderte Selektivität zu erreichen, werden bei dieser Verstärkerart (siehe Abschn.4.10) die einzelnen Verstärkerstufen durch ein oder mehrere Resonanzkreise (Filter) gekoppelt. Sowohl die Innenadmittanz Y_{iw} des Generators als auch die Lastadmittanz Y_{lw} werden hierdurch für den einzelnen Transistor komplex und stark frequenzabhängig; sie weisen außerdem Resonanzeffekte auf. Zwangsläufig erscheinen diese Resonanzeffekte auch im Frequenzgang der Transistor-Ein- und Ausgangsadmittanz, weil diese entsprechend den Gln.(76) und (77), [2], von der Belastung auf der Gegenseite abhängen. Das nachfolgende Beispiel soll dies veranschaulichen.

<u>Beispiel 61</u>: In der HF-Verstärkerstufe nach Bild 83a) wird der Transistor beiderseitig durch einen Resonanzkreis belastet. Man untersuche den resultierenden Einfluß auf die Ein- und Ausgangsadmittanz des Transistors. Hierzu berechne man die Frequenzabhängigkeit

a) des Realteils G_1 der Eingangsadmittanz sowie der Eingangskapazität $C_{in}(Y_1 = G_1 + j\omega C_{in})$

b) des Realteils G_2 der Ausgangsadmittanz sowie der Ausgangskapazität $C_{out}(Y_2 = G_2 + j\omega C_{out})$ des Transistors. Die Abhängigkeit der Transistor-y-Parameter von der Frequenz ist für den eingestellten Arbeitspunkt in Bild 84 gegeben. Die verwendeten Bauelemente haben folgende Werte:

$R_E = 1,2\ k\Omega$; $R_g = 2\ M\Omega$; C_3 bis C_6 jeweils $0,3\ \mu F$; $L_1 = L_2 = 200\ \mu H$;

$C_1^* = C_2^* = 126{,}7$ pF. Die Leitwerte $G_{p1}=G_{p2}=4$ µS stellen die Eigenverluste der Schwingkreise dar.

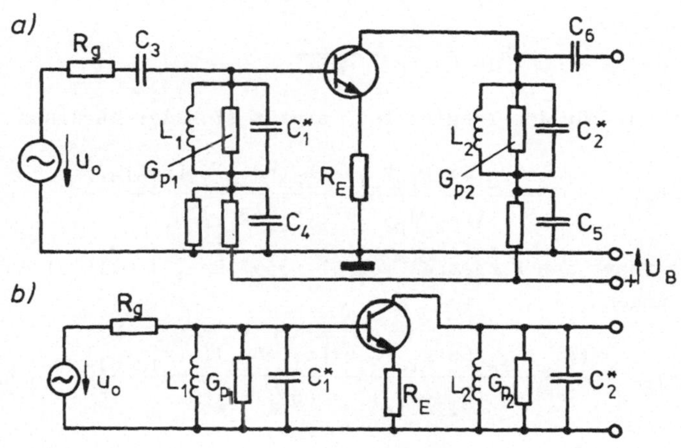

Bild 83 HF-Verstärker für f=1 MHz a) Schaltplan
b) Ersatzschaltbild

L ö s u n g : Die Resonanzfrequenz der Kreise beträgt jeweils $f_o=1$ MHz. Aus dem in Bild 83b) gezeichneten Ersatzschaltbild läßt sich ablesen:

$$Y_{1w} \overset{(399)}{=} G_{p2}+j\left(\omega C_2^* - \frac{1}{\omega L_2}\right) \qquad (358)$$

$$Y_{iw} = G_{iw}+j\left(\omega C_1^* - \frac{1}{\omega L_1}\right) \qquad (359)$$

Der Leitwert G_{iw} stellt den Gesamtwert dar, der durch die Parallelschaltung der Bauelemente R_g und G_{p1} entsteht. Durch Einsetzen von Gl.(358) in [2] Gl.(76) erhält man wieder Gl.(337) für den Realteil G_1

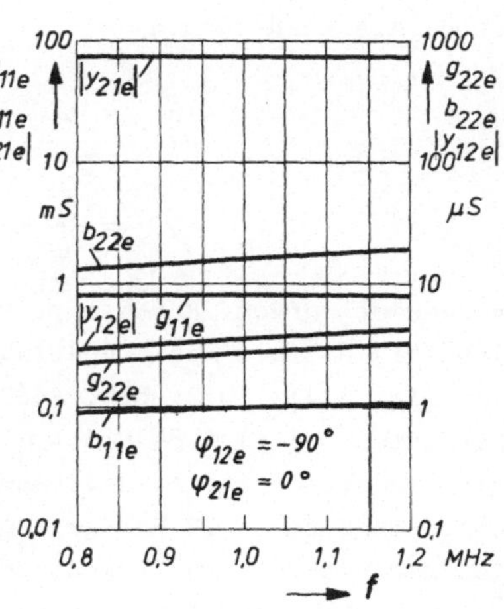

Bild 84
y-Parameter zu Beisp.61

18

von Y_1; es ist dort lediglich

$$G_{1w} = G_{p2} \tag{360}$$

$$B_{1w} = \omega C_2^* - \frac{1}{\omega L_2} \tag{361}$$

zu setzen. Für den Imaginärteil ergibt sich der Ausdruck

$$B_1 = b_{11} - \frac{(g_{22}+G_{p2})\mathrm{Im}(y_{12}y_{21}) - (b_{22}+B_{1w})\mathrm{Re}(y_{12}y_{21})}{(g_{22}+G_{p2})^2 + (b_{22}+B_{1w})^2} \tag{362}$$

Analog führt das Einsetzen von Gl.(359) in $\begin{bmatrix}2\end{bmatrix}$ Gl.(77) auf die Beziehungen

$$G_2 = g_{22} - \frac{(g_{11}+G_{iw})\mathrm{Re}(y_{12}y_{21}) + (b_{11}+B_{iw})\mathrm{Im}(y_{12}y_{21})}{(g_{11}+G_{iw})^2 + (b_{11}+B_{iw})^2} \tag{363}$$

$$B_2 = b_{22} - \frac{(g_{11}+G_{iw})\mathrm{Im}(y_{12}y_{21}) - (b_{11}+B_{iw})\mathrm{Re}(y_{12}y_{21})}{(g_{11}+G_{iw})^2 + (b_{11}+B_{iw})^2} \tag{364}$$

wobei die Abkürzungen

$$B_{iw} = \omega C_1^* - \frac{1}{\omega L_1} \tag{365}$$

$$G_{iw} = \frac{1}{R_g} + G_{p1} \tag{366}$$

verwendet wurden. Für die punktweise Berechnung der Frequenzabhängigkeit des Real- und Imaginärteils von Y_1 bzw. Y_2 nach den Gln.(337), (362) bzw. (363), (364) können die Werte der y-Parameter aus Bild 84 nicht direkt eingesetzt werden, weil der Transistor in der gegebenen Schaltung über den Emitterwiderstand $R_E = 1,2\ \mathrm{k}\Omega$ gegengekoppelt ist. Die y'-Parameter des gegengekoppelten Transistors erhält man mit $\begin{bmatrix}2\end{bmatrix}$ Gl.(180), $\begin{bmatrix}2\end{bmatrix}$ Gl.(71) und der Abkürzung $N = 1+y_{21e}R_E$ näherungsweise zu:

$$y_{11}' \approx y_{11e}/N\ ; \qquad y_{12}' \approx \begin{bmatrix}y_{12e} - \det(y)R_E\end{bmatrix}/N$$

$$y_{21}' \approx y_{21e}/N \; ; \quad y_{22}' \approx y_{22e}/N.$$

Setzt man $B_1 = \omega C_{in}$ und $B_2 = \omega C_{out}$, so ergeben sich die in Bild 85 dargestellten Frequenzgänge.

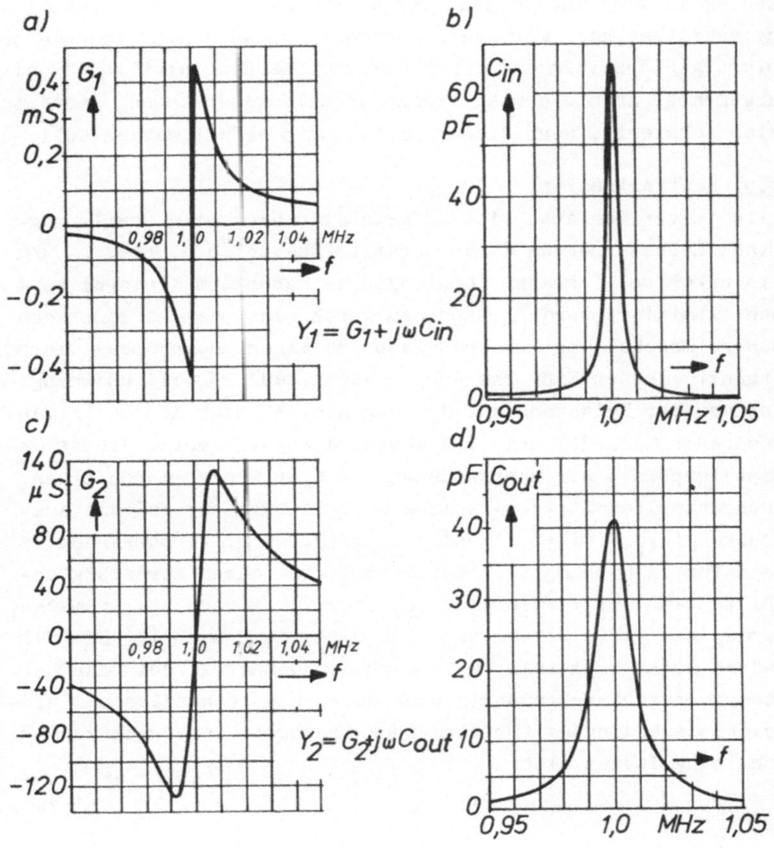

Bild 85 Einfluß eines auf der Gegenseite angeschlossenen Parallelresonanzkreises auf die
a) und b) Eingangsadmittanz Y_1
c) und d) Ausgangsadmittanz Y_2 eines Transistors

Wir erkennen deutlich die vom Ausgang auf den Eingang bzw. in
umgekehrter Richtung transformierten Resonanzeffekte. Durch
diese gegenseitige Verkopplung von Ein- und Ausgangskreis über
die innere Rückwirkung des Transistors wird der Abgleich der
Filter erschwert, weil z.B. eine Verstimmung des Resonanzkrei-
ses am Ausgang auch einen Einfluß auf die Abstimmung des Eingangskreises hat. Der Abgleichvorgang am Ausgangsfilter defor-
miert gleichzeitig die Durchlaßkurve des Eingangsfilters und
umgekehrt. Auch die analytische Schaltungsberechnung gestaltet
sich schwierig, wenn dieser Einfluß mit erfaßt werden soll.

4.9. Neutralisation

Alle im vorigen Abschnitt aufgezählten Nachteile (evtl. mögliche Selbsterregung durch negative Realteile G_1 bzw. G_2 und
die unkontrollierbaren Kopplungen zwischen den Kreisen) können eliminiert werden, wenn man durch eine passend bemessene
äußere Beschaltung den Transistor zu einem neuen Gesamtvierpol
ergänzt, dessen Ein- und Ausgangsadmittanz jeweils unabhängig
ist von der Belastung auf der Gegenseite. Nach den in [2] angegebenen Gln.(76) und (77) müssen die y-Parameter dieses Gesamtvierpols - wir kennzeichnen sie hier wieder durch einen
hochgestellten Strich - solche Werte aufweisen, daß die Aus-
drücke $y'_{12}y'_{21}/(y'_{22}+Y_{1w})$ und $y'_{12}y'_{21}/(y'_{11}+Y_{1w})$ verschwinden.
Rein formal mathematisch betrachtet, ist diese Forderung er-
füllt, wenn der y-Parameter y'_{12} oder y'_{21} gleich Null gemacht
werden kann. Die Vorwärtssteilheit y'_{21} darf nach [2] Gl.(84)
jedoch nicht Null sein, weil auch der Gesamtvierpol eine Leistungsverstärkung gewährleisten soll. Die notwendige und hinreichende Bedingung für eine rückwirkungsfreie Verstärkerschaltung lautet also

$$y'_{12} = 0. \tag{367}$$

Nach [2] Gl.(71) ist dies gleichbedeutend mit der Forderung

$$h'_{12} = 0. \tag{368}$$

Die Maßnahme, mit der ein nicht rückwirkungsfreier Transistor
zu einem rückwirkungsfreien Gesamtvierpol ergänzt wird, be-

zeichnet man als Neutralisation (engl. unilateralization).
Ihr Grundprinzip besteht darin, daß mit Hilfe eines Rückkopp-
lungsvierpols eine künstliche äußere Rückkopplung eingebaut
wird, die die Wirkung der natürlichen inneren Rückkopplung
gerade aufhebt. Bei einer Neutralisationsschaltung handelt es
sich also stets um eine rückgekoppelte Verstärkerstufe. Entsprechend den vielen Möglichkeiten, eine Rückkopplung zu realisieren (siehe [2] S. 144) kann die Neutralisation mit Hilfe
vieler verschiedener Rückkopplungszweige erreicht werden,
[3] S.74. Ebenso wie die Gegenkopplungsschaltungen aus [2]
Abschn.4.6 lassen sich die vier Neutralisations-Grundschal-
tungen bequem mit der Vierpoltheorie analysieren.
Der Rückkopplungsvierpol in Neutralisationsschaltungen soll
selbst keine aktiven Bauelemente enthalten (passiver Vierpol)
und außerdem möglichst einfach aufgebaut sein. Die meisten
praktischen Neutralisationsschaltungen lassen sich daher auf
eine der in [2] in den Bildern 51b), 57b), 71b) angegebenen
Vierpolschemen bzw. auf die Strom-Strom-Rückkopplung, z.B.
[2] Bild 74, zurückführen.
Anhand der im folgenden exemplarisch behandelten sog. Parallel-
Neutralisation oder y-Neutralisation soll dies gezeigt werden.
Bild 86a) zeigt eine in der Praxis häufig verwendete Neutralisationsschaltung. Durch den komplexen Neutralisationsleitwert
Y_N wird ein Bruchteil der Ausgangsspannung in einer bestimmten
Phasenlage auf den Eingang zurückgekoppelt. Der Verstärker ist
neutralisiert, wenn diese äußere Rückwirkungsspannung die
gleiche Amplitude, aber die entgegengesetzte Phase wie die
innere Rückwirkungsspannung hat. Die letztere ist der Bruchteil der Ausgangsspannung, der über den Rückwirkungsleitwert
$y_{b'c} = g_{b'c} + j\omega C_{b'c}$ auf den Eingang gelangt, [2] Bild 32. Mit
dem gegensinnig gewickelten Übertrager wird die erforderliche
Phasendrehung von 180° erreicht. (Die ungleiche Polung der
Wicklungen ist durch die an entgegengesetzten Wicklungsenden
eingezeichneten Punkte gekennzeichnet).
Die Kombination der Emitter-Schaltung mit einem Übertrager
und einer Admittanz Y_N läßt sich als Parallel-Parallelschal-

tung eines Übertragungsvierpols ⓐ und eines Rückkopplungs-
vierpols ⓑ auffassen, Bild 86b).

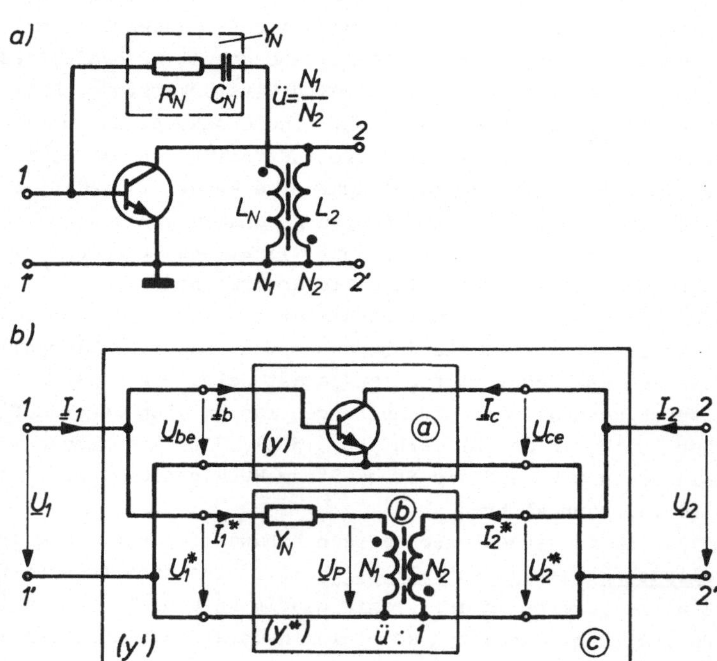

Bild 86   Emitter-Schaltung mit einer y-Neutralisation
          a) Schaltplan (schematisch)
          b) Vierpolschema

Die Dimensionierungsvorschrift für den Neutralisationsleitwert Y_N kann wie folgt abgeleitet werden:
Der Transistor im Übertragungsvierpol ⓐ wird durch das Ersatzschaltbild [2] Bild 32b) ersetzt. Vernachlässigt man hierbei den Basisbahnwiderstand $r_{bb'}$, so ergibt sich mit den Zusammenfassungen aus [2] Gl.(119) das in Bild 87 gezeigte einfache Pi-Glied. Der Zusammenhang zwischen den y-Parametern
des Transistors und den Admittanzen aus dieser Ersatzschaltung
wurde bereits in [2] Beisp.43 berechnet. Aus [2] Tab.8 folgt

daher mit $r_{bb'}=0$ die y-Matrix des Vierpols ⓐ :

$$(y)=\begin{pmatrix} y_{11e} & y_{12e} \\ y_{21e} & y_{22e} \end{pmatrix} = \begin{pmatrix} y_{b'e}+y_{b'c} & -y_{b'c} \\ g_m-y_{b'c} & y_{ce}+y_{b'c} \end{pmatrix} \qquad (369)$$

Zur Berechnung der y-Parameter des Rückkopplungs-
vierpols ⓑ setzen wir
einen idealen Übertrager
mit dem Übersetzungsver-
hältnis

$$\ddot{u} = \frac{N_1}{N_2} = \sqrt{\frac{L_N}{L_2}} \qquad (370)$$

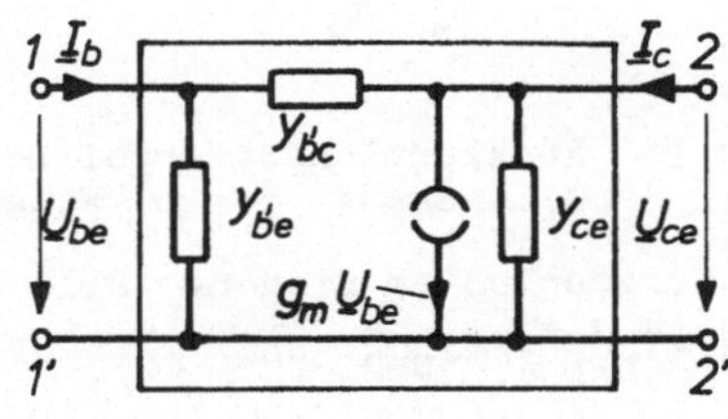

Bild 87

Ersatzschaltbild für den
Transistor ($r_{bb'}=0$)

voraus. Die magnetische
Kopplung zwischen L_N und
L_2 muß in der praktischen
Ausführung möglichst groß (gegen 100 %) sein.
Die Leitwertgleichungen für den Rückkopplungsvierpol ⓑ
lauten

$$I_1^* = y_{11}^* \; U_1^* + y_{12}^* \; U_2^*$$
$$I_2^* = y_{21}^* \; U_1^* + y_{22}^* \; U_2^* \qquad (371)$$

Mit dem in Gl.(370) definierten Übersetzungsverhältnis ü und
mit den in Bild 86 festgelegten Zählrichtungen für die Klem-
mengrößen des gegensinnig gewickelten idealen Übertragers
gilt der Zusammenhang, [5] S.117,

$$U_p = -\ddot{u}U_2^* \quad \text{und} \quad I_2^* = \ddot{u}I_1^* \qquad (372)$$

Bei Kurzschluß am Ausgang, Bild 88a) ist $U_2^* = 0$ d.h. $U_p = 0$
und $I_1^* = Y_N U_1^*$ sowie $I_2^* = \ddot{u}I_1^* = \ddot{u}Y_N U_1^*$. Hieraus ergeben sich
die Parameter

$$y_{11}^* = \frac{I_1^*}{U_1^*}\bigg|_{U_2^* = 0} = Y_N \; , \qquad y_{21}^* = \frac{I_2^*}{U_1^*}\bigg|_{U_2^* = 0} = \ddot{u}Y_N \qquad (373)$$

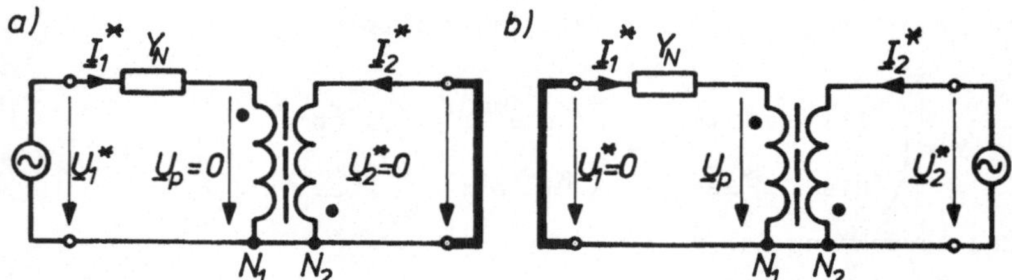

Bild 88   Rückkopplungsvierpol bei Kurzschluß am
          a) Ausgang   b) Eingang

Bei Kurzschluß am Eingang, Bild 88b) ist $\underline{U}_1^*=0$ d.h.
$$\underline{I}_1^* = -Y_N\underline{U}_p = ü Y_N\underline{U}_2^* \quad \text{und} \quad \underline{I}_2^* = ü\underline{I}_1^* = ü^2 Y_N\underline{U}_2^*.$$

Hieraus erhält man die restlichen Parameter

$$y_{12}^* = \left.\frac{\underline{I}_1^*}{\underline{U}_2^*}\right|_{\underline{U}_1^* = 0} = ü Y_N \quad , \quad y_{22}^* = \left.\frac{\underline{I}_2^*}{\underline{U}_2^*}\right|_{\underline{U}_1^* = 0} = ü^2 Y_N \tag{374}$$

Die y-Matrix des Neutralisationsnetzwerkes (Vierpol (b))
lautet also

$$(y^*) = \begin{pmatrix} y_{11}^* & y_{12}^* \\ y_{21}^* & y_{22}^* \end{pmatrix} = \begin{pmatrix} Y_N & ü Y_N \\ ü Y_N & ü^2 Y_N \end{pmatrix} \tag{375}$$

Für die y-Parameter des Gesamtvierpols erhält man dann gemäß
[2] Gl.(227) die Matrix

$$(y') = \begin{pmatrix} y_{11}' & y_{12}' \\ y_{21}' & y_{22}' \end{pmatrix} = \begin{pmatrix} y_{11e}+Y_N & y_{12e}+ü Y_N \\ y_{21e}+ü Y_N & y_{22e}+ü^2 Y_N \end{pmatrix} \tag{376}$$

Hieraus folgt unmittelbar die Neutralisationsbedingung:
$$y_{12}' = y_{12e} + ü Y_N = -y_{b'c} + ü Y_N = 0 \text{ bzw.}$$

$$Y_N = \frac{-y_{12e}}{ü} = \frac{y_{b'c}}{ü} \tag{377}$$

Da der Rückwirkungsleitwert $y_{b'c} = g_{b'c} + j\omega C_{b'c}$ kapazitiv
ist, [2] Bild 32b), kann der Neutralisationsleitwert Y_N aus
einer Reihenschaltung eines Widerstandes R_N und einer Kapazi-

tät C_N bestehen, Bild 86a). Dies hat den Vorteil, daß über
das Neutralisationsnetzwerk nicht gleichzeitig ein Gleichstrom
fließt.

Anhand des Ergebnisses in Gl.(377) ist schließlich leicht einzusehen, warum der Übertrager gegensinnig gewickelt werden
muß: Bei gleichsinnigen Wicklungen würde die Bedingung
$Y_N = y_{12e}/ü$ lauten. Da der Realteil g_{12e} von y_{12e} bei Transistoren normalerweise negativ ist, [2] Bild 21, würde dies
auch einen negativen Realteil $Re(Y_N)$ von Y_N erfordern. Damit
also der Transistor durch eine Admittanz Y_N mit positivem
Realteil $Re(Y_N) > 0$ neutralisiert werden kann, muß der Übertrager gegensinnig gewickelt werden. In den seltenen Fällen,
bei denen der Transistorparameter y_{12} im 4. Quadranten liegt,
ist kein Übertrager erforderlich.

Von Vorteil ist eine Neutralisationsschaltung, die nur die
Rückwirkung des Gesamtvierpols verschwinden läßt ($y'_{12}=0$),
seine übrigen drei y-Parameter aber ungefähr gleich denen des
Transistors bleiben. Welche Bedingungen hierzu erfüllt sein
müssen, kann man aus der y-Matrix für die neutralisierte Verstärkerschaltung ablesen. Man erhält diese Matrix durch Einsetzen von Gl.(377) in Gl.(376):

$$(y') = \begin{pmatrix} y'_{11} & y'_{12} \\ y'_{21} & y'_{22} \end{pmatrix} = \begin{pmatrix} y_{11e} - \dfrac{y_{12e}}{ü} & 0 \\ y_{21e} - y_{12e} & y_{22e} - üy_{12e} \end{pmatrix} \tag{378}$$

Damit wie gewünscht $y'_{11} \approx y_{11e}$, $y'_{21} \approx y_{21e}$, $y'_{22} \approx y_{22e}$ gilt,
müssen die Größenverhältnisse

$$|y_{11e}| \gg \left|\frac{y_{12e}}{ü}\right| \; , \; |y_{21e}| \gg |y_{12e}| \; , \; |y_{22e}| \gg |üy_{12e}|$$

vorliegen. Daraus folgen für die y-Parameter des Transistors
die Bedingungen

$$|y_{11e}| \cdot |y_{22e}| \gg |y_{12e}|^2 \; , \; |y_{21e}| \gg |y_{12e}| \tag{379}$$

und das Übersetzungsverhältnis des Übertragers muß in dem Bereich

$$\left|\frac{y_{12e}}{y_{11e}}\right| \ll \ddot{u} \ll \left|\frac{y_{22e}}{y_{12e}}\right| \tag{380}$$

gewählt werden. Die Bedingungen in Gl.(379) und (380) sind
normalerweise leicht zu erfüllen, wie im nachstehenden Beisp.
62 gezeigt werden kann. Doch zuvor noch einige wichtige Er-
gänzungen zum neutralisierten (rückwirkungsfreien) Transistorverstärker:

Die aus [2] Gl.(91) ableitbare Anpaßbedingung $\varrho + \sigma^2/4 < 1$ ist
bei einem neutralisierten Verstärker stets erfüllt, weil mit
$y_{12}'=0$ die Größen σ und ϱ , [2] Gl.(87) und (88), ebenfalls
gleich Null sind. Bei einem neutralisierten Verstärker ist
also die beiderseitige Leistungsanpassung stets zu erreichen.
Nach [2] Gl.(89) benötigt man hierzu eine Steuerquelle mit
der Innenadmittanz

$$(Y_{iw})_{opt} = g_{11}' - jb_{11}' = y_{11}'^* \tag{381}$$

und nach [2] Gl.(90) eine Lastadmittanz

$$(Y_{lw})_{opt} = g_{22}' - jb_{22}' = y_{22}'^* \tag{382}$$

Dieses Ergebnis muß zwangsläufig herauskommen, weil nach [2]
Gl.(76) bzw. [2] Gl.(77) sowohl die Eingangs- als auch die
Ausgangsadmittanz des neutralisierten Gesamtvierpols unabhän-
gig von der Belastung auf der Gegenseite sind, $Y_1' = y_{11}'$ und
$Y_2' = y_{22}'$. Beiderseitige Anpassung liegt schließlich vor, wenn
$Y_{iw} = Y_1'^* = y_{11}'^*$ und $Y_{lw} = Y_2'^* = y_{22}'^*$ gewählt wird.

Die <u>maximale rückwirkungsfreie Leistungsverstärkung</u> erhält man
aus [2] Gl.(93) zu

$$v_{popt}' = \frac{|y_{21}'|^2}{4g_{11}'g_{22}'} \approx \frac{|y_{21e}|^2}{4g_{11e}g_{22e}} \quad \text{für } y_{12}' = 0 \tag{383}$$

Für den neutralisierten Transistor ist auch die Stabilitätsbedingung von Gl.(349) stets erfüllt. Die Realteile $\mathrm{Re}(Y_1')$ und
$\mathrm{Re}(Y_2')$ können in diesem Spezialfall niemals negativ werden.

Aus den Bildern 27 und 28 in [2] lassen sich mit $h'_{12}=y'_{12}=0$ die in Bild 89 dargestellten Vierpol-Ersatzschaltbilder für den neutralisierten Transistor ableiten.

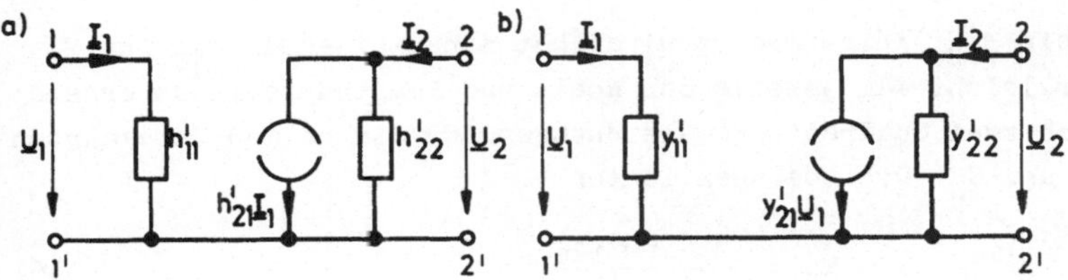

Bild 89   Vierpol-Ersatzschaltbilder
          für den neutralisierten Transistor

Die Elemente dieser Ersatzschaltung sind durch die Matrix in Gl.(378) gegeben.

Die Größe der rückwirkungsfreien Leistungsverstärkung ist nach den Gln.(383) und (378) eine Funktion des Übersetzungsverhältnisses ü. Bei einem bestimmten Wert von ü erreicht diese Verstärkung v'_{popt} ein Maximum. Setzt man die entsprechenden Parameter aus Gl.(378) in Gl.(383) ein, so ergibt sich mit der Extremwert-Bedingung

$$\frac{d}{d\ddot{u}}\left(v'_{popt}\right) = 0 \tag{384}$$

das optimale Übersetzungsverhältnis zu

$$\ddot{u}_{opt} = \sqrt{\frac{g_{22e}}{g_{11e}}} \tag{385}$$

In den meisten Fällen kann das Übersetzungsverhältnis gemäß Gl.(385) gewählt werden, weil sich die Neutralisationsbedingung mit verschiedenen Werten für ü erfüllen läßt. Die Gl. (377) verlangt ja lediglich, daß das Produkt $-\ddot{u}Y_N$ gleich dem vorgegebenen Parameter y_{12e} sein muß. Das Übersetzungsverhältnis kann so lange frei gewählt werden, wie die zugehörige Admittanz Y_N sich technisch und wirtschaftlich sinnvoll realisieren läßt. Praxisübliche Werte sind: ü=0,1....0,3.
Besteht das Neutralisationsnetzwerk aus einer Serienschaltung

von R_N und C_N, Bild 86a), so gilt mit der Abkürzung
$N = R_N^2 + (1/\omega C_N)^2$ die Beziehung $Y_N = R_N/N + j/(\omega C_N N)$. Da
außerdem nach Gl.(377) der Zusammenhang $Y_N = -|y_{12e}|(\cos \varphi_{12e}$
$+ j \sin \varphi_{12e})/\ddot{u}$ gefordert wird, hat man zwei Ausdrücke für Y_N.
Vergleicht man jeweils den Real- und Imaginärteil, so ergeben
sich zwei quadratische Gleichungen für die beiden Unbekannten
R_N und C_N. Die Lösungen lauten

$$R_N = \frac{-\ddot{u} \cos \varphi_{12e}}{|y_{12e}|} \tag{386}$$

$$C_N = \frac{-|y_{12e}|}{\ddot{u} \omega \sin \varphi_{12e}} \tag{387}$$

<u>Beispiel 62</u>: Die in Bild 90 gezeigte Fernseh-ZF-Verstärker-
stufe [6] soll bei f=35 MHz neutralisiert werden.
Im eingestellten Arbeitspunkt ($-U_{CE}$=10 V; $-I_C$=3 mA) hat der
verwendete Transistor AF ... folgende Parameterwerte:

$$y_{11e} = 4 \text{ mS} + j\, 6{,}5 \text{ mS} \qquad y_{12e} = 0{,}1 \text{ mS} \exp(-j\, 90^\circ)$$

$$y_{21e} = 92 \text{ mS} \exp(-j\, 28^\circ) \qquad y_{22e} = 0{,}04 \text{ mS} + j\, 0{,}5 \text{ mS}$$

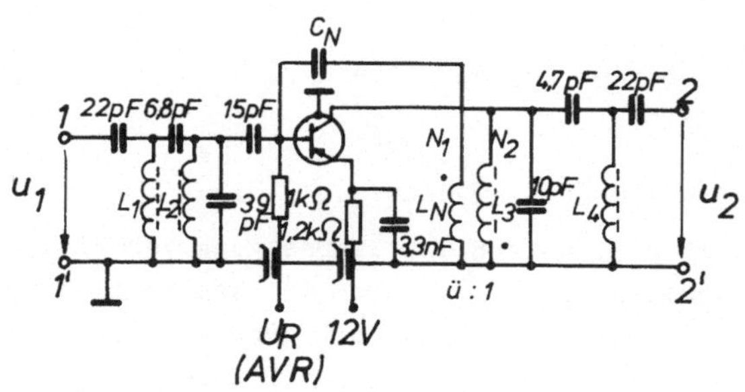

Bild 90 Neutralisation einer ZF-Stufe (R_N=0)

a) Welches Übersetzungsverhältnis $\ddot{u}=N_1/N_2= \sqrt{L_N/L_3}$ ist zu
wählen, damit die angepaßte neutralisierte Stufe ihre maximale
Leistungsverstärkung erreichen kann?

b) Welche Veränderungen erfahren die y-Parameter durch das Hinzufügen des Neutralisationsnetzwerkes?

c) Welche Werte von R_N und C_N sind erforderlich?

d) Wie groß ist die erzielbare maximale rückwirkungsfreie Leistungsverstärkung?

L ö s u n g :   a) $\ddot{u} \overset{(385)}{=} 0,1$ z.B. für L_N 1 Windung und für L_3 1o Windungen

b) $y'_{11e} \overset{(378)}{=} 4$ mS $+ j\ 7,5$ mS $\approx y_{11e}$; $y'_{21e} \overset{(378)}{=} 91,93$ mS $\exp(-j27,96^{\circ})$ $\approx y_{21e}$; $y'_{22e} \overset{(378)}{=} 0,04$ nS $+ j\ 0,51$ mS $\approx y_{22e}$.

c) $R_N \overset{(386)}{=} 0$; $C_N \overset{(387)}{=} 4,55$ pF ≈ 5 pF.

d) $v'_{popt} \overset{(383)}{=} 13205 \,\hat{=}\, 41,2$ dB.

Weil der Parameter y_{12e} rein imaginär ist, genügt in diesem Fall zur Neutralisation allein eine Kapazität. Diese einfache Neutralisationsmöglichkeit besteht nach [2] Bild 17b) für nicht zu hohe Frequenzen, solange $\varphi_{12e} = -90^{\circ}$ ist. Für diesen Wert des Winkels φ_{12e} gilt außer $R_N = 0$ auch $g'_{11e} = g_{11e}$ und $g'_{22e} = g_{22e}$. Erst bei höheren Frequenzen weicht der Winkel φ_{12e} vom Wert -90° ab; R_N erreicht dann i.a. Werte von einigen $10\,\Omega$ bis einigen $100\,\Omega$.

Wir erkennen auch, daß die Größenverhältnisse aus den Gln. (379) und (380) in Beisp.62 erfüllt sind.

$$|y_{11e}| \cdot |y_{22e}| = 3,8 \cdot 10^{-6} \text{S}^2 \gg |y_{12e}|^2 = 0,01 \cdot 10^{-6} \text{S}^2;$$

$$|y_{21e}| = 92 \text{ mS} \gg |y_{12e}| = 0,1 \text{ mS}; \quad |y_{12e}|/|y_{11e}| = 0,013 \ll \ddot{u} = 0,1;$$

$|y_{22e}|/|y_{12e}| = 5 \gg \ddot{u}$. So wie hier ist der Einfluß des Neutralisationsnetzwerkes auf die Parameter y_{11}, y_{21} und y_{22} auch i.a. zu vernachlässigen. Die Näherung in Gl.(383) ist daher meistens zulässig.

Die in Bild 90 der Basis zugeführte Gleichspannung U_R dient der automatischen Verstärkungsregelung (AVR), siehe Abschn. 4.10.7.

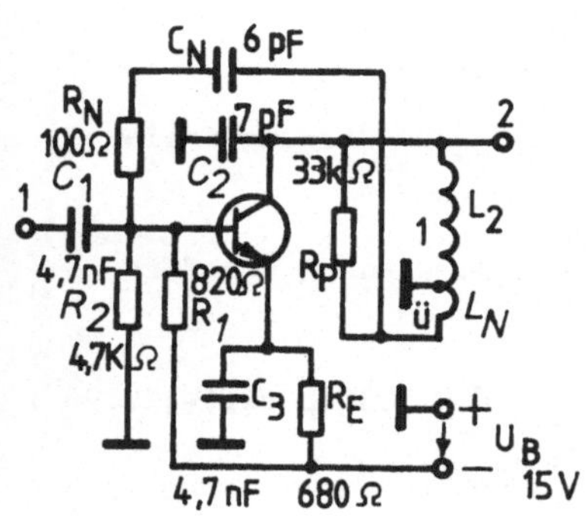

Bild 91
Neutralisierter
ZF-Verstärker

Statt der in der Schaltung
nach Bild 90 verwendeten Zu-
satzwicklung für L_N wird häufig der Resonanzkreis im Ausgang des Verstärkers als pha-
sendrehender Transformator benutzt. Das Bild 91 zeigt ein
Beispiel. Die Bauelemente haben dort folgende Bedeutung:

C_1 Koppelkondensator
C_2, L_2 Parallelresonanzkreis
C_3 Emitterkondensator
C_N, R_N Neutralisationsglied
L_N Neutralisationswicklung
R_1, R_2 Basisspannungsteiler
R_E Emitterwiderstand
R_p zusätzliche Kreisdämpfung
   zur Einstellung der Soll-
   Durchlaßkurve.

Die Spannungen an den Induktivitäten L_2 und L_N sind gegen-
phasig, weil die Anzapfung auf Masse gelegt ist.

h-Neutralisation

Bei dieser Neutralisationsart werden die Eingänge vom Transistorvierpol und Neutralisationsnetzwerk in Reihe geschaltet,
die Ausgänge beider Vierpole liegen dagegen parallel (Reihen-
Parallelschaltung). In Bild 92a) ist die praktische Ausführung
eines Verstärkers mit h-Neutralisation schematisch dargestellt.
Das zugehörige Vierpolschema ·zeigt Bild 92b). Zur Berechnung
der Neutralisationsbedingung geht man hier zweckmäßigerweise
von den h-Parametern aus (daher der Name "h-Neutralisation"),
weil bei der Reihen-Parallelschaltung zweier Vierpole die h-
Parameter des Gesamtvierpols die Summen der h-Parameter der
Einzelvierpole sind, [5] S.108:

$$(h') = (h) + (h^*)$$

(388)

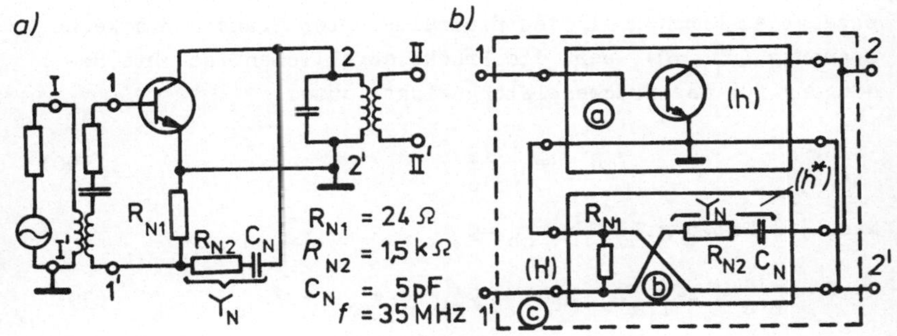

Bild 92 Emitter-Schaltung mit einer h-Neutralisation
a) Schaltplan (schematisch)   b) Vierpolschema

Wir verwenden wieder die gleiche Bezeichnungsweise wie bisher:
Parameter ohne Strich oder Stern sind die Transistorparameter.
Die Parameter des Neutralisationsnetzwerkes ⓑ sind durch
einen Stern gekennzeichnet, während die Parameter des Gesamtvierpols ⓒ einen Strich aufweisen.
Die Forderung h'_{12} = 0 für eine vollkommene Neutralisation
führt auf die <u>Neutralisationsbedingung</u>

$$Y_N R_{N1} = \frac{h_{12e}}{1 - h_{12e}} \qquad (389)$$

Die Neutralisationsschaltung in
Bild 92 enthält die in Bild 93 gezeichnete Brückenschaltung. Man
erkennt diesen Zusammenhang leicht,
wenn der Transistorvierpol in
Bild 92b) durch sein HF-Ersatzschaltbild, [2] Bild 32b) mit
$r_{bb'}$=0 ersetzt wird und hierbei
die Zusammenfassungen aus [2]
Gl.(119) Verwendung finden. Die
Ausgangsspannung u_{ce} als Wechsel-
spannungsquelle für die Brücke

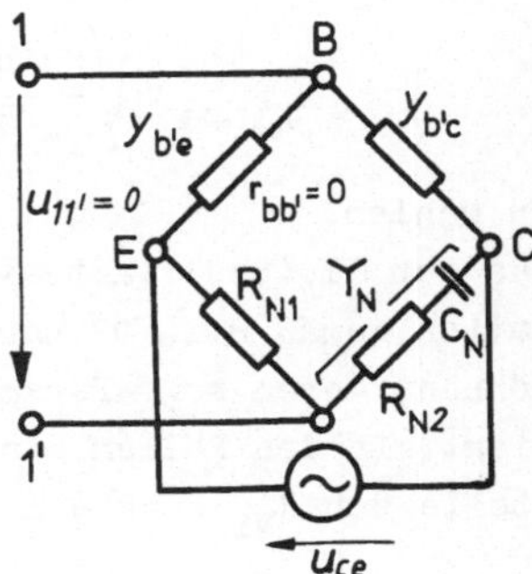

Bild 93
Neutralisierte Emitter-
Schaltung als Brücke

erzeugt am Eingang 11' des neutralisierten Transistors keine
Spannung ($u_{11'}=0$), wenn die Brücke abgeglichen ist. Die Bedingung für das Brückengleichgewicht lautet

$$Y_N R_{N1} = \frac{y_{b'c}}{y_{b'e}} \tag{390}$$

Nach $[2]$ Tab.8 gilt für $r_{bb'}=0$

$$y_{b'c} = -y_{12e} \qquad \text{und} \qquad y_{b'e} = y_{11e} + y_{12e} \tag{391}$$

bzw. mit $[2]$ Gl.(71) auch

$$y_{b'c} = \frac{h_{12e}}{h_{11e}} \qquad \text{und} \qquad y_{b'e} = \frac{1}{h_{11e}} - \frac{h_{12e}}{h_{11e}} \tag{392}$$

Durch Einsetzen der Gln.(391) und (392) in Gl.(390) ergibt
sich ebenfalls die Neutralisationsbedingung nach Gl.(389).
Weil die h-Neutralisation als Brückenschaltung aufgefaßt werden kann, wird sie häufig auch als Brückenneutralisation bezeichnet.
Es läßt sich zeigen, daß auch hier die maximale rückwirkungsfreie Leistungsverstärkung v'_{popt} nach Gl.(383) beim neutralisierten und angepaßten Transistor optimal eingestellt werden
kann. Hierzu ist unter der Voraussetzung $|h_{12e}|\ll 1$ der Wider-
stand R_{N1} nach der Beziehung

$$R_{N1opt} \approx \sqrt{\frac{Re(h_{11e})Re(h_{12e})}{Re(h_{22e})}} \tag{393}$$

zu wählen.
Aus der Gl.(389) läßt sich ableiten, daß mit der h-Neutralisation gemäß Bild 92 nur Transistoren neutralisiert werden
können, deren h_{12e}-Parameter im ersten oder vierten Quadranten
liegt. In den Fällen, in denen dies nicht zutrifft, muß anstelle von R_{N1} auch ein komplexer Widerstand vorgesehen werden.

Beispiel 63: a) Das in Bild 92 angegebene Neutralisationsnetzwerk ist bei f=35 MHz für den in Beisp.62 charakterisierten Transistor zu dimensionieren. Hierbei ist maximale Lei-

stungsverstärkung anzustreben.

b) Wie groß ist die erzielbare maximale rückwirkungsfreie Leistungsverstärkung?

L ö s u n g :   a) Die im Beisp.62 angegebenen y-Parameter werden mit $[2]$ Gl.(71) in die h-Parameter umgerechnet:

$$h_{11e} = 69\,\Omega - j\ 112\,\Omega \qquad\qquad h_{12e} = (112+j69)\cdot 10^{-4}$$

$$h_{21e} = 0,76 - j\ 12,03 \qquad\qquad h_{22e} = 1,25\ \text{mS} + j\ 0,57\ \text{mS}$$

$R_{N1} \overset{(393)}{=} 25\,\Omega$; gewählt wird der Normwert $R_{N1} = 24\,\Omega$.

$Y_N \overset{(389)}{=} 0,47\ \text{mS} + j\ 0,3\ \text{mS}$. Da Y_N aus einer Serienschaltung von R_{N2} und C_N besteht, ergeben sich hieraus zwei quadratische Bestimmungsgleichungen für R_{N2} und C_N. Ihre technisch realisierbare Lösung lautet:

$C_N = 4,7$ pF; gewählt wird $C_N = 5$ pF. $R_{N2} = 1,5$ kΩ.

b) Berechnet man die h-Parameter des Neutralisationsnetzwerkes ⓑ in Bild 92b) entsprechend den Definitionen in $[2]$ Gln.(13) bis (16) so ergibt sich folgende Matrix

$$(h^*) = \begin{pmatrix} \dfrac{R_{N1}}{1+Y_N R_{N1}} & -\dfrac{Y_N R_{N1}}{1+Y_N R_{N1}} \\[3mm] \dfrac{Y_N R_{N1}}{1+Y_N R_{N1}} & \dfrac{Y_N}{1+Y_N R_{N1}} \end{pmatrix} \qquad (394)$$

Die h-Parameter der neutralisierten Schaltung berechnen sich mit den Gln.(388), (389) und (394) demnach zu

$$(h') = \begin{pmatrix} h_{11e}+(1-h_{12e})R_{N1} & 0 \\[3mm] h_{21e}+h_{12e} & h_{22e}+\dfrac{h_{12e}}{R_{N1}} \end{pmatrix} \qquad (395)$$

Hieraus lassen sich mit $[2]$ Gl.(71) die Größen $|y'_{21}| = 82,6$ mS; $g'_{11} = 4,4$ mS; $g'_{22} = 1,7$ mS ermitteln. Somit ist $v'_{popt} \overset{(383)}{=} 228 \,\hat{=}\,$

23,6 dB. Die y-Neutralisation ergibt nach Beisp.62 eine um

17,6 dB (Faktor 58) höhere Leistungsverstärkung.

Was hier aus dem Vergleich zwischen Beisp.62 und 63 zu erkennen ist, gilt auch allgemein: Jede Neutralisationsart liefert
einen anderen Wert für die maximale Leistungsverstärkung. Es
läßt sich zeigen, daß diesbezüglich die y-Neutralisation für
die Emitter-Schaltung und die h-Neutralisation für die Basis-
Schaltung am zweckmäßigsten ist.

Die Neutralisationsschaltung wird normalerweise entsprechend
den Gln.(385) und (393) auf maximal mögliche Leistungsverstärkung ausgelegt.

Es leuchtet ein, daß die beschriebene Neutralisation nur für
eine einzige Frequenz die Schaltung vollkommen neutralisieren
kann. Soll der Transistor über ein breiteres Frequenzband
neutralisiert werden, so sind die Neutralisationsnetzwerke
komplizierter als oben angegeben aufgebaut. Die Werte ihrer
Bauelemente müssen dann außerdem in einer bestimmten Beziehung zu den Elementen aus dem physikalischen Ersatzschaltbild
des Transistors stehen, [3] Gl.(4.32) und [3] Bild 4.10.

Für praktische Belange ist es jedoch meistens völlig ausreichend, wenn der Parameter y'_{12} bei der Bandmittenfrequenz zu
Null wird. Diese sog. <u>Schmalbandneutralisation</u> wird besonders
bei selektiven Verstärkern bevorzugt.

In sehr vielen Fällen genügt es sogar, wenn die innere Tran-
sistorrückkopplung nicht völlig kompensiert, sondern nur so
weit abgeschwächt ist, daß keine Selbsterregung auftritt.

Die Bauelemente der Neutralisationsschaltung können sowieso
nicht allein durch reine Theorie berechnet werden. Aufgrund
unvermeidlicher Exemplarstreuungen (bei Serienfertigung) und
unberücksichtigter Mängel (z.B. in Bild 86 die nicht ideale
Kopplung zwischen L_N und L_2, die Streu- und Schaltkapazitäten,
die Verluste im Übertrager etc.) ist die vollkommene Neutralisation nur durch Einzelabgleich zu erreichen. Hierzu legt
man z.B. an den Ausgang 22' der Schaltung (z.B. Bild 90) mit
einem Meßsender ein kleines HF-Signal fester Frequenz. Zwischen die Basis des Transistors und Masse wird ein hochohmiges,
kapazitätsarmes HF-Voltmeter geschaltet, um die restliche vom

Ausgang auf den Eingang rückgekoppelte Spannung messen zu können. Durch Variationen von C_N und i.a. Fall auch von R_N läßt sich diese Spannung auf ein Minimum abgleichen.

Befindet sich am Ein- und Ausgang des Transistors je ein Filter, so kann die Neutralisation auch wie folgt optimiert werden: Man beobachtet die durch Wobbeln dargestellte Durchlaßkurve des Ausgangsfilters beim Verstimmen des Eingangsfilters. Die Neutralisation ist optimal ausgelegt, wenn der Abgleichvorgang am Eingangsfilter keinen bzw. einen vernachlässigbaren kleinen Einfluß auf die Form der Durchlaßcharakteristik des Filters am Ausgang hat.

Weil bei einem neutralisierten Verstärker die Filter am Ein- und Ausgang voneinander unabhängig abgeglichen werden können, wird die Neutralisation zuweilen auch angewandt, obwohl sie aus Stabilitätsgründen eigentlich nicht erforderlich ist. Bei der Serienfertigung wird hierdurch der Filterabgleich wesentlich erleichtert.

4.10. Selektive Verstärker

4.10.1. Einleitung

In der Nachrichtentechnik, aber auch in der Meßtechnik, benötigt man Verstärker, die nur Signale aus einem vorgegebenen, begrenzten Frequenzbereich, dem sog. Frequenzband, verstärken.

Das Frequenzverhalten solcher selektiver Verstärker läßt sich durch folgende Angaben charakterisieren:

1.) <u>Frequenzgang oder Durchlaßkurve</u>. Darunter versteht man den Betrag der Verstärkung, aufgetragen über der Frequenz; z.B. [2] Bild 4.

2.) <u>Verstärkung</u> in der Bandmitte, $|v_0|$.

3.) <u>Bandbreite</u>, siehe [2] S.16.

4.) <u>Selektivität</u>. Hierunter versteht man das Betragsverhältnis der Ausgangsspannung in der Bandmitte zur Ausgangsspannung bei einer vorgegebenen Frequenzabweichung $\pm \Delta f_S$ von der Bandmittenfrequenz f_0.

Die geforderte Selektivität ist nur dadurch zu erreichen, daß man in den Koppelvierpol zwischen zwei Verstärkerstufen geeig-

net ausgewählte frequenzabhängige Schaltelemente einbaut. Der
Koppelvierpol erhält damit eine doppelte Aufgabe. Er muß
1. die Signale mit möglichst kleinen Verlusten übertragen
(geringe Übertragungsverluste) und
2. die geforderte Begrenzung des Frequenzbandes liefern.

Da in der Empfangstechnik hauptsächlich der <u>Schmalbandverstär-
ker</u>, [2] S.17, eingesetzt wird, befaßt sich dieser Abschnitt
ausschließlich mit solchen Verstärkern, deren Bandbreite nur
ein kleiner Bruchteil (typisch 1 %) der Bandmittenfrequenz
ist.
Auf den wesentlich schwieriger zu behandelnden <u>Breitbandver-
stärker</u> kann - außer den in [2] S.182ff gegebenen grundsätz-
lichen Bemerkungen - hier nicht näher eingegangen werden. Es
wird auf die Spezialliteratur verwiesen, z.B. [9].
Bei der nachfolgenden Berechnung wird vorausgesetzt, daß die
innere Rückkopplung durch Neutralisation aufgehoben oder zu-
mindest soweit herabgesetzt ist, daß ihr Einfluß vernachlässigt werden kann.

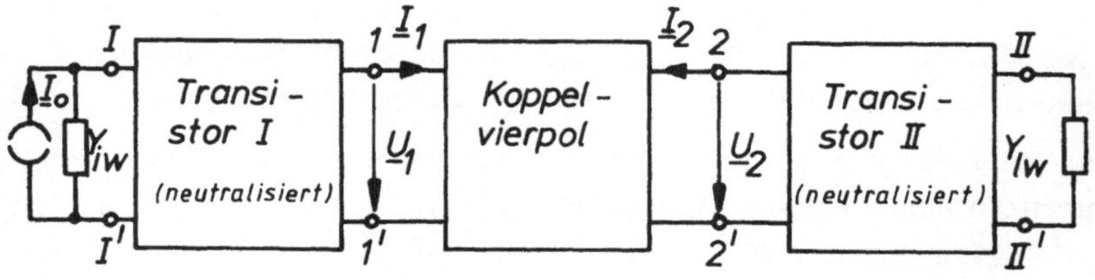

Bild 94   Prinzipschaltung eines zweistufigen Verstärkers

Weil die Frequenzcharakteristik bei selektiven Verstärkern
hauptsächlich durch Schwingkreise im Koppelvierpol festgelegt
wird, ist die Frequenzabhängigkeit der Transistorparameter von
untergeordneter Bedeutung. Bei der Berechnung von Schmalbandverstärkern darf man daher die Transistorparameter als konstant
ansehen (siehe z.B. Bild 84) und für den schmalen Durchlaßbereich ihren Wert in der Bandmitte verwenden.

Unabhängig vom Aufbau des Koppelvierpols läßt sich ein zweistufiger Verstärker auf die in Bild 94 gezeichnete Prinzipschaltung zurückführen.

Bei dem nicht selektiven RC-Verstärker z.B. aus [2] Bild 75
enthält der Koppelvierpol die Parallelschaltung aus den ohmschen Widerständen R_{CI}, R_{1II} und R_{2II}. Um eine Frequenzselek-
tion zu erreichen, kann man im einfachsten Fall einen Parallelresonanzkreis als Koppelvierpol verwenden. Bevor wir die
Eigenschaften dieses Verstärkers berechnen, werden zunächst
die wichtigsten Grundlagen eines Parallelresonanzkreises im
nächsten Abschnitt zusammengestellt, weil sie zum Verständnis
des nachfolgenden Stoffes unentbehrlich sind.

4.10.2. Grundlegende Beziehungen des Parallelresonanzkreises

Die Schwingkreisverluste sind praktisch durch den Verlustwiderstand R_L der Spule und durch einen parallelgeschalteten
Wirkleitwert G_p gegeben. Die Verluste im Kondensator sind in
der Regel vernachlässigbar klein. Es liegt daher normalerweise das in Bild 95a) gezeichnete Ersatzschaltbild vor.

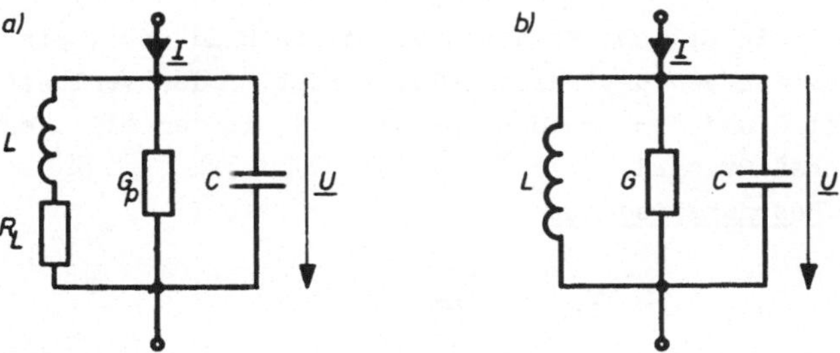

Bild 95   Ersatzschaltbild eines Parallelresonanzkreises
          a) für größeren Frequenzbereich
          b) in der Nähe der Resonanzfrequenz

Berechnet man die Admittanz $Y_p = G + jB$ dieses Kreises aus
Bild 95a), so erhält man den unhandlichen Ausdruck

$$Y_p = \frac{I}{\underline{U}} = G_p + \frac{R_L}{R_L^2+(\omega L)^2} + j\left(\omega C - \frac{\omega L}{R_L^2+(\omega L)^2}\right) \tag{396}$$

Der Realteil stellt sich als frequenzabhängig heraus. In der
Praxis interessiert jedoch das Verhalten des Schwingkreises
i.a. nur in einem kleinen Frequenzbereich in der Umgebung der
Resonanzfrequenz ω_0. Mit $\omega \approx \omega_0$ und dem meist vorliegenden
Größenverhältnis $R_L^2 \ll (\omega L)^2$ wird der Wirkleitwert G der
Schwingkreisadmittanz frequenzunabhängig

$$G \approx G_p + \frac{R_L}{(\omega_0 L)^2} = G_p + G_L \qquad (397)$$

$(G_L \neq 1/R_L)$

Der erste Summand G_p stellt die Zusatzdämpfung dar, während
der zweite Summand G_L die Spulenverluste berücksichtigt.

Der Imaginärteil B vereinfacht sich auf den Ausdruck

$$B \approx \omega C - \frac{1}{\omega L} \qquad (398)$$

Die so erhaltene Näherung für den <u>komplexen Leitwert</u>

$$Y_p \approx G + j \left(\omega C - \frac{1}{\omega L} \right) \qquad (399)$$

führt auf die übliche Ersatzschaltung in Bild 95b). Sie besteht aus der verlustfreien Induktivität L, der verlustfreien
Kapazität C und dem ohmschen Leitwert G, in dem alle Verluste
zusammengefaßt sind.

Bei der <u>Resonanzfrequenz</u>

$$\omega_0 = \frac{1}{\sqrt{LC}} \qquad (400)$$

verschwindet der Imaginärteil B in Gl.(399) und Y_p ist rein
reell, $Y_p = G$.

Als <u>Dämpfung</u> des Kreises bezeichnet man das Verhältnis
$G/(\omega_0 C)$

$$d = \frac{G}{\omega_0 C} = G \, \omega_0 L = G \sqrt{\frac{L}{C}} \qquad (401)$$

und als <u>Güte</u> des Kreises definiert man

$$Q_B = \frac{1}{d} = \frac{\omega_o C}{G} = \frac{1}{G\,\omega_o L} = \frac{1}{G}\sqrt{\frac{C}{L}} \qquad (402)$$

In der Praxis unterscheidet man zwischen zwei Kreisgüten: Die Leerlaufgüte Q_o ist die Güte des Schwingkreises ohne zugeschaltetem Wirkleitwert G_p. Da für $G_p=0$ nach Gl.(397) $G = G_L = R_L/(\omega_o L)^2$ wird, gilt für die <u>Leerlaufgüte</u>

$$Q_o = \frac{1}{G_L\,\omega_o L} = \frac{\omega_o L}{R_L} = \frac{1}{R_L\,\omega_o C} = \frac{1}{\tan \delta_L} \qquad (403)$$

Dies ist die Leerlaufgüte der Spule L, weil wir die Verluste im Kondensator als vernachlässigbar ansehen dürfen. $\tan \delta_L$ ist der Verlustfaktor der Spule.

Der Verlustleitwert G in Bild 95b) hat also ohne Zusatzleitwert G_p nach Gl.(397) die Größe

$$G=G_L = \frac{R_L}{(\omega_o L)^2} = \frac{1}{\omega_o L Q_o} = \frac{\omega_o C}{Q_o} \text{ für } G_p=0 \qquad (404)$$

Wird der Schwingkreis im Betrieb durch äußere Wirkwiderstände zusätzlich bedämpft ($G_p \neq 0$), so spricht man von der <u>Betriebsgüte</u>. Sie ist bereits durch Gl.(402) gegeben.

Der <u>Resonanzwiderstand</u> des Kreises hat die Größe

$$R_{res} = \frac{1}{G} = Q_B\,\frac{1}{\omega_o C} = Q_B\,\omega_o L \qquad (405)$$

Die Güte Q_B gibt also an, wievielmal der Resonanzwiderstand größer ist als der kapazitive bzw. induktive Blindwiderstand.

In der Filtertheorie benutzt man als Maß für die Frequenzabweichung von der Bandmittenfrequenz f_o die sog. <u>Verstimmung</u>

$$v = \frac{f}{f_o} - \frac{f_o}{f} = \frac{\omega}{\omega_o} - \frac{\omega_o}{\omega} \approx \frac{2\Delta f}{f_o} \qquad (406)$$

$$(\Delta f = f - f_o)$$

bzw. die <u>normierte Verstimmung</u> $\qquad \Omega = \frac{v}{d} = Q_B v \qquad (407)$

Um die Kreisadmittanz Y_p als Funktion von Ω zu erhalten, schreiben wir die Gl.(399) mit Hilfe von Gl.(400) um:

$$Y_p = G + j\,\omega_o C\,(\frac{\omega}{\omega_o} - \frac{\omega_o}{\omega}) \tag{408}$$

Weil nach Gl.(402) $\omega_o C = G/d$ ist, kann nun mit Gl.(406) und (407) die Admittanz Y_p auch auf die einfache Form

$$Y_p = G(1 + j\Omega) \tag{409}$$

gebracht werden. Gl.(409) gilt nicht für große Verstimmungen. Bei der Resonanzfrequenz gilt $\omega = \omega_o$ bzw. $v = \Omega = 0$. Hier erreicht der Spannungsbetrag seinen Maximalwert: $|\underline{U}_o| = |\underline{I}_o|/G$.

Wenn der Innenwiderstand des den Schwingkreis speisenden Generators sehr viel größer ist als der Resonanzwiderstand des Kreises, kann der Strom $\underline{I}$ durch den Schwingkreis als frequenzunabhängig und konstant angesehen werden (Stromeinprägung: $\underline{I}$=konst.). In diesem Betriebsfall gilt für die normierte Spannung

$$\frac{\underline{U}}{\underline{U}_o} = \frac{1}{1 + j\Omega} \quad \text{für } \underline{I} = \text{konst.} \tag{410}$$

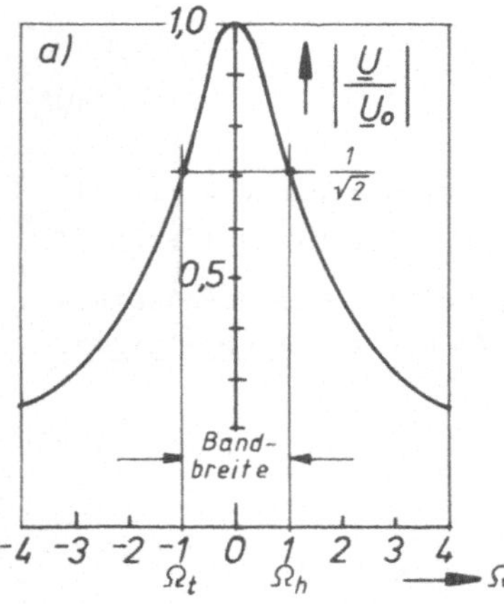

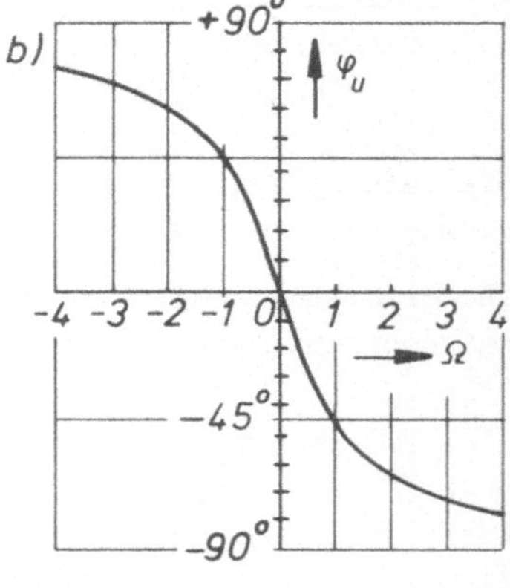

Bild 96 Charakteristische Funktionen des Parallelresonanzkreises für $\underline{I}$ = konst.

daraus folgt für das Betragsverhältnis der Ausdruck

$$\left|\frac{\underline{U}}{\underline{U}_o}\right| = \frac{1}{\sqrt{1+\Omega^2}} = \left|\frac{Y_{po}}{Y_p}\right| \qquad \text{für } \underline{I} = \text{konst.}, \qquad (411)$$

der in Bild 96a) wiedergegeben ist.

Die in Gl.(411) dargestellte gerade Funktion - die sogenannte Resonanzkurve - ist symmetrisch (Bild 96a), weil bei ihrer Herleitung eine Beschränkung auf einen kleinen Frequenzbereich in der Nähe der Resonanz (S.38 oben) eingeführt wurde. Die über einen großen Frequenzbereich meßbare Resonanzkurve ($|\underline{U}|$ in Abhängigkeit von der Meßfrequenz f) ist unsymmetrisch.

Aus Gl.(410) ist zu entnehmen, daß sich der Phasenwinkel der Kreisspannung $\underline{U}$ mit der Frequenz verändert. In der Filtertheorie spielt dieser Winkel φ_u, um den sich die Spannung $\underline{U}$ gegenüber dem Resonanzfall dreht, eine wichtige Rolle.

$$\varphi_u = - \text{arc tan}\,\Omega \qquad (412)$$

Diese Frequenzabhängigkeit ist in Bild 96b) dargestellt.

Die charakteristischen Funktionen in Bild 96 gelten aufgrund der gewählten Normierung für jeden Parallelresonanzkreis, unabhängig von der vorhandenen Dämpfung. Will man den Einfluß der Dämpfung auf diese Frequenzverläufe erkennen, so sind - wie in Bild 97 gezeigt - nicht normierte Variablen zu verwenden.

Die Frequenzdifferenz $b = f_h - f_t$ zwischen den beiden Frequenzen f_h und f_t, die zu dem Wert $|\underline{U}| = |\underline{U}_o|/\sqrt{2}$ beiderseits der Resonanzfrequenz f_o gehören, wird als Bandbreite des Resonanzkreises bezeichnet.

Nach Gl.(411) nimmt bei diesen beiden Frequenzgrenzen die normierte Verstimmung die Werte $\Omega_h = +1$ und $\Omega_t = -1$ an, Bild 96a). Aus $\Omega_h = +1$ folgt mit den Gln.(407) und (406) für die obere Bandgrenze

$$f_h = f_o\left(\sqrt{1 + \frac{d^2}{4}} + \frac{d}{2}\right) \qquad (413)$$

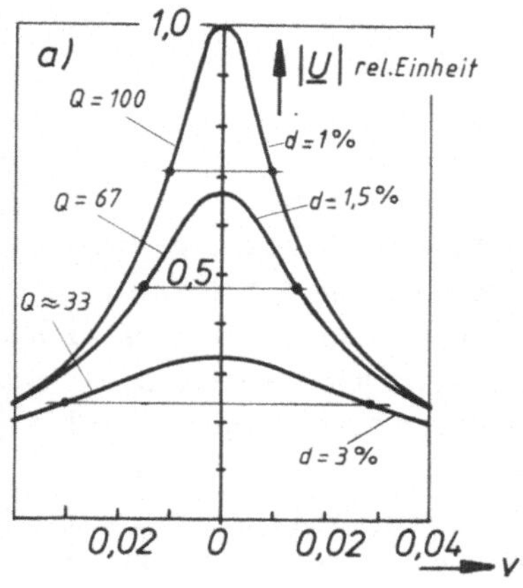

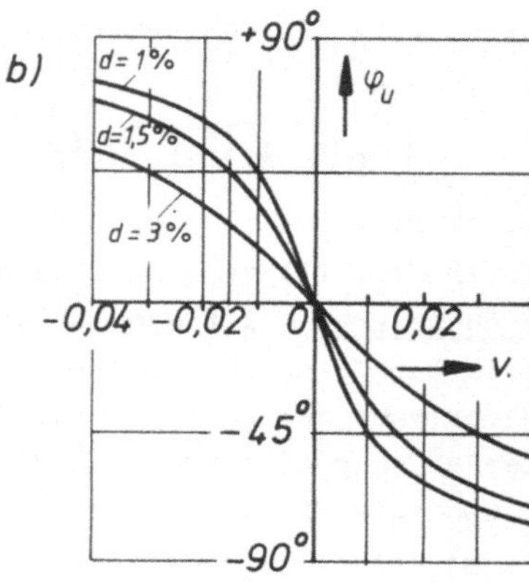

Bild 97   Einfluß der Dämpfung beim
Parallelresonanzkreis für $\underline{I}$ = konst.

und analog für die untere Bandgrenze

$$f_t = f_o\left(\sqrt{1 + \frac{d^2}{4}} - \frac{d}{2}\right) \tag{414}$$

Hieraus ergibt sich der einfache Zusammenhang

$$b = 2\varDelta f_b = f_h - f_t = f_o d \overset{(401)}{=} \frac{G}{2\pi C} \tag{415}$$

4.10.3. Zweistufiger Verstärker mit einem Parallelresonanzkreis

Da der mit einem Parallelresonanzkreis gebildete Koppelvierpol
nur parallel liegende Bauelemente enthält, ist es zweckmäßig,
in der Prinzipschaltung nach Bild 94 für die beiden neutralisierten Transistoren jeweils die Ersatzschaltung aus Bild 89b)
zu verwenden. Man erhält so die in Bild 98 gezeichnete Wechselstrom-Ersatzschaltung.

In dem ausgewählten Beispiel arbeiten die beiden Transistoren
I und II jeweils in Emitter-Schaltung. Für nicht zu hohe Frequenzen kann daher der Parameter y'_{11} als kapazitiv angenommen
werden. Ebenso läßt sich der Parameter y'_{22} als Parallelschaltung eines ohmschen Leitwertes und einer Kapazität darstellen,

[2] Bild 21:

$$y'_{11} = g'_{11} + j\,\omega\,C'_{11} \tag{416}$$

$$y'_{22} = g'_{22} + j\,\omega\,C'_{22} \tag{417}$$

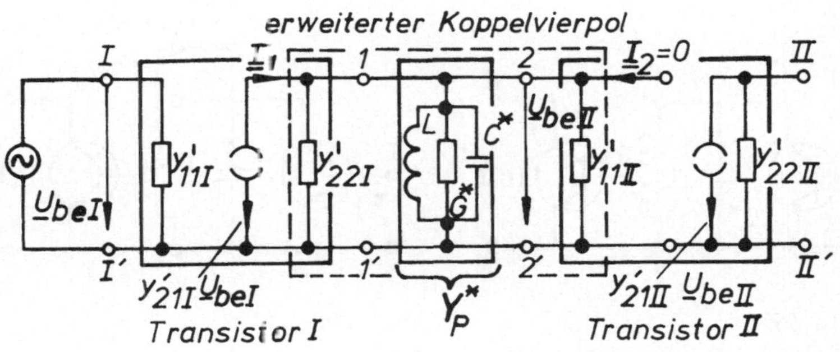

Bild 98   Parallelresonanzkreis als Koppelvierpol

In den Ausnahmefäller (y'_{11e} bei sehr hohen Frequenzen und
y'_{11b} bei der Basis-Schaltung) kann die induktive Komponente
in erster Näherung durch eine negative Kapazität formal dargestellt werden.
Gleich zu Beginn dieser Untersuchungen muß auf einen entscheidenden Nachteil herkömmlicher (bipolarer, s.S.185) Transistoren
hingewiesen werden: Verglichen mit Elektronenröhren oder Feld-
effekttransistoren (unipolare Transistoren) haben die bipolaren
Transistoren niederohmige Eingangsimpedanzen. Durch sie werden
parallel liegende Schwingkreise sehr stark bedämpft. Ein Beispiel soll dies verdeutlichen: Mit den Daten $g'_{11II} = 0{,}8$ mS;
$g'_{22I} = 10{,}9$ µS; $f_o = 450$ kHz; C = 200 pF; $Q_o = 150$ hat der
gesamte Verlustleitwert G des Parallelresonanzkreises in
Bild 98 die Größe G = $g'_{22I} + G^* + g'_{11II} = 0{,}815$ mS $\approx g'_{11II}$
wobei $G^{*(404)} = \omega_o C/Q_o = 3{,}8$ µS beträgt. Die Bandbreite hätte demnach mit Gl.(415) den Wert b = 648,6 kHz, der bei einer Resonanzfrequenz von nur $f_o = 450$ kHz relativ groß ist.

Dieses Ergebnis ist außerdem ungenau, weil die Voraussetzungen für die verwendeten Formeln aus dem Abschn.4.10.2
hier nicht erfüllt sind. Der Transistoreingang bedämpft den
Schwingkreis so stark, daß die Bandgrenze (Ω_h = 1) bei großen
Verstimmungen v = Ωd liegt. Die Formeln aus dem vorigen Abschnitt setzen aber ausdrücklich kleine Verstimmungen voraus.

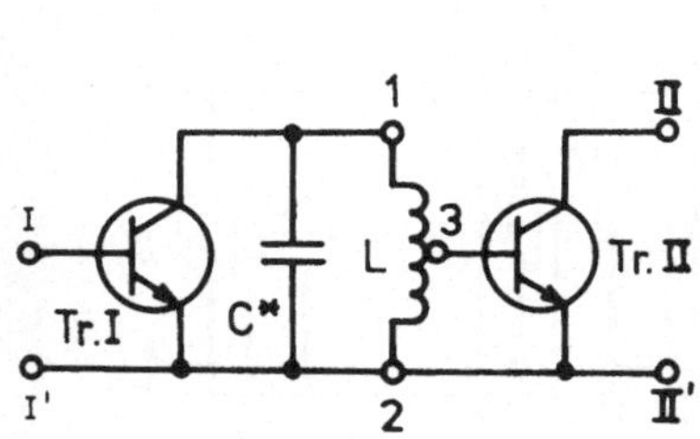

Bild 99
Teilankopplung zur Anpassung

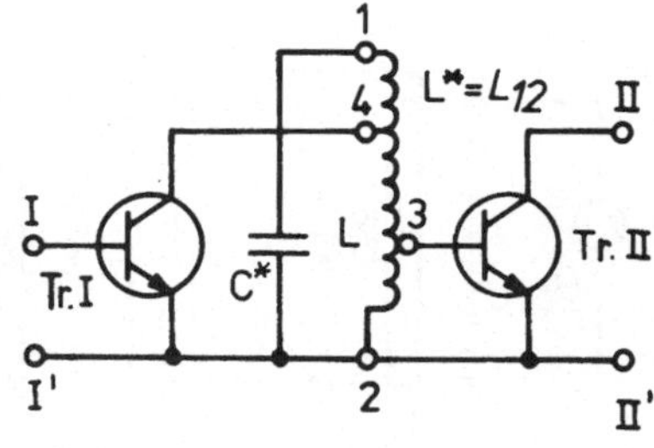

Bild 100
Teilankopplungen für
gefordertes Güteverhältnis

In der Praxis kann man wegen der geforderten Selektivität die
sich ergebende große Bandbreite nicht zulassen. Der relativ
niederohmige Eingangswiderstand bipolarer Transistoren muß
daher durch Zwischenschalten eines Transformators hochtrans-
formiert werden. Dies geschieht im praktischen Aufbau meist
durch eine geeignete Anzapfung der Kreisinduktivität L
(Bild 99). Um eine vorgegebene Bandbreite realisieren zu können, ist oft auch eine Transformation des Ausgangsleitwertes
g'_{22I} erforderlich. Hierfür dient normalerweise eine zweite
Anzapfung des Schwingkreises (Bild 100).
Bei idealer Kopplung zwischen den verschiedenen Wicklungen
des Transformators (Kopplungsgrad gleich 1 d.h. keine Verluste)
und den Übersetzungsverhältnissen

$$\ddot{u}_1 = \frac{n_{32}}{n_{12}} \tag{418}$$

$$\ddot{u}_2 = \frac{n_{42}}{n_{12}} \tag{419}$$

wird der Eingangsleitwert g'_{11II} dann entsprechend der Beziehung

$$g^T_{11} = ü_1{}^2 g'_{11II} \qquad (420)$$

sowie der Ausgangsleitwert g'_{22I} entsprechend

$$g^T_{22} = ü_2{}^2 g'_{22I} \qquad (421)$$

in den aus der Induktivität L^* und der Kapazität C^* bestehenden Parallelresonanzkreis heruntertransformiert, wenn $ü_1$ und $ü_2$ jeweils kleiner Eins gewählt werden:

$$g^T_{11} \leqq g'_{11II}; \quad g^T_{22} \leqq g'_{22I}$$

Bei Schmalbandverstärkern sind dann die Voraussetzungen zu den Formeln aus dem Abschn.4.10.2 erfüllbar.

Der Parallelresonanzkreis in Bild 100 kann jetzt unter Einbeziehung der transformierten Transistorgrößen $y^T_{22} = ü_2{}^2 y'_{22I}$ und $y^T_{11} = ü_1{}^2 y'_{11II}$ als erweiterter Koppelvierpol betrachtet werden, dessen Admittanz durch die Beziehung

$$Y_p = y^T_{22} + Y^*_p + y^T_{11} \overset{(409)}{=} G(1+j\Omega) \qquad (422)$$

gegeben ist. Das Ersatzschaltbild des erweiterten Schwingkreises besteht nunmehr aus einer Parallelschaltung der verlustlosen Induktivität $L^* = L_{12}$, dem ohmschen Leitwert

$$G = g^T_{22} + G^* + g^T_{11} \qquad (423)$$

und der verlustlosen Kapazität

$$C = C^T_{22} + C^* + C^T_{11} \qquad (424)$$

Der Leitwert G^* erfaßt die eigenen Verluste des Kreises, also im wesentlichen die Verluste der Spule L^* und eine eventuell vorhandene Zusatzdämpfung: $G^* = G_L + G_p$, vergl.Gl.(397). Die Größe C^* stellt die Kapazität des Schwingkreises dar, und das Symbol Y^*_p bezeichnet die Admittanz des Schwingkreises jeweils ohne Einbezug der transformierten Transistorgrößen.

Wird der Parallelresonanzkreis unter Einbeziehung der transformierten Transistorkapazitäten $C_{22}^T = ü_2^2 C_{22I}'$ und $C_{11}^T = ü_1^2 C_{11II}'$ auf die gewünschte Bandmittenfrequenz f_o abgestimmt, so erreicht man, daß der Arbeitswiderstand des Transistors I bei $f = f_o$ reell ist. Außerdem werden auch der komplexe Ausgangswiderstand von Tr.I sowie der komplexe Eingangswiderstand von Tr.II bei $f = f_o$ rein reell (die Kapazitäten werden weggestimmt).

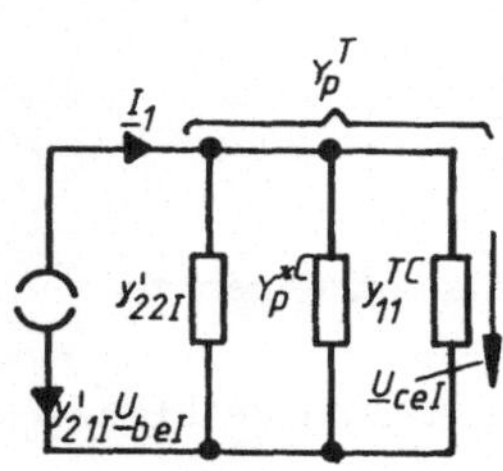

Zur Berechnung der Verstärkereigenschaften ist es günstig, alle Leitwerte auf die Kollektorseite von Transistor I zu transformieren. Man erhält dann das in Bild 101 gezeichnete Ersatzschaltbild.

Da auf der Kollektorseite die Schwingkreisadmittanz Y_p^* mit der Größe

Bild 101
Ersatzschaltbild für den
Kollektorkreis von
Transistor I

$$Y_P^{*C} = \frac{Y_p^*}{ü_2^2} \tag{425}$$

und die Eingangsadmittanz y_{11II}' mit der Größe

$$y_{11}^{TC} = \frac{y_{11}^T}{ü_2^2} = \left(\frac{ü_1}{ü_2}\right)^2 y_{11II}' \tag{426}$$

erscheint, hat die gesamte Admittanz in Bild 101 den Wert

$$y_{22I}' + Y_p^{*C} + y_{11}^{TC} = \frac{Y_p}{ü_2^2} = \frac{G(1+j\Omega)}{ü_2^2} = Y_p^T \tag{427}$$

Aus Bild 101 läßt sich ablesen:

$$\underline{U}_{ceI} = \frac{- y_{21I}'\underline{U}_{beI}\, ü_2^2}{G(1+j\Omega)} \tag{428}$$

Mit der Spannungsübersetzung $\underline{U}_{beII}/\underline{U}_{ceI} = n_{32}/n_{42} = ü_1/ü_2$
folgt dann für die Steuerspannung vom Transistor II

$$\underline{U}_{beII} = ü_1 ü_2 \frac{-y'_{21I}\underline{U}_{beI}}{G(1+j\Omega)} \tag{429}$$

und daraus bei konstanter Spannung $\underline{U}_{beI}$

$$\frac{\underline{U}_{beII}\,^{(\Omega)}}{\underline{U}_{beIIo}}\Bigg|_{\underline{U}_{beI}=konst} = \frac{1}{1+j\Omega} \tag{430}$$

Der zusätzliche Index o kennzeichnet hier stets den Wert der
betreffenden Größe in der Bandmitte und der hochgestellte
Index C bezeichnet die in den Kollektorkreis von Transistor I
transformierte Größe.
Weil wir erwartungsgemäß eine Übereinstimmung mit der Gl.(410)
erhalten, hat dieser Verstärker den in Bild 96 gezeichneten
Frequenzgang für Amplitude und Phase.

Übertragungsverluste

Ein Maß für die Übertragungsverluste des Parallelresonanzkreises ist das Verhältnis der vom Transistor II an seinem Eingang aufgenommenen Wirkleistung P_{1II} zur Wirkleistung P_{voutI},
die der Transistor I maximal an seinem Ausgang zur Verfügung
stellt. Da dieses Verhältnis nur Werte zwischen Null und Eins
annehmen kann, ist es sinnvoll, es mit Übertragungswirkungsgrad η zu bezeichnen. Wir definieren also

$$\eta = \frac{P_{1II}}{P_{voutI}} \tag{431}$$

Rein formal gesehen stellt dieser Quotient nach [2] S.65 die
Übertragungs-Leistungsverstärkung $v_{pü}$ des Koppelvierpols dar.
Wegen der Größenordnung $0 \leqq \eta \leqq 1$ wäre es in diesem Zusammen-
hang nicht zweckmäßig, von einer "Verstärkung" zu sprechen.
Es handelt sich vielmehr um Verluste, also um eine Dämpfung,
die man üblicherweise im logarithmischen Maß

$$\eta/dB = 10 \lg\eta \tag{432}$$

angibt, ($\eta/db \leqq 0$).

Nach $[5]$ S.74 Gl.(2.107) gilt für die verfügbare Leistung
eines Generators mit der Innenadmittanz

$$Y_S = G_S + jB_S \qquad (433)$$

und dem Kurzschlußstrom (Urstrom) $\underline{I}_S$:

$$P_{vg} = \frac{|\underline{I}_S|^2}{4G_S} \qquad (434)$$

vergl. $[2]$ Gl.(52). Nach Bild 98 beträgt somit die am Ausgang
von Transistor I verfügbare Leistung

$$P_{voutI} = \frac{|\underline{I}_1|^2}{4g'_{22I}} = \frac{|y'_{21I}|^2 |\underline{U}_{beI}|^2}{4g'_{22I}} \qquad (435)$$

und die vom Transistor II aufgenommene Leistung folgt der
Beziehung

$$P_{1II} = |\underline{U}_{beII}|^2 g'_{11II} \overset{(429)}{=} \frac{|y'_{21I}|^2 |\underline{U}_{beI}|^2 g'_{11II} (\ddot{u}_1 \ddot{u}_2)^2}{G^2 (1 + \Omega^2)} \qquad (436)$$

Mit den Gln.(420), (421) und (435) erhält man somit für den
Übertragungswirkungsgrad

$$\eta = \frac{4g_{11}^T \, g_{22}^T}{G^2 (1 + \Omega^2)} \qquad (437)$$

Zur Beurteilung des Verstärkers interessieren vor allem die
Übertragungsverluste η_o in der Bandmitte ($\Omega = 0$). Mit den Gln.
(437) und (423) findet man hierfür

$$\eta_o = \frac{4g_{11}^T \, g_{22}^T}{(g_{22}^T + G^* + g_{11}^T)^2} \qquad (438)$$

Es leuchtet ein, daß der Wirkungsgrad umso größer ist, je
kleiner der eigene Verlustwert G^* des Schwingkreises gehalten werden kann. Im nicht realisierbaren Extremfall ist $G^* = 0$.
Der zugehörige Schwingkreis ohne Zusatzdämpfung G_p und ohne
Spulenverluste G_L ($G^* \overset{(397)}{=} G_p + G_L = 0$) hätte nach Gl.(403) eine

unendlich große Leerlaufgüte ($Q_o = \infty$). Aber selbst in diesem
Idealfall erreicht der Wirkungsgrad η_o i.a. nicht den Wert 1
(100 %) wie der zugehörige Kurvenverlauf in Bild 102a) zeigt.

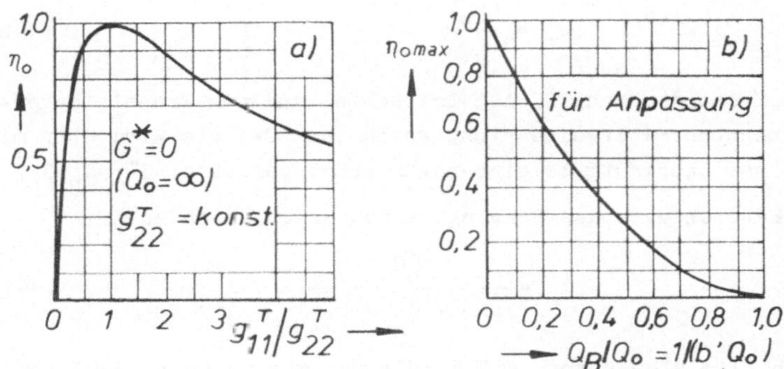

Bild 102 Übertragungswirkungsgrad
a) für $Q_o = \infty$ b) für Anpassung und endliches Q_o

Die Kurve in Bild 102a) veranschaulicht die Übertragungsverluste, die durch die Fehlanpassung zwischen dem Ausgang von
Transistor I und den Eingang von Transistor II entstehen. Nur
wenn die Leitwerte g^T_{11} und g^T_{22} gleich sind und bei Vernachlässigung der eigenen Verluste des Schwingkreises ($G^{*} = 0$)
erreicht der Wirkungsgrad den Idealwert $\eta_o = 1$. Die Beziehung
$g^T_{11} = g^T_{22}$ ist entsprechend den Gln.(420) und (421) gleichbedeutend mit der Forderung, daß der in den Kollektorkreis von
Transistor I transformierte Eingangsleitwert von Transistor II
gleich ist mit dem Ausgangsleitwert g'_{22I}:

$$g^{TC}_{11} = \left(\frac{ü_1}{ü_2}\right)^2 g'_{11II} = g'_{22I} \tag{439}$$

d.h. aber auch, daß zwischen den Transistoren I und II
<u>Anpassung</u> herrschen muß.
Wir wollen als nächstes auch noch den Einfluß der eigenen Ver-
luste G^{*} des Schwingkreises auf den Maximalwert von η_o unter
Vernachlässigung der Verluste durch Fehlanpassung untersuchen.

Die Verluste im Resonanzkreis lassen sich durch sein Güteverhältnis Q_B/Q_o beschreiben. Nach Gl.(402) gilt für die Leerlaufgüte des Schwingkreises

$$Q_o = \frac{\omega_o C}{G^*} \qquad (440)$$

Eine Zusatzdämpfung G_p ist bei schmalbandigen Transistorverstärkern normalerweise nicht vorhanden bzw. sie wird hier mit in diese Leerlaufgüte einbezogen (Eigenverluste: $G^* = G_p + G_L$).

Die Betriebsgüte des Schwingkreises ergibt sich zu

$$Q_B = \frac{\omega_o C}{g_{22}^T + G^* + g_{11}^T} \qquad (441)$$

Durch Eliminieren von $\omega_o C$ erhält man aus den Gln.(440) und (441) zunächst

$$G^* = (g_{22}^T + g_{11}^T)\frac{Q_B}{Q_o - Q_B} \qquad (442)$$

Mit diesem Ausdruck läßt sich in Gl.(438) der Verlustleitwert G^* eliminieren. Nach einigen Umformungen gewinnt man den Zusammenhang

$$\eta_o = \frac{4 g_{11}^T \, g_{22}^T}{(g_{22}^T + g_{11}^T)^2}\left(1 - \frac{Q_B}{Q_o}\right)^2 \qquad (443)$$

Entsprechend seiner Darstellung in Bild 102a) beschreibt der erste Faktor in Gl.(443) die <u>Verluste durch die Fehlanpassung</u> zwischen dem Transistor I und dem Transistor II. Der zweite Faktor bezeichnet schließlich die <u>Einfügungsverluste des Resonanzkreises</u>. Wollen wir deren alleinigen Einfluß erkennen, so ist in Gl.(443) die Anpassung vorauszusetzen. Mit $g_{22}^T = g_{11}^T$ erhält man

$$\eta_{omax} = \left(1 - \frac{Q_B}{Q_o}\right)^2 \quad \text{für Anpassung} \qquad (444)$$

Diese Funktion besagt, in welchem Maß das Maximum in Bild 102a)

bei Berücksichtigung der Schwingkreisverluste G^* abnimmt.
Zur besseren Orientierung wurde die Gl.(444) in Bild 102b)
graphisch dargestellt. Technisch sinnvoll ist nur der Werte-
bereich $0 \leqq Q_B/Q_o \leqq 1$. Für das allein entscheidende Güteverhältnis gilt nach Gl.(440) und (441)

$$\frac{Q_B}{Q_o} = \frac{G^*}{g_{22}^T + G^* + g_{11}^T} \tag{445}$$

In der Praxis ist gewöhnlich eine ganz bestimmte Bandbreite
gefordert. Wir müssen daher auch noch den Zusammenhang zwischen Verstärkung und Bandbreite untersuchen.
Für die Spannungsverstärkung in der Bandmitte folgt unmittelbar aus Gl.(429)

$$|v_{ueo}| = \left|\frac{U_{beIIo}}{U_{beIo}}\right| = \ddot{u}_1 \ddot{u}_2 \frac{|y_{21I}'|}{G} = \ddot{u}_1 \ddot{u}_2 \frac{|S|}{G} \tag{446}$$

(Um Verwechslungen vorzubeugen, muß darauf hingewiesen werden,
daß der Index o im Abschn.4.10 nicht den NF-Wert wie z.B. in
[2] S.132 kennzeichnet, sondern den Wert in der Bandmitte).
Formal erhalten wir mit Gl.(446) das gleiche Ergebnis wie beim
RC-Verstärker, [2] Gl.(30):

$$\underline{U}_{beII}/\underline{U}_{ceI} = n_{32}/n_{42} = \ddot{u}_1/\ddot{u}_2; \quad |\underline{U}_{ceIo}| = |S| r_{1w} |U_{beIo}|;$$

$$r_{1w} = \ddot{u}_2^2/G; \quad |\underline{U}_{beIIo}|/|\underline{U}_{beIo}| = \ddot{u}_1 \ddot{u}_2 |S|/G.$$

Die Bandbreite der Verstärkung ist durch die Bandbreite des
Schwingkreises gegeben. Nach Gl.(415) kann man hierfür schreiben

$$b = \frac{G}{2\pi C} = \frac{g_{22}^T + G^* + g_{11}^T}{2\pi(C_{22}^T + C^* + C_{11}^T)} \tag{447}$$

bzw. für die <u>normierte Bandbreite</u> mit den Gln.(440) und (441)

$$b' = \frac{b}{f_o} = \frac{G}{\omega_o C} = \frac{g_{22}^T + G^* + g_{11}^T}{Q_o G^*} = \frac{1}{Q_B} \tag{448}$$

Führen wir das Ergebnis aus Gl.(447) in Gl.(446) ein, so gewinnen wir den gesuchten Zusammenhang zwischen Bandbreite und
Verstärkung

$$|v_{ueo}| = ü_1 ü_2 \frac{|y'_{21I}|}{2\pi\, bC} \tag{449}$$

In der Praxis will man eine Verstärkung haben, die mit einer
bestimmten, geforderten Bandbreite gekoppelt ist. Deshalb ist
das Produkt "Bandbreite mal Verstärkung" wichtig

$$|v_{ueo}| \cdot b = ü_1 ü_2 \frac{|y'_{21I}|}{2\pi\, C} \tag{450}$$

Für die Leistungsverstärkung $v_p = P_{1II}/P_{1I}$ erhält man mit der
vom Transistor I aufgenommenen Leistung $P_{1I} = |\underline{U}_{beI}|^2 g'_{11I}$
sowie mit den Gln.(436) und (447)

$$v_{peo} \cdot b = (ü_1 ü_2)^2 \frac{|y'_{21I}|^2}{2\pi\, CG} \cdot \frac{g'_{11II}}{g'_{11I}} \tag{451}$$

Bei zwei gleichen Transistoren im gleichen Arbeitspunkt ist
$g'_{11II} = g'_{11I}$.
Wir erkennen aus Gl.(449), daß mit größer werdender Bandbreite b die Verstärkung kleiner wird, weil entsprechend den
Gln.(450) und (451) bei gegebenen Transistoren und gegebener
Schaltung das Produkt "Bandbreite mal Verstärkung" konstant
ist.
Die Abszissenvariable in Bild 102b) kann mit Gl.(448) durch
die normierte Bandbreite ausgedrückt werden: $Q_B/Q_o=1/(b'Q_o)$.
Der maximal erreichbare Übertragungswirkungsgrad ist daher
umso größer, je größer die normierte Bandbreite b' und je
größer die Leerlaufgüte Q_o sind. Die Bandbreite ist aber normalerweise fest vorgegeben und kann daher nicht beliebig vergrößert werden. Wir erkennen daraus, daß eine schmale Bandbreite und gleichzeitige geringe Übertragungsverluste Forderungen sind, die sich widersprechen. Die einzige Möglichkeit,
den Wirkungsgrad zu erhöhen besteht darin, daß die physikalischen Grenzen für die Spulengüte Q_o so weit wie möglich ausge-

nutzt werden. Weiter unten wird gezeigt werden, wie durch die
besondere Schaltungsanordnung in Bild 100 eine genügend hohe
Spulengüte erreicht werden kann.

Die bisherigen Betrachtungen ergaben, daß die Übertragungsverluste am geringsten sind, wenn zwischen dem Ausgang von
Transistor I und dem Eingang von Transistor II Anpassung
herrscht. D.h. den maximalen Wirkungsgrad erhält man für
$g_{22}^{T} = g_{11}^{T}$. Weil beim Transistor die Realteile g_{11} und g_{22}
meistens um mehrere Größenordnungen auseinanderliegen, ist
dieser optimale Betriebsfall nur durch das Zwischenschalten
eines Transformators zu erreichen. Besonders wirtschaftlich
ist die üblicherweise verwendete transformatorische Teilankopplung (Spartransformator) wie sie in Bild 99 und 100 bereits eingeführt wurde. Durch die Anordnung z.B. in Bild 99
wird ein an der Wicklung n_{32} angeschlossener Leitwert auf die
Kollektorseite von Transistor I heruntertransformiert ($\ddot{u}_1 < 1$).
Diese Ankopplungsart ist bei den vorausgesetzten Emitter-
Schaltungen erforderlich, weil der Realteil g'_{11II} der Eingangsadmittanz der 2. Stufe dann größer ist als der Realteil
g'_{22I} der Ausgangsadmittanz der 1. Stufe, [2] Bild 17. In den
Fällen (z.B. bei der Verwendung anderer Grundschaltungen), bei
denen $g'_{11II} < g'_{22I}$ ist, muß die Anordnung in Bild 99 umgedreht
werden: die Basis von Transistor II wird an die ganze Wicklung und der Kollektor von Transistor I an eine Anzapfung
gelegt ($\ddot{u}_1 > 1$).
Das optimale Übersetzungsverhältnis, für das die in Bild 100
an den Eingang von Transistor II übertragene Leistung ein Op-
timum wird, ergibt sich aus den vorausgehenden Untersuchungen
bei Anpassung d.h. für $g_{11}^{T} = g_{22}^{T}$, also mit den Gln.(420) und
(421) für

$$\left(\frac{\ddot{u}_1}{\ddot{u}_2}\right)_{opt} = \frac{n_{32}}{n_{42}} = \sqrt{\frac{g'_{22I}}{g'_{11II}}} \tag{452}$$

Wenn dieses optimale Übersetzungsverhältnis durch geeignete
Wahl der Spulenanzapfungen eingestellt wird, nimmt der 1. Faktor in Gl.(443) den Wert Eins an (keine Verluste durch Fehl-

anpassung) und der Übertragungswirkungsgrad erreicht das in
Gl.(444) angegebene Maximum. Wobei für die Betriebsgüte nach
Gl.(441) jetzt

$$Q_B = \frac{\omega_o C}{2g_{22}^T + G^*} \quad \text{für Anpassung} \tag{453}$$

und nach Gl.(448) für die normierte Bandbreite

$$b' = \frac{1}{Q_B} = \frac{2g_{22}^T + G^*}{Q_o G^*} \quad \text{für Anpassung} \tag{454}$$

gilt.

Im praktischen Fall wird die Bandmittenfrequenz f_o, die Bandbreite b und die zugelassenen Übertragungsverluste vorgegeben
sein. Die anzustrebende Anpassung zwischen den Transistoren I
und II kann bereits mit einer einzigen Anzapfung gemäß Bild 99
erreicht werden. Den günstigsten Wert für $\ddot{u}_1$ erhält man dann
mit $\ddot{u}_2 = 1$ aus Gl.(452). Der Übertragungswirkungsgrad ergibt
sich aus Gl.(432) und daraus weiter mit Gl.(444) die erforderliche Leerlaufgüte Q_o sowie der Verlustleitwert G^* des Kreises
aus Gl.(454). Weil nun dieser Leitwert praktisch allein durch
die Spulenverluste bestimmt wird, liegt nach Gl.(404) auch
deren Induktivitätswert L (Bild 99) bereits fest:

$$L = \frac{1}{2\pi f_o Q_o G^*} \overset{(454)}{=} \frac{b' Q_o - 1}{4\pi f_o Q_o g_{22I}'} \quad \text{für } \ddot{u}_2 = 1 \tag{455}$$

Es besteht nun vielfach das Problem, daß dieser Induktivitätswert L mit der vorgeschriebenen Leerlaufgüte Q_o technisch
nicht realisiert werden kann. Hier hilft die Tatsache weiter,
daß die Güte Q_o proportional zur Windungszahl n der Spule zu-
nimmt, weil die Beziehung $Q_o \overset{(403)}{=} \omega_o L / R_L$ besteht und die Induktivität L bekanntlich mit n^2, der Verlustwiderstand R_L aber
etwa nur mit n wächst. Kleinere Induktivitäten können deshalb
nicht mit so hoher Güte Q_o hergestellt werden wie größere
Induktivitätswerte. Man verwendet daher gegebenenfalls die
Schaltungsanordnung nach Bild 100, deren Induktivität $L^* = L_{12}$

ein Vielfaches des Wertes aus Gl.(455) sein kann und daher
meistens mit genügend hoher Güte Q_o zu realisieren ist. Zum
Einstellen der Anpassung kommt es dann nach Gl.(452) lediglich
auf das Verhältnis $ü_1/ü_2$ an und der Verlustleitwert des
Schwingkreises

$$G = ü_2{}^2 g'_{22I} + G^* + ü_1{}^2 g'_{11II} \tag{456}$$

ist daher noch beliebig wählbar. Wir benützen diesen Frei-
heitsgrad, um die geforderte Bandbreite b zu verwirklichen.

Die Induktivität L^* wird so gewählt, daß sich erstens der
geforderte Gütewert Q_o bequem erreichen läßt (Orientierungs-
hilfe für realisierbare Güten: z.B. [10] S.626ff) und zweitens
die gewünschte Resonanzfrequenz f_o mit einem praktikablen
Kapazitätswert

$$C^* = \frac{1}{\omega_o{}^2 L^*} - ü_2{}^2 C'_{22I} - ü_1{}^2 C'_{11II} \tag{457}$$

einzustellen ist.
Der Verlustleitwert G^* des Kreises liegt jetzt gemäß Gl.(404)
fest:

$$G^* = \frac{1}{\omega_o L^* Q_o} \tag{458}$$

Ebenso ist seine Betriebsgüte $Q_B \overset{(448)}{=} 1/b'$ vorgegeben. Damit hat
auch das für den maximalen Übertragungswirkungsgrad η_{omax}
entscheidende Güteverhältnis Q_B/Q_o einen aus Gl.(445) berechen-
baren festen Wert. Eliminiert man in Gl.(445) mit Hilfe der
Beziehung (452) das Übersetzungsverhältnis $ü_1$, so ist die vor-
geschriebene Betriebsgüte Q_B bzw. die Bandbreite $b' = 1/Q_B$ bei
vorgegebenen Leitwerten nur noch mit einem bestimmten Übersetzungsverhältnis $ü_2$ zu erreichen.Bei <u>Anpassung,Gl.(452),</u>ist

$$ü_{2opt} = \frac{n_{42}}{n_{12}} = \sqrt{\frac{G^*}{2g'_{22I}}(b'Q_o-1)} \overset{(458)}{=} \sqrt{\frac{b'Q_o-1}{2g'_{22I}\,\omega_o L^* Q_o}} \tag{459}$$

Für $ü_{2opt} = 1$ folgt aus dieser Beziehung - wie es sein muß -
wieder der Induktivitätswert aus Gl.(455).

Die den Berechnungen zugrunde liegende ideale Kopplung zwischen den verschiedenen Wicklungen läßt sich mit Spulenkernen aus Ferrit bzw. mit Ferritschalenkernen weitgehend erreichen. Diese Ferritmaterialien ermöglichen auch die hohen Gütewerte Q_o, die zur Herabsetzung der Einfügungsverluste des Parallelresonanzkreises gebraucht werden, [10] .

<u>Selektivität</u>

Weil häufig statt der Bandbreite b eine bestimmte Selektivität S (z.B. zur Unterdrückung des Nachbarkanals) gefordert wird, ist es zweckmäßig, wenn wir abschließend noch den Zusammenhang zwischen den Größen S, b und Q_B untersuchen. Entsprechend ihrer Definition auf S.35 können wir mit Gl.(430) beginnen:

$$S = \left| \frac{\underline{U}_{beIIo}}{\underline{U}_{beII}(\Omega_S)} \right| = \sqrt{1 + \Omega_S^2} \qquad (460)$$

wobei nach den Gln.(407), (406), (415) und (448)

$$\Omega_S = \frac{v_S}{d} \approx \frac{2\,\Delta f_S}{f_o d} = \frac{2\,\Delta f_S}{b} = \frac{2\,\Delta f_S Q_B}{f_o} \qquad (461)$$

zu setzen ist. Durch Umformen erhält man aus Gl.(460) den Zusammenhang

$$\Omega_S = \sqrt{S^2 - 1} \qquad (462)$$

und daraus mit Gl.(461) schließlich

$$Q_B \approx \frac{f_o}{2\,\Delta f_S} \sqrt{S^2 - 1} \qquad (463)$$

oder

$$b \approx \frac{2\,\Delta f_S}{\sqrt{S^2 - 1}} \approx \frac{f_o}{Q_B} = f_o d \qquad (464)$$

<u>**Beispiel 64:**</u>

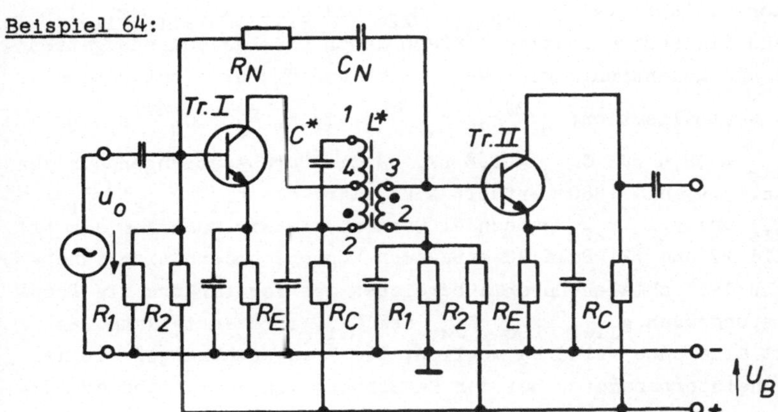

Bild 103 Einfacher ZF-Verstärker

a) Der ZF-Verstärker in Bild 103 mit zwei gleichen Transistoren und einem Resonanzkreis soll dimensioniert werden. Die Selektivität, bei einer Frequenzabweichung $\Delta f_S = \pm$ 9kHz von der Bandmittenfrequenz f_o = 450 kHz, sei S = 3. Die Übertragungsverluste des Koppelvierpols sollen höchstens 3 dB betragen (η_o = -3dB). Für beide neutralisierte Transistoren ist jeweils der in Beisp.59 charakterisierte Typ zu verwenden.

b) Wie groß ist die Bandbreite des Verstärkers?

c) Wie groß ist die Leistungsverstärkung $v_{pSt} = P_{1II}/P_{1I}$ der 1. Stufe (einschließlich Übertragungsverluste)?

d) Wie groß wären die erforderlichen Güten Q_B und Q_o für die Selektivitäten S = 15; 10 und 5 ?

L ö s u n g :   Bis auf den Basis-Spannungsteiler des 1. Transistors und den Kollektorwiderstand von Transistor II sind alle sonstigen Widerstände zur Arbeitspunkteinstellung kapazitiv überbrückt.
Weil das optimale Übersetzungsverhältnis $\ddot{u}\overset{(370)}{=} n_{32}/n_{42}$ für die Neutralisation nach Gl.(385) gleich groß ist wie das Übersetzungsverhältnis $\ddot{u}_1/\ddot{u}_2$ für optimale Leistungsübertragung

nach Gl.(452) ($g'_{22I} = g'_{22II} \approx g_{22e}$ und $g'_{11II} = g'_{11I} \approx g_{11e}$), kann die Neutralisation einfach durch eine galvanisch getrennte und gegensinnig gewickelte Wicklung n_{32} erreicht werden.

a) Neutralisation: $ü \overset{(370)}{=} n_{32}/n_{42} \overset{(385)}{=} 0,12$; $R_N \overset{(386)}{=} 0$; $C_N \overset{(387)}{=} 8,3$ pF; $C_{11e} = 38,9$ pF; $C_{22e} = 1,8$ pF. Da die Voraussetzungen aus den Gln.(379) und (380) erfüllt sind, darf mit $y'_{11} \approx y_{11e}$; $y'_{21} \approx y_{21e}$ und $y'_{22} \approx y_{22e}$ gerechnet werden. Wie wir außerdem aus [2] Bild 17 und [2] Bild 42 entnehmen können, ändern sich innerhalb des schmalen Durchlaßbereiches des Verstärkers die Transistorgrößen g_{11e}, g_{22e}, C_{22e} und C_{11e} ihre Werte kaum. Es ist also ohne weiteres möglich, die Frequenzabhängigkeit der Transistorparameter bei der Berechnung von Schmalbandverstärkern zu vernachlässigen.

$(ü_1/ü_2)_{opt} \overset{(452)}{=} 0,12$. $Q_B \overset{(463)}{=} 71$. $\eta_o \overset{(432)}{=} 0,5 = 50$ %. $Q_o \overset{(444)}{=} 242$. $Q_B/Q_o = 0,3$. $b' \overset{(448)}{=} 0,014$. Z.B. nach den Angaben aus [10] S.627 wird eine Induktivität $L^* = 500$ µH gewählt, die sich mit der Güte $Q_o = 242$ realisieren läßt. $C \overset{(400)}{=} 250$ pF. $ü_{2opt} \overset{(459)}{=} 0,57$. Also muß für $ü_{1opt} = 0,12 \cdot 0,57 = 0,07$ gewählt werden. $C^* \overset{(457)}{=} 249,4$ pF. Der Einfluß der Transistorkapazitäten ist also sehr gering.

b) $b \overset{(448)}{=} 6,3$ kHz.

c) $v'_{popt} \overset{(383)}{\approx} 261\ 475 \,\hat{=}\, 54,2$ dB. Da die Einfügungsverluste des Schwingkreises 3 dB betragen, hat die Gesamtverstärkung den Wert $v_{pSt} = 54,2$ dB $- 3$ dB ≈ 51 dB.

d) Mit den Gln.(463) und (444) ergibt sich

S	15	10	5
Q_B	374	249	122
Q_o	1277	850	417

Alle diese Leerlaufgüten Q_o sind praktisch nicht realisierbar. D.h. die geforderte Selektivität kann mit einem einzigen Parallelschwingkreis nicht erreicht werden.

4.10.4. Zweistufiger Verstärker mit zwei Parallelresonanz-
kreisen

Aus dem Beisp.64 ist zu entnehmen, daß der mit einem einzigen
Parallelresonanzkreis erreichbaren Selektivität Grenzen gesetzt sind. Sie läßt sich aber auf einfache Weise vergrößern,
wenn zwei oder mehrere Resonanzkreise im Zuge einer Kettenschaltung von Verstärkerstufen verwendet werden.
Wir wollen daher als nächstes untersuchen, wie sich die Verstärkereigenschaften ändern, wenn auch der erste Transistor
über einen Parallelresonanzkreis gespeist wird. Das zugehörige
Ersatzschaltbild des zu untersuchenden Verstärkers ist in
Bild 104 angegeben.

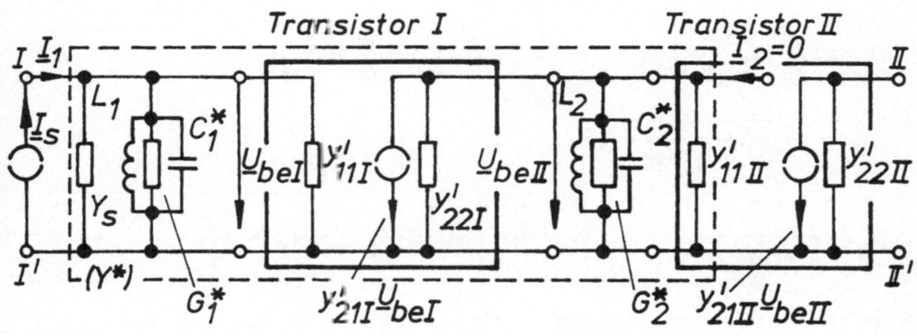

Bild 104 Verstärker mit zwei Resonanzkreisen

In der praktischen Ausführung eines solchen Verstärkers sind,
wie im vorhergehenden Abschnitt ausführlich gezeigt wurde, die
Schwingkreise mit Anzapfungen zu versehen, um die Anpassung
und die geforderte Betriebsgüte zu erreichen. Zur Vereinfachung der Rechnung werden diese Anzapfungen jetzt weggelassen.
Des weiteren setzen wir wieder neutralisierte Transistoren
voraus.
Der Schwingkreis am Eingang von Transistor I wird unter Einbeziehung der Innenadmittanz $Y_S = G_S + j\omega C_S$ des Steuergenerators und des Transistorparameters y'_{11I} auf die Resonanzfrequenz f_{o1} abgestimmt:

$$Y_{p_1} \overset{(409)}{=} G_1(1 + j\Omega_1) \tag{465}$$

$$G_1 = G_S + G_1^* + g_{11I}' \quad ; \qquad C_1 = C_S + C_1^* + C_{11I}' \qquad (466)$$

$$d_1 \overset{(401)}{=} \frac{G_1}{\omega_{o1} C_1} = \frac{1}{Q_{B1}} \quad ; \qquad Q_{o1} \overset{(403)}{=} \frac{1}{G_1^* \, \omega_{o1} L_1} \qquad (467)$$

$$\omega_{o1} = \frac{1}{\sqrt{L_1 C_1}} \; ; \qquad v_1 = \frac{f}{f_{o1}} - \frac{f_{o1}}{f} \; ; \qquad \Omega_1 = \frac{v_1}{d_1} \qquad (468)$$

Der Schwingkreis am Ausgang von Transistor I wird unter Einbeziehung der Transistorparameter y_{22I}' und y_{11II}' auf die Frequenz f_{o2} abgestimmt:

$$Y_{P2} = G_2(1 + j \, \Omega_2) \qquad (469)$$

$$G_2 = g_{22I}' + G_2^* + g_{11II}' \quad ; \qquad C_2 = C_{22I}' + C_2^* + C_{11II}' \qquad (470)$$

$$d_2 = \frac{G_2}{\omega_{o2} C_2} = \frac{1}{Q_{B2}} \quad ; \qquad Q_{o2} = \frac{1}{G_2^* \, \omega_{o2} L_2} \qquad (471)$$

$$\omega_{o2} = \frac{1}{\sqrt{L_2 C_2}} \quad ; \qquad v_2 = \frac{f}{f_{o2}} - \frac{f_{o2}}{f} \; ; \qquad \Omega_2 = \frac{v_2}{d_2} \qquad (472)$$

Für die Leitwertparameter (Matrix (y^*)) des in Bild 104 gestrichelt eingegrenzten Vierpols erhält man bei Kurzschluß
am Ausgang, $\underline{U}_{beII} = 0$

$$y_{11}^* = G_1(1 + j \, \Omega_1) \qquad y_{21}^* = y_{21I}' \qquad (473)$$

sowie bei Kurzschluß am Eingang, $\underline{U}_{beI} = 0$

$$y_{22}^* = G_2(1 + j \, \Omega_2) \qquad y_{12}^* = 0 \qquad (474)$$

Weil für die Klemmenströme dieses Vierpols $\underline{I}_1 = \underline{I}_S$ und $\underline{I}_2 = 0$
(Leerlauf am Ausgang) gilt, lauten seine Vierpolgleichungen

$$\underline{I}_S = G_1(1 + j \, \Omega_1) \, \underline{U}_{beI} \qquad (475)$$

$$0 = y_{21I}' \underline{U}_{beI} + G_2(1 + j \, \Omega_2) \underline{U}_{beII} \qquad (476)$$

Eliminiert man mit Hilfe der Gl.(475) in Gl.(476) die Spannung

$\underline{U}_{beI}$, so ergibt sich für die Ausgangsspannung der 1. Stufe

$$\underline{U}_{beII} = \frac{-y'_{21I}\underline{I}_S}{G_1 G_2 (1+j\,\Omega_1)(1+j\,\Omega_2)} \qquad (477)$$

Mit der vom Transistor II aufgenommenen Leistung $P_{1II} = |\underline{U}_{beII}|^2 g'_{11II}$ und der verfügbaren Leistung $P_{vg} \overset{(434)}{=} |\underline{I}_S|^2/(4G_S)$ des Steuergenerators hat die 1. Stufe die Übertragungs-Leistungsverstärkung $v_{p\ddot{u}} = P_{1II}/P_{vg}$

$$v_{p\ddot{u}} = 4\,G_S g'_{11II}\,\frac{|y'_{21I}|^2}{G_1^2 G_2^2}\cdot\frac{1}{(1+\Omega_1^2)(1+\Omega_2^2)} \qquad (478)$$

Zwei gleiche, auf die Bandmitte abgestimmte Einzelkreise

Wenn die beiden Schwingkreise in Bild 104 auf die gewünschte Bandmittenfrequenz f_o abgestimmt sind, gilt $\omega_{o1}= \omega_{o2}= \omega_o$ und $v_1=v_2=v$. Da dann bei $f=f_o$ die normierten Verstimmungen Ω_1 und Ω_2 den Wert Null annehmen, erhalten wir aus Gl.(478) für die Übertragungs-Leistungsverstärkung in der Bandmitte den Ausdruck

$$v_{p\ddot{u}o} = 4\,G_S g'_{11II}\,\frac{|y'_{21I}|^2}{G_1^2 G_2^2} \qquad (479)$$

Um die einzelnen Einflußgrößen besser erkennen zu können, schreiben wir die Gl.(479) um:

$$v_{p\ddot{u}o} = \frac{|y'_{21I}|^2}{4g'_{11I}g'_{22I}}\cdot\frac{4G_S g'_{11I}}{(G_S+g'_{11I})^2}\cdot\frac{4g'_{11II}g'_{22I}}{(g'_{22I}+g'_{11II})^2}\cdot$$

$$\cdot\left(\frac{G_S + g'_{11I}}{G_1}\right)^2\cdot\left(\frac{g'_{22I} + g'_{11II}}{G_2}\right)^2 \qquad (480)$$

Der erste Term in dieser Gleichung bezeichnet nach Gl.(383) die maximale rückwirkungsfreie Leistungsverstärkung von Transistor I. Der zweite Term wird zu Eins für $G_S=g'_{11I}$. Er bezeichnet also die Verluste, die durch die Fehlanpassung zwi-

schen der Steuerquelle und dem Eingang von Transistor I entstehen. Da der dritte Term für $g'_{22I} = g'_{11II}$ den Wert Eins erreicht, beschreibt er die Verluste durch die Fehlanpassung
zwischen dem Ausgang von Transistor I und dem Eingang von
Transistor II. Dieser Faktor war bereits in Gl.(443) aufge-
treten. Vom Aufbau jener Gl.(443) her gesehen ist zu vermuten,
daß die zwei letzten Terme in Gl.(480) die Einfügungsverluste
der beiden Schwingkreise wiedergeben. Hierfür findet man eine
Bestätigung, wenn die beiden angesprochenen Leitwertverhält-
nisse mit Hilfe der Gln.(467), (468), (471) und (472) auf die
Güteverhältnisse Q_B/Q_o der beiden Schwingkreise umgerechnet
werden:

$$\frac{G_S + g'_{11I}}{G_1} = 1 - \frac{Q_{B1}}{Q_{o1}} \; ; \qquad \frac{g'_{22I} + g'_{11II}}{G_2} = 1 - \frac{Q_{B2}}{Q_{o2}} \qquad (481)$$

Die durch die Schwingkreise bewirkten Übertragungsverluste
sind also wieder umso niedriger, je kleiner das Verhältnis
"Betriebsgüte zu Leerlaufgüte" gehalten werden kann oder anders ausgedrückt: die Einfügungsverluste sind umso kleiner,
je größer das Produkt "Bandbreite mal Leerlaufgüte" des
Schwingkreises ist.

Die Verluste durch eine Fehlanpassung können in der Praxis -
wie in Abschn.4.10.3 erläutert wurde - durch eine Anzapfung
der Schwingkreise mit jeweils dem Übersetzungsverhältnis $\ddot{u}_1$
vermieden werden. Mit einer zusätzlichen Anzapfung $\ddot{u}_2$ an beiden Schwingkreisen kann man dann auch noch eine bestimmte Betriebsgüte (z.B. für beide Kreise die gleiche Güte Q_B) d.h.
eine bestimmte Bandbreite einstellen.

Um die Verbesserung der Selektivität erkennen zu können, berechnen wir aus Gl.(477) bei konstantem Strom $\underline{I}_S$ die Amplitudencharakteristik des Verstärkers mit zwei gleichen Schwingkreisen ($d_1 = d_2 = d$ d.h. $\Omega_1 = \Omega_2 = \Omega$)

$$\left| \frac{\underline{U}_{beII}(\Omega)}{\underline{U}_{beIIo}} \right|_{\underline{I}_S=\text{konst}} = \frac{1}{\sqrt{(1+\Omega^2)^2}} = \frac{1}{1+\Omega^2} \text{ für } n=2 \qquad (482)$$

und vergleichen sie mit derjenigen, die sich aus Gl.(430) ergibt, wenn nur ein Schwingkreis verwendet wird:

$$\left|\frac{\underline{U}_{beII}(\Omega)}{\underline{U}_{beIIo}}\right|_{\underline{I}_S=\text{konst}} = \frac{1}{\sqrt{1+\Omega^2}} \quad \text{für } n=1 \tag{483}$$

n Anzahl der Kreise

In Bild 105 sind die Amplitudencharakteristiken aus den Gln. (482) und (483) aufgezeichnet. Wir erkennen daraus, daß die Selektionskurve bei n=2 steiler verläuft als bei n=1. Man muß allerdings auch den Nachteil mit in Kauf nehmen: die Bandbreite wird kleiner.

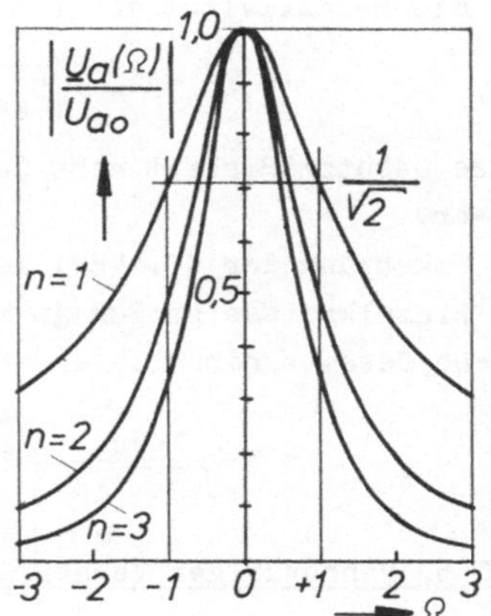

Bild 105
Amplitudencharakteristiken
eines mehrstufigen Verstärkers
mit n gleichen auf die Bandmitte abgestimmten Schwingkreisen (siehe Gl.(502))

Rechnerisch ergibt sich für die <u>Gesamtselektivität</u> aus deren Definition auf S.35 analog zu Gl.(460)

$$S_{ges} = \left|\frac{\underline{U}_{beIIo}}{\underline{U}_{beII}(\Omega_S)}\right| \overset{(482)}{=} 1 + \Omega_S^2 \overset{(460)}{=} S^2 \tag{484}$$

S Selektivität des Einzelkreises (n=1).
An der oberen Bandgrenze ist $\Omega=\Omega_h$ und es gilt

$$\left|\frac{\underline{U}_{beII}(\Omega_h)}{\underline{U}_{beIIo}}\right| \overset{(482)}{=} \frac{1}{1+\Omega_h^2} = \frac{1}{\sqrt{2}} \tag{485}$$

Demnach ist bei zwei gleichen Schwingkreisen (n=2)

$$\Omega_h = \frac{v_h}{d} \overset{(406)}{\approx} \frac{2\Delta f_b}{f_o d} \overset{(415)}{=} \frac{b_{ges}}{b} = \sqrt{\sqrt{2} - 1} \qquad (486)$$

b Bandbreite des Einzelkreises (n=1).

Die Bandbreite des Verstärkers hat sich also auf den Wert

$$b_{ges} = b\sqrt{\sqrt{2} - 1} = b\cdot 0,64 \qquad (487)$$

verkleinert.

Will man eine bestimmte Gesamtselektivität S_{ges} erreichen, so
muß die Selektivität des Einzelkreises kleiner sein:

$$S = \sqrt{S_{ges}} \qquad (488)$$

Diese Gesetzmäßigkeit geht durch Umkehrung aus der Gl.(484)
hervor.

Die Umkehrung der Gl.(487) lehrt ebenso, daß die Bandbreite
des Einzelkreises größer gewählt werden muß, wenn eine vorgegebene Gesamtbandbreite erreicht werden soll:

$$b = \frac{b_{ges}}{\sqrt{\sqrt{2} - 1}} = 1,55 \cdot b_{ges} \qquad (489)$$

4.10.5. Mehrstufiger Verstärker mit n Parallelresonanzkreisen

4.10.5.1. Auf die Bandmitte abgestimmte Einzelkreise

In diesem Abschnitt soll untersucht werden, wie sich die Verstärkereigenschaften ändern, wenn n auf die Bandmittenfrequenz
f_o abgestimmte gleiche Parallelresonanzkreise zusammen mit
(n-1) gleichen neutralisierten Transistoren in Emitter-Schaltung in einem (n-1)-stufigen HF-Verstärker verwendet werden.

Die n Parallelresonanzkreise seien jeweils mit zwei Anzapfungen entsprechend der Anordnung in Bild 100 versehen. Zur Un-
terscheidung der i.a. unterschiedlichen Übersetzungsverhältnisse wählen wir für den ν-ten Kreis die Bezeichnungen $\ddot{u}_{1\nu}$
und $\ddot{u}_{2\nu}$.
In Bild 106 ist ein Ersatzschaltbild des mehrstufigen Verstärkers gezeichnet.

Die Admittanz Y_{PI} an Eingang des Verstärkers enthält die transformierte Innenadmittanz Y_S der Steuerquelle

$$Y_S^T = ü_{2I}{}^2 Y_S \tag{490}$$

und die Admittanz Y_{PI}^{*} des 1. Schwingkreises sowie die transformierte Eingangsadmittanz des Transistors I

$$y_{11I}^T = ü_{1I}{}^2 y'_{11I} \tag{491}$$

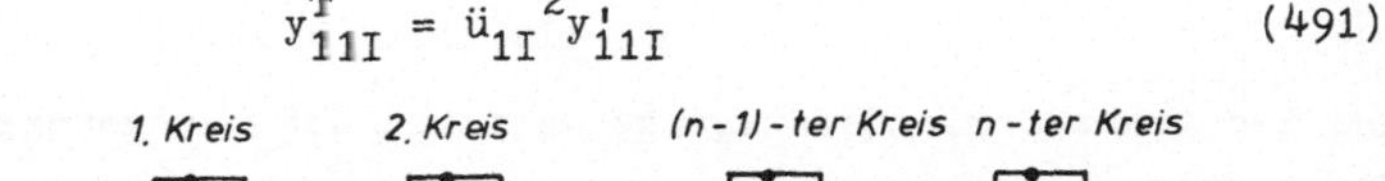
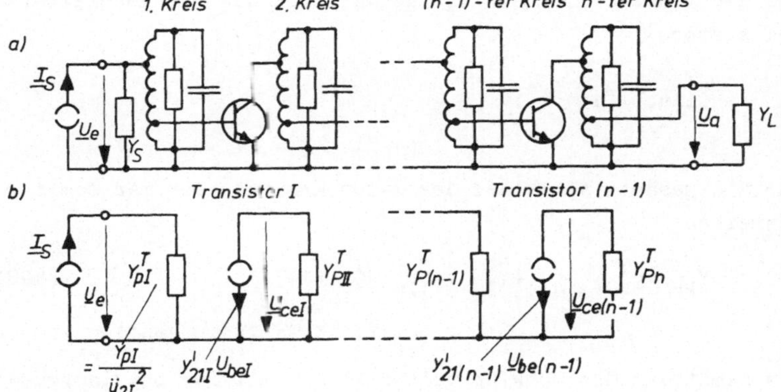

Bild 106 Mehrstufiger Verstärker mit n Einzelkreisen
a) Schaltung (schematisch) b) Ersatzschaltbild

Es gilt also

$$Y_{PI} = Y_S^T + Y_{PI}^{*} + y_{11I}^T = G_I(1+j\Omega_I) \tag{492}$$

Die transformierte Lastadmittanz Y_L des Gesamtverstärkers

$$Y_L^T = ü_{1n}{}^2 Y_L \tag{493}$$

ist zusammen mit der transformierten Ausgangsadmittanz $y'_{22(n-1)}$ des letzten Transistors

$$y_{22(n-1)}^T = ü_{2n}{}^2 y'_{22(n-1)} \tag{494}$$

in den n-ten Kreis mit einbezogen:

$$Y_{Pn} = y^T_{22(n-1)} + Y^*_{Pn} + Y^T_L = G_n(1+j\,\Omega_n) \qquad (495)$$

Alle übrigen Schwingkreise enthalten die transformierte Ausgangsadmittanz des vorhergehenden Transistors

$$y^T_{22(\nu-1)} = \ddot{u}_{2\nu}{}^2\, y'_{22(\nu-1)} \qquad (496)$$

$$\nu = \text{II, III, IV ...n.}$$

und die transformierte Eingangsadmittanz des nachgeschalteten Transistors

$$y^T_{11\nu} = \ddot{u}_{1\nu}{}^2\, y'_{11\nu} \qquad (497)$$

$$\nu = \text{II, III, IV ...(n-1).}$$

Für die gesamte Admittanz des ν-ten Kreises kann man somit schreiben

$$Y_{P\nu} = y^T_{22(\nu-1)} + Y^*_{P\nu} + y^T_{11\nu} = G_\nu\,(1+j\,\Omega_\nu) \qquad (498)$$

$$\nu = \text{II, III, IV ...(n-1).}$$

Die Admittanz des Schwingkreises allein mit der Leerlaufgüte $Q_{o\nu}$ ist hier durch das Symbol $Y^*_{P\nu}$ gekennzeichnet.

Aus Bild 106 läßt sich auch die Steuerspannung des ν-ten Transistors ermitteln. Sie beträgt

$$\underline{U}_{be\nu} = \ddot{u}_{1\nu}\ddot{u}_{2\nu}\,\frac{-y'_{21(\nu-1)}\underline{U}_{be(\nu-1)}}{Y_{P\nu}} \qquad (499)$$

$$\nu = \text{I, II, III ...n.}$$

Bei $\nu = \text{I}$ ist hierhin $y_{21(\nu-1)}\underline{U}_{be(\nu-1)} = -\underline{I}_S$ und bei $\nu = n$ ist $\underline{U}_{be\nu} = \underline{U}_a$ zu setzen.

Die n Parallelresonanzkreise seien unter Einbeziehung aller parallel liegenden Admittanzen auf die Bandmitte f_o abgestimmt. Wir setzen außerdem zur Vereinfachung der Berechnung voraus, daß alle n Einzelkreise die gleiche Betriebsgüte Q_B haben. Dies läßt sich durch die Verwendung gleicher Schwingkreise und durch die passende Wahl der Übersetzungsverhältnisse

$\ddot{u}_{1\nu}$ und $\ddot{u}_{2\nu}$ erreichen.
Wir wollen weiter annehmen, daß alle Transistoren vom gleichen
Typ sind und im gleichen Arbeitspunkt betrieben werden. Als
Steuerquelle und Belastung für den Gesamtverstärker sollen
zwei weitere neutralisierte Transistoren vom gleichen Typ wie
die anderen dienen. Durch diese Annahmen werden alle Übersetzungsverhältnisse $\ddot{u}_{1\nu}$ und auch alle $\ddot{u}_{2\nu}$ jeweils gleich, so
daß daß wir den 2. Index wieder weglassen können.
Aus dem Bild 106 kann man jetzt für die Ausgangsspannung $\underline{U}_a$
des Verstärkers (Steuerspannung für einen n-ten Transistor)
die Beziehung

$$\underline{U}_a = (-1)^{n+1} \frac{(y'_{21})^{n-1} \underline{I}_S (\ddot{u}_1 \ddot{u}_2)^n}{G^n (1+j\Omega)^n} \qquad (500)$$

$$n = 1,\ 2,\ 3 \ldots$$

ablesen.
Für die normierte Frequenzcharakteristik ergibt sich hieraus
bei konstantem Strom $\underline{I}_S$ der Ausdruck

$$\left. \frac{\underline{U}_a(\Omega)}{\underline{U}_{ao}} \right|_{\underline{I}_S = \text{konst}} = \frac{1}{(1+j\Omega)^n} \qquad (501)$$

$$n = 1,\ 2,\ 3 \ldots$$

Die Amplitudencharakteristik folgt dann der Gesetzmäßigkeit

$$\left. \left| \frac{\underline{U}_a(\Omega)}{\underline{U}_{ao}} \right| \right|_{\underline{I}_S = \text{konst}} = \frac{1}{\sqrt{(1+\Omega^2)^n}} \qquad (502)$$

$$n = 1,\ 2,\ 3 \ldots$$

die man aus Gl.(501) mit dem mathematischen Satz: "Der Betrag
der n-ten Potenz einer komplexen Zahl ist gleich der n-ten
Potenz ihres Betrages" ermittelt.
Selbstverständlich ist jetzt die Gl.(482) ein Spezialfall
der Gl.(502) für n=2.
Um die Veränderung der Amplitudencharakteristik des Gesamtverstärkers deutlich erkennen zu können, wurde die Kurve zu
Gl.(502) für n=3 mit in das Bild 105 aufgenommen. Man sieht
daraus, wie die Selektionskurven mit wachsender Stufenzahl

immer steiler verlaufen, aber leider auch immer schmaler
werden. Die verbesserte Selektivität S_{ges} muß also mit einer
Verkleinerung der Bandbreite b_{ges} bezahlt werden. Zwischen-
frequenzverstärker mit Einzelkreisen können daher nur dort
eingesetzt werden, wo die Anforderungen an Bandbreite und
Trennschärfe nicht allzu groß sind (z.B. billige Taschen-
empfänger).

Die <u>Selektivität des Gesamtverstärkers</u> ergibt sich aus Gl.
(502) zu

$$S_{ges} = \left| \frac{U_{ao}}{U_a(\Omega_S)} \right| = \sqrt{(1+\Omega_S^2)^n} = S^n \tag{503}$$

$$n = 1,\ 2,\ 3\ \ldots$$

S Selektivität des Einzelkreises (n=1)

Die obere Bandgrenze findet man aus Gl.(502):

$$\Omega_h = \sqrt{\sqrt[n]{2}-1} \approx \frac{1}{1,2\ \sqrt{n}} \tag{504}$$

$$n = 2,\ 3,\ 4\ \ldots$$

Das Ω_h-Intervall lautet also

$$0 < \sqrt{\sqrt[n]{2}-1} \leqq 0,644.$$

Bei der Verwendung von n Einzelkreisen mit jeweils gleicher
Bandbreite b hat sich also gemäß dem Zusammenhang $\Omega_h \overset{(486)}{\approx} b_{ges}/b$
die <u>Bandbreite des Gesamtverstärkers</u> auf den Wert

$$b_{ges} = b\ \sqrt{\sqrt[n]{2}-1} \approx \frac{b}{1,2\ \sqrt{n}} \tag{505}$$

$$n = 2,\ 3,\ 4\ \ldots$$

verkleinert.

Soll umgekehrt eine vorgegebene Gesamtbandbreite b_{ges} erreicht
werden, dann muß man die Bandbreite des Einzelkreises entsprechend der Beziehung

$$b = \frac{b_{ges}}{\sqrt{\sqrt[n]{2}-1}} \approx 1,2\ \sqrt{n}\ b_{ges} \tag{506}$$

$$n = 2,\ 3,\ 4\ \ldots$$

größer wählen.

Die exakten Ausdrücke in den Gln.(504) bis (506) können mit
den elektronischen Taschenrechnern leicht ausgewertet werden.
Die angegebenen Näherungen sind gerade bei der gebräuchlichen
Anzahl von Schwingkreisen (n=2 bis 4) relativ ungenau. Der
Fehler beträgt z.B. für n=2 rund 8 % und bei n=4 rund 4 %.

Diese Näherungen wurden oben nur deshalb aufgeführt, um die
Tendenz der Funktion bei wachsender Kreiszahl n leichter aus
der Formel erkennbar zu machen.
Von Interesse ist jetzt noch die Übertragungs-Leistungsverstärkung des Gesamtverstärkers in der Bandmitte. Da die von
der Lastadmittanz $Y_L = y_{11e}' \overset{(416)}{=} g_{11}' + j \omega C_{11}'$ aufgenommene Lei-
stung aus der Beziehung $P_L = |\underline{U}_a|^2 g_{11}'$ berechnet werden kann,
folgt aus den Gln.(434) und (500) für $v_{püo} = P_L/P_{vg}$ mit
$G_S = g_{22}'$ der Ausdruck

$$v_{püo} = 4 g_{11}' g_{22}' \frac{|y_{21}'|^{2(n-1)} (ü_1 ü_2)^{2n}}{G^{2n}} \qquad (507)$$

$$n = 2, 3, 4 \ldots$$

Er läßt sich analog zu Gl.(480) folgendermaßen interpretieren:
Da in diesem Abschnitt bisher noch keine Anpassung vorausgesetzt wurde, treten in der Gesamtschaltung n-mal <u>Verluste infolge Fehlanpassung</u> auf. Diese Verluste bezeichnen wir mit ϕ_A.

Bei Anpassung muß gelten: $\phi_A = 1$. Also machen wir entsprechend
den Erkenntnissen aus den Gln.(452) und (480) den Ansatz

$$\phi_A = \frac{4 \left(\dfrac{ü_1}{ü_2}\right)^2 g_{11}' g_{22}'}{\left[\left(\dfrac{ü_1}{ü_2}\right)^2 g_{11}' + g_{22}'\right]^2} = \frac{4 g_{11}' g_{22}' (ü_1 ü_2)^2}{\left(ü_1^2 g_{11}' + ü_2^2 g_{22}'\right)^2} \qquad (508)$$

bzw. im üblichen logarithmischen Maß

$$\phi_A = 10 \lg \frac{4 g_{11}' g_{22}' (ü_1 ü_2)^2}{\left(ü_1^2 g_{11}' + ü_2^2 g_{22}'\right)^2} \quad dB \qquad (509)$$

Des weiteren enthält die Schaltung n mal die <u>Einfügungsverluste der Schwingkreise</u>. Wir bezeichnen Sie mit ϕ_K. Nach den Erfahrungen aus der Gl.(444) lassen sich diese Verluste mit dem Güteverhältnis Q_B/Q_o der Kreise ausdrücken. Wir verwenden hierfür die Gln.(445), (420), (421) und erhalten

$$\phi_K = \left(1 - \frac{Q_B}{Q_o}\right)^2 = \left(\frac{\ddot{u}_1{}^2 g_{11}' + \ddot{u}_2{}^2 g_{22}'}{G}\right)^2 \tag{510}$$

bzw. das logarithmische Maß davon

$$\phi_K = 20 \lg \left(1 - \frac{Q_B}{Q_o}\right) dB = 20 \lg \frac{\ddot{u}_1{}^2 g_{11}' + \ddot{u}_2{}^2 g_{22}'}{G} dB \tag{511}$$

Zuletzt muß in der Gesamtbilanz die maximale rückwirkungsfreie Leistungsverstärkung der (n-1) Transistoren nach Gl.(383) berücksichtigt werden.

Die <u>Übertragungs-Leistungsverstärkung des Gesamtverstärkers</u> muß sich also auch wie folgt ausdrücken lassen:

$$v_{p\ddot{u}o} = \left[\frac{4 g_{11}' g_{22}' (\ddot{u}_1 \ddot{u}_2)^2}{(\ddot{u}_1{}^2 g_{11}' + \ddot{u}_2{}^2 g_{22}')^2}\right]^n \cdot \left[\left(\frac{\ddot{u}_1{}^2 g_{11}' + \ddot{u}_2{}^2 g_{22}'}{G}\right)^2\right]^n \cdot \left[\frac{|y_{21}'|^2}{4 g_{11}' g_{22}'}\right]^{n-1} \tag{512}$$

$$n = 2,\ 3,\ 4 \ldots$$

Man erkennt leicht, daß dies nur eine andere Schreibweise der Gl.(507) ist. Da sich die einzelnen Einflußgrößen multiplizieren, sind sie im logarithmischen Maß zu addieren:

$$\frac{v_{p\ddot{u}o}}{dB} = n\ \frac{\phi_A}{dB} + n\ \frac{\phi_K}{dB} + (n-1)\ \frac{v_{popt}'}{dB} \tag{513}$$

$$n = 2,\ 3,\ 4 \ldots$$

Bei vorgegebener Gesamtbandbreite b_{ges} kann über den Verlustleitwert G der Einzelkreise nicht mehr frei verfügt werden, weil die Bandbreite b nach Gl.(506) und damit über Gl.(415) auch der Leitwert $G = 2\pi Cb$ bereits festliegt (die Kapazität C ist meistens ebenfalls vorgegeben).

Sind außerdem die Größen f_o und Q_o vorgegeben, dann liegt auch das Übersetzungsverhältnis $ü_2$ fest. Es hat mit den Gln. (459) und (506)   die Größe

$$ü_2 = \sqrt{\frac{\omega_o C}{2g'_{22}Q_o}\left(\frac{Q_o b_{ges}}{f_o\sqrt{\sqrt[n]{2}-1}} - 1\right)} \qquad (514)$$

$$n = 2,\ 3,\ 4\ \ldots$$

Bei <u>Anpassung</u> erhält damit die Gl.(512) die Form

$$v_{püo} = \left[\left(1 - \frac{f_o\sqrt{\sqrt[n]{2}-1}}{Q_o b_{ges}}\right)^2\right]^n \cdot \left[\frac{|y'_{21}|^2}{4g'_{11}g'_{22}}\right]^{n-1} \qquad (515)$$

$$n = 2,\ 3,\ 4\ \ldots$$

die besonders zweckmäßig ist für die Fälle, in denen die Größen f_o, Q_o und b_{ges} vorgegeben sind.

<u>Beispiel 65</u>:

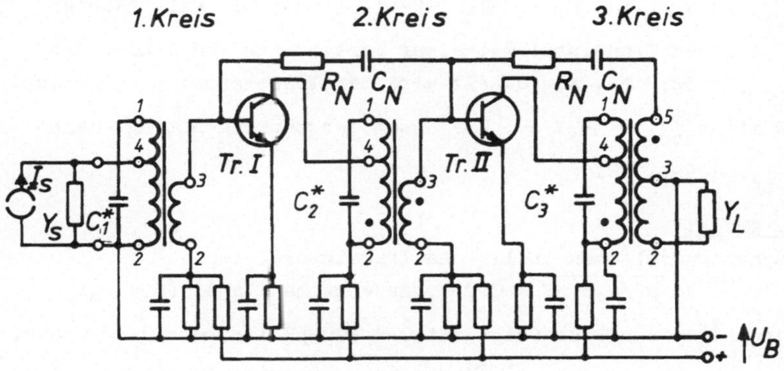

Bild 107   Zweistufiger ZF-Verstärker mit 3 Einzelkreisen

Der in Bild 107 gezeichnete ZF-Verstärker soll für die Bandmittenfrequenz $f_o = 450$ kHz dimensioniert werden. Verlangt sei eine Gesamtbandbreite $b_{ges} = 5$ kHz und eine Leistungsverstärkung des Gesamtverstärkers von mindestens 95 dB. Für die Leerlaufgüte der 3 Kreise soll jeweils Q_o = 150 angesetzt werden. Die Kapazität der Schwingkreiskondensatoren C_1^* , C_2^* , C_3^* sei jeweils auf ca. 200 pF festgelegt (z.B. aus Platz und Preisgründen). Die Steuerquelle hat eine Innenadmittanz von Y_S = (6 + j 17) µS und die Lastadmittanz beträgt Y_L=1 mS + j 28 µS. Man berechne die Gesamtselektivität S_{ges} des fertig dimensionierten Verstärkers bei $\Delta f_S = \overset{+}{-}$ 9 kHz.

L ö s u n g : Weil sich mit den Anzapfungen der Kreise die angeschlossenen Leitwerte transformieren lassen, können wir von gleicher Betriebsgüte für alle drei Kreise ausgehen. Dann muß der Einzelkreis die Bandbreite $b \overset{(506)}{=} 9,8$ kHz erhalten. Er hat dann die Betriebsgüte $Q_B \overset{(448)}{=} f_o/b = 45,9$ und das Güteverhältnis $Q_B/Q_o = 0,3$. Damit betragen die Einfügungsverluste für jeden Kreis $\phi_K \overset{(510)}{=} 0,49 \overset{(511)}{=} -3,1$ dB. Da der Transistor in der Schaltung neutralisiert wird und beiderseitige Leistungsanpassung erhält, kann mit seiner maximalen rückwirkungsfreien Leistungsverstärkung v'_{popt} nach Gl.(383) gerechnet werden. Damit besteht für die Auswahl des Transistortyps die Bedingung: $v_{pges} = v_{püo} \overset{(513)}{=} 0 \cdot \phi_A + 3 \cdot \phi_K + 2 \cdot v'_{popt} \overset{\geq}{=} 95$ dB. Wir brauchen also einen Transistor mit einer Verstärkung von mindestens $v'_{popt} = 52,2$ dB. Ausgewählt wird der Transistortyp aus Beisp. 59 mit $v'_{popt} = 54,2$ dB. Die Gesamtverstärkung beträgt dann $v_{pges} = 99,1$ dB.

1. Kreis:

Anpassung zwischen Quelle und Transistor I
$ü_1/ü_2 \overset{(452)}{=} \sqrt{6 \ µS/0,8 \ mS} = 0,087$. Ersetzt man in Gl.(514) g'_{22} durch $G_S = 6$ µS, so folgt mit C = 200 pF der Wert $ü_2 = 0,844$. Also ist $ü_1 = 0,073$; $C_1^* \overset{(424)}{=} C - ü_2^2 C_S - ü_1^2 C'_{11} = 200$ pF $- 0,84^2 \cdot$ 6 pF $- 0,07^2 \cdot 38,9$ pF $= 195,6$ pF $\approx$ C. Die Induktivität L^* = L_{12} des 1. Kreises ergibt sich dann zu $L_{12} = 625,4$ µH, die mit der angesetzten Güte von $Q_o = 150$ realisierbar ist.

2. Kreis:

Anpassung zwischen den Transistoren I und II

$$\ddot{u}_1/\ddot{u}_2 \overset{(452)}{=} \sqrt{10,9\ \mu S/C,8\ mS} = 0,117; \quad \ddot{u}_2 \overset{(514)}{=} 0,626; \quad \ddot{u}_1 = 0,073;$$

$$C_2^* \overset{(424)}{=} 200\ pF - 0,63^2 \cdot 1,8\ pF - 0,07^2 \cdot 38,9\ pF = 199,1\ pF \approx C;$$

$$L^* = L_{12} = 625,4\ \mu H; \quad Q_o = 150.$$

3. Kreis:

Anpassung zwischen Transistor II und Last

$$\ddot{u}_1/\ddot{u}_2 \overset{(452)}{=} \sqrt{10,9\ \mu S/1\ mS} = 0,104; \quad \ddot{u}_2 \overset{(514)}{=} 0,626; \quad \ddot{u}_1 = 0,065;$$

$$C_3^* = 200\ pF - 0,63^2 \cdot 1,8\ pF - 0,07^2 \cdot 9,9\ pF = 199,2\ pF \approx C;$$

$$L^* = L_{12} = 625,4\ \mu H; \quad Q_o = 150.$$

Der Beitrag der Kapazitäten C_S, C'_{11}, C'_{22}, C_L ist aufgrund der kleinen Übersetzungsverhältnisse sehr gering.

Neutralisation:

Die Sekundärwicklung n_{32} bzw. n_{52} muß beim 2. bzw. 3. Kreis jeweils gegensinnig zur Primärwicklung gewickelt werden, um die richtige Phasenlage für die Neutralisationsspannung zu erhalten. Für den 2. Kreis gilt

$$n_{32}/n_{42} \overset{(385)}{=} \sqrt{g_{22e}/g_{11e}} \overset{(452)}{=} \ddot{u}_1/\ddot{u}_2 = \sqrt{g'_{22}/g'_{11}} = 0,117.$$

Das günstigste Übersetzungsverhältnis für die Neutralisation ist also das gleiche wie für die Anpassung.

Für den 3. Kreis gilt $n_{53}/n_{42} \overset{(385)}{=} 0,117$. Mit den obigen Ergebnissen erhält man daraus das Anzapfungsverhältnis für die Sekundärwicklung: $n_{32}/n_{52} = 0,470$.

$$R_N \overset{(386)}{=} 0; \quad C_N \overset{(387)}{=} 8,5\ pF.$$

Gesamtselektivität: $\Omega_S \overset{(461)}{\approx} 2\,\Delta f_S/b = 1,8$. Für den Einzelkreis ist $S \overset{(460)}{=} 2,1$ und für den Gesamtverstärker $S_{ges} \overset{(503)}{=} S^3 = 9,3$.

Spannungsverstärkung des Gesamtverstärkers

Entsprechend den Bezeichnungen in Bild 106 verstehen wir hierunter das Verhältnis $\underline{U}_a/\underline{U}_e$. Da für die Eingangsspannung der Zusammenhang $\underline{U}_e = \underline{I}_S/Y_{PI}^T = \underline{I}_S \ddot{u}_2^2/[G(1+j\Omega)]$ besteht, gilt mit Gl.(500) in der Bandmitte

$$|v_{ueo}| = \left|\frac{\underline{U}_a}{\underline{U}_e}\right| = \frac{\ddot{u}_1}{\ddot{u}_2}\left(\frac{\ddot{u}_1\ddot{u}_2\,|y'_{21}|}{G}\right)^{n-1} \qquad (516)$$

$$n = 2,\ 3,\ 4\ \dots$$

wenn n-1 gleiche Transistoren und n gleiche Schwingkreise mit gleicher Betriebsgüte verwendet werden. D.h. jede der n-1 Stufen liefert ihren Beitrag aus Gl.(446). Die Potenz in Gl.(516) stellt das Spannungsverhältnis $|\underline{U}_a/\underline{U}_{beI}|$ dar und der erste Term die Spannungsübersetzung $\underline{U}_{beI}/\underline{U}_e = \ddot{u}_1/\ddot{u}_2$.

Für den Fall, daß die Größen f_o; Q_o, b_{ges} vorgegeben sind und in jeder Stufe beiderseitige Leistungsanpassung vorliegt, erhalten wir aus Gl.(516) mit den Gln.(452), (514), (415) und (506) den Ausdruck

$$|v_{ueo}| = \sqrt{\frac{g'_{22}}{g'_{11}}}\left[\frac{|y'_{21}|}{2\sqrt{g'_{11}g'_{22}}}\left(1 - \frac{f_o\sqrt{\sqrt[n]{2}-1}}{Q_o b_{ges}}\right)\right]^{n-1} \qquad (517)$$

$$n = 2,\ 3,\ 4\ \dots$$

(Diese Funktion durchläuft mit wachsender Stufenzahl kein Maximum wie es bei der entsprechenden Beziehung [11]Gl.(39,10) aus der Röhrentechnik bekannt ist). Mit wachsendem n ist nach Gl.(514) hierbei ein immer größeres Übersetzungsverhältnis $\ddot{u}_2$ erforderlich. Es wird schließlich auch $\ddot{u}_2 > 1$ d.h. $n_{42} > n_{12}$.

4.10.5.2. Gegeneinander verstimmte Einzelkreise

Die obigen Betrachtungen und besonders der Vergleich der Beisp.64 und 65 zeigen, daß die Selektivität durch die Verwendung mehrerer Schwingkreise erheblich verbessert werden kann, Gl.(503). Wir mußten aber auch erkennen, daß die verbesserte Siebwirkung nur auf Kosten der Bandbreite zu erreichen ist, Gl.(505).

Bis zu einem gewissen Grad kann man diese feste Verknüpfung zwischen Bandbreite und Selektivität auflockern, wenn nicht alle Einzelkreise auf die Bandmittenfrequenz f_o abgestimmt sind.

Nehmen wir zunächst an, daß die zwei Schwingkreise in Bild 104

jeweils etwas gegen die Bandmittenfrequenz verstimmt sind.
Eine symmetrische Verstärkungskurve erhält man, wenn beide
Kreise gleich sind und symmetrisch zur Bandmitte verstimmt
werden, wenn also

$$d_1=d_2=d; \qquad \Omega_1=\Omega-\Delta\Omega ; \qquad \Omega_2=\Omega+\Delta\Omega \tag{518}$$

gilt, Bild 108a).

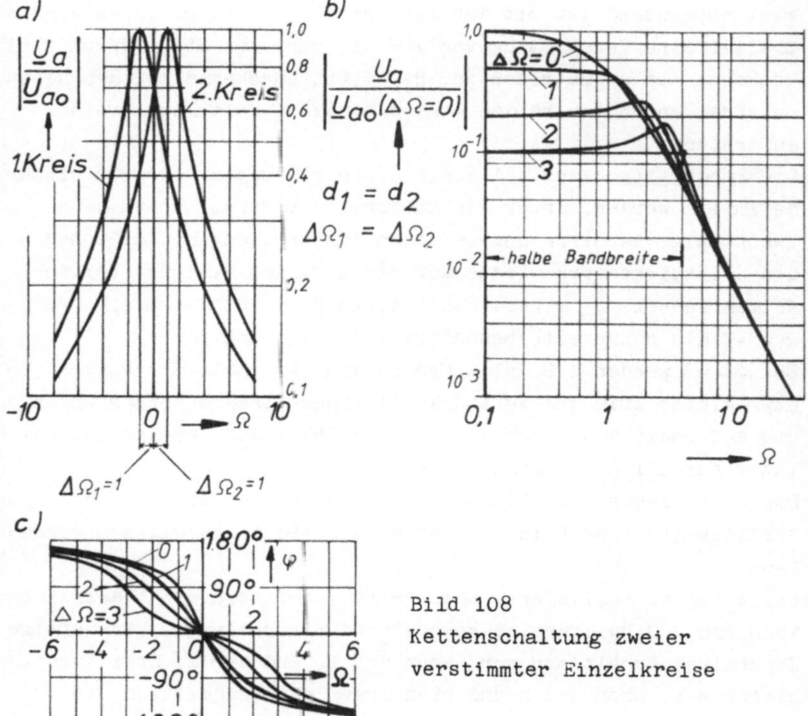

Bild 108
Kettenschaltung zweier
verstimmter Einzelkreise

Normiert man die Ausgangsspannung $\underline{U}_a=\underline{U}_{beII}$ der 1. Stufe in
Bild 104 auf ihren Wert in der Bandmitte bei unverstimmten
Kreisen ($\Delta\Omega=0$), so folgt durch Einsetzen von Gl.(518) in
Gl.(477) für diesen Fall die Amplitudencharakteristik

$$\left| \frac{\underline{U}_a}{\underline{U}_{ao}(\varDelta\Omega=0)} \right|_{\underline{I}_S=\text{konst}} = \frac{1}{\sqrt{(1-\Omega^2+\varDelta\Omega^2)^2+4\,\Omega^2}} \qquad (519)$$

die in Bild 108b) dargestellt ist. Sie ist symmetrisch zur Bandmittenfrequenz, weil der Ausdruck in Gl.(519) nur gerade Glieder in Ω enthält.

Es ergeben sich auf diese Weise breitere Durchlaßkurven, was gleichbedeutend ist mit der Realisierung einer größeren Bandbreite. Eine Verstimmung von $\varDelta\Omega>1$ führt zur Bildung von zwei Höckern, die symmetrisch zur Bandmitte annähernd bei den Resonanzfrequenzen der beiden gegeneinander verstimmten Kreise auftreten.

Die Bandbreite b muß bei einer Höckerbildung anders als bisher definiert werden. Unter der Bandbreite b versteht man dann zweckmäßig die Differenz zwischen den Frequenzen, bei denen die Selektionskurve wieder auf den Wert des Minimums bei der Mittenfrequenz f_o abgefallen ist. In Bild 108b) ist z.B. für $\varDelta\Omega=3$ die Bandbreite besonders gekennzeichnet.

Bei $\varDelta\Omega=2$ werden z.B. alle Frequenzen innerhalb der Bandbreite etwa gleichmäßig gut verstärkt (geringe lineare Verzerrungen) und außerhalb des Durchlaßbereiches fällt die Verstärkung relativ schnell auf kleine Werte.

Die Siebwirkung ist allgemein umso besser, je größer die "Welligkeit" innerhalb des Durchlaßbereiches zugelassen werden kann.

Falls die so realisierte Bandbreite immer noch nicht ausreicht, kann man 3 Schwingkreise gegeneinander verstimmen. Vernünftige Ergebnisse erhält man nur, wenn der 1. und der 2. Kreis wieder gleich weit nach unten und oben gegen die Bandmitte f_o verstimmt sind, der 3. Kreis aber auf die Bandmittenfrequenz f_o abgestimmt ist, Bild 109a):

$$\varDelta\Omega_1 = \varDelta\Omega_2 = \varDelta\Omega \; ; \quad \varDelta\Omega_3 = 0 \qquad (520)$$

Die Kurven werden symmetrisch unter den Bedingungen

$$d_1 = d_2 = d; \qquad d_3 = 2\,d \qquad (521)$$

Die Dämpfung des 3. Kreises ist also doppelt so groß wie die der beiden anderen Kreise zu wählen. Damit gilt

$$\Omega_1 = \Omega - \Delta\Omega \; ; \quad \Omega_2 = \Omega + \Delta\Omega \; ; \quad \Omega_3 = \frac{\Omega}{2} \tag{522}$$

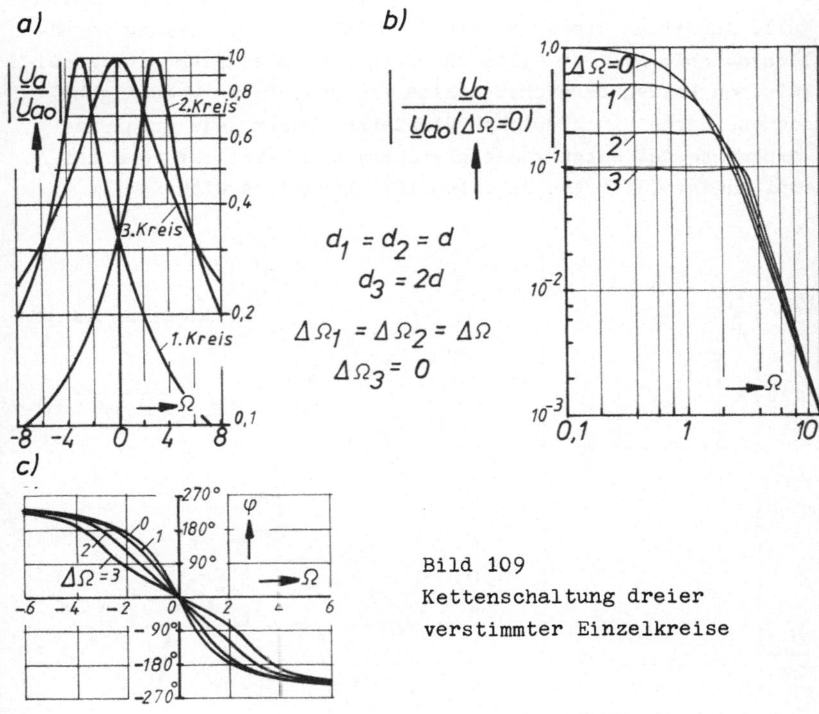

Bild 109
Kettenschaltung dreier
verstimmter Einzelkreise

Die zugehörige Amplitudencharakteristik erhält man analog zu Gl.(477) aus dem Ausdruck $\underline{U}_a/\underline{U}_{ao}(\Delta\Omega=0)=1/\left[(1+j\,\Omega_1)(1+j\,\Omega_2)(1+j\,\Omega_3)\right]$ mit Gl.(522) zu

$$\left|\frac{\underline{U}_a(\Omega)}{\underline{U}_{ao}(\Delta\Omega=0)}\right|_{\underline{I}_S=\text{konst}} = \frac{1}{\sqrt{(1+\Delta\Omega^2-2\Omega^2)^2+\frac{1}{4}\Omega^2(5+\Delta\Omega^2-\Omega^2)^2}} \tag{523}$$

In Bild 109b) sind Beispiele für $\Delta\Omega = 0,1,2,3$ gezeichnet.

Wir erhalten hiermit eine noch bessere Annäherung der Selektionskurve an die in Bild 110a) gezeichnete ideale Verstärkungskurve. Diese hätte einen rechteckförmigen Verlauf, so daß
innerhalb eines gewünschten Bereiches die Verstärkung konstant
ist. Die Filterdämpfung wäre in diesem Durchlaßbereich gleich
Null. Außerhalb dieses Bereiches nimmt die Verstärkung unendlich schnell ab; die Filterdämpfung wäre also hier sehr groß.
Zwischen beiden Bereichen sollte ein unstetiger Übergang bestehen. Durch einen solchen Verstärker würde jede Frequenz-
komponente des Nutzsignals gleichermaßen verstärkt, was bei
amplitudenmodulierten Signalen (AM) besonders wichtig ist.

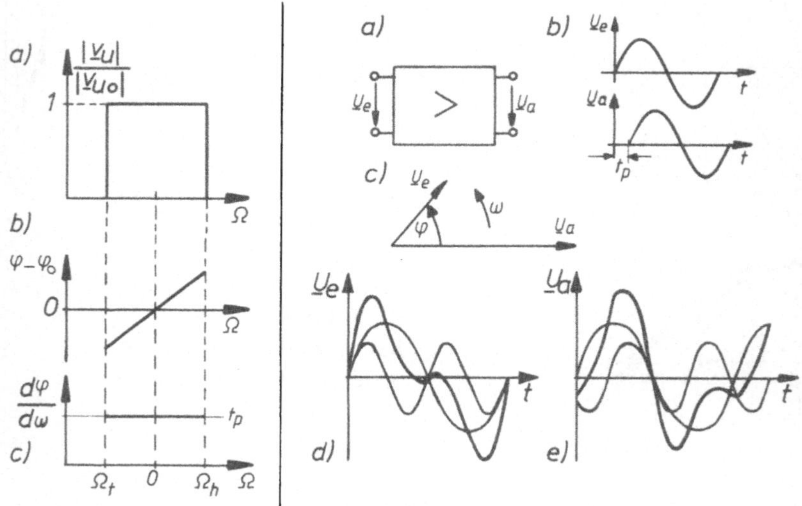

Bild 110

Idealer Verstärker

Bild 111

Veranschaulichung der Phasenverzerrungen

Für eine getreue Übertragung des Nutzsignals durch ein Netzwerk (z.B. Verstärker) ist neben der Erhaltung der relativen
Amplituden auch noch wichtig, daß die relativen Phasenwinkel
des Signals durch das Netzwerk nicht verzerrt werden. Diese

Forderung ist bei frequenzmodulierten Signalen (FM) besonders
wichtig.
Ein sinusförmiges Signal mit der Kreisfrequenz ω benötigt
z.B. zum Durchlaufen des Verstärkers eine gewisse Zeit t_p,
Bild 111a) und b). Die Ausgangsspannung $\underline{U}_a$ eilt dann der Eingangsspannung $\underline{U}_e$ um den Winkel

$$\varphi = t_p \omega \tag{524}$$

nach, Bild 111c).
Denken wir uns als nächstes ein Eingangssignal, das wie in
Bild 111d) gezeigt aus zwei Komponenten mit den Kreisfrequen-
zen ω und 2ω besteht. Wenn nun z.B. die Grundschwingung
eine längere Zeit zum Durchlaufen des Netzwerkes braucht als
ihre 1. Oberwelle ($t_{p1} > t_{p2}$), dann ist die gegenseitige Phasenlage am Ende des Übertragungsweges eine andere als am An-
fang. Das gesamte Ausgangssignal, das man durch Addition der
einzelnen Frequenzanteile erhält, hat dann gegenüber der Sig-
nalform am Eingang einen verzerrten Verlauf. Diese sog. Phasenverzerrungen verschwinden, wenn alle Frequenzen mit gleicher Geschwindigkeit durch das Netzwerk laufen. Da in diesem
Idealfall für alle Frequenzen die Laufzeig t_p durch das Netzwerk gleich ist, ist der in diesem Zeitabschnitt durchlaufene
Phasenwinkel $\varphi = t_p \omega$ (Bild 111c) proportional zur Frequenz.
Die Verstärkung

$$\underline{v}_u = |\underline{v}_u| e^{j\varphi} = \left| \frac{U_a}{U_e} \right| e^{j\varphi} \tag{525}$$

hat dann eine linear ansteigende Phasencharakteristik, Bild
110b) und ebenso eine konstante Gruppenlaufzeit $d\varphi/d\omega$,
Bild 110c).
In der Praxis ist der in Bild 110 gezeichnete Idealfall nicht
zu erreichen. Es ist nicht möglich, einen linearen Amplitudengang und linearen Phasengang gleichzeitig zu realisieren. So
bedingt ein linearer Amplitudengang einen gekrümmten Phasenverlauf und umgekehrt.
Zur Beurteilung der Phasenverzerrungen in den einzelnen bisher

behandelten selektiven Verstärkerarten ist in den Bildern
96b), 97b), 108c) und 109c) jeweils die Phase φ als Funktion
der Frequenz (Phasencharakteristik) angegeben. Wir erkennen
hier z.B. aus dem Bild 109b), daß bei $\Delta\Omega = 3$ eine recht gute
Annäherung an den Idealfall aus Bild 110a) (bei $|\underline{U}_e| =$ konst
ist $|\underline{U}_a|/|\underline{U}_{ao}| = |\underline{v}_u|/|\underline{v}_{uo}|$) erreicht wird. Aber die Welligkeit
im Phasenverlauf (Bild 109c) wird gleichzeitig relativ groß.

4.10.6. Verstärker mit zweikreisigen Bandfiltern

Eine weitere Möglichkeit, die Durchlaßkurve und den Phasengang jenem Ideal aus Bild 110 näher zu bringen, ist die Verwendung von zweikreisigen Bandfiltern als Koppelvierpol zwischen zwei Transistoren, Bild 112.

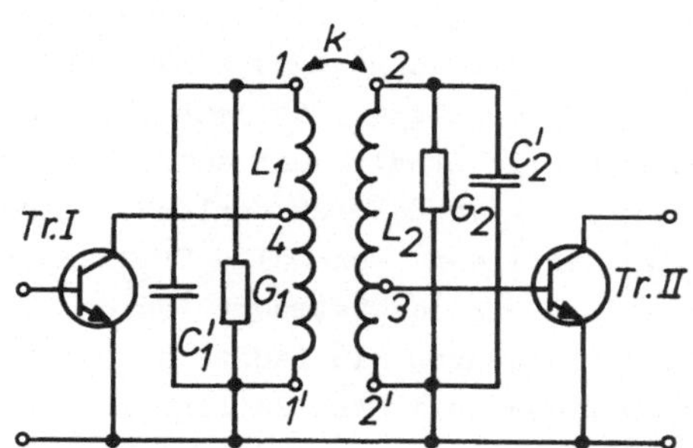

Bild 112   Verstärker mit magnetisch gekoppeltem
          zweikreisigem Bandfilter

Die Leitwerte G_1 und G_2 sind durch die Verluste in den Induktivitäten L_1 und L_2 gegeben. Da wir von gleichen Leerlaufgüten
Q_o für L_1 und L_2 ausgehen wollen, gilt mit Gl.(404)

$$G_1 = \frac{1}{\omega_{o1} L_1 Q_o} \quad ; \qquad G_2 = \frac{1}{\omega_{o2} L_2 Q_o} \tag{526}$$

Die Anzapfungen der Spulen mit den Übersetzungsverhältnissen

$$\ddot{u}_1 = \frac{n_{32'}}{n_{22'}} \quad ; \qquad \ddot{u}_2 = \frac{n_{41'}}{n_{11'}} \tag{527}$$

sind aus zweierlei Gründen zweckmäßig. Zum ersten ergeben sich
hierdurch größere Induktivitätswerte L_1 und L_2, die mit ausreichend hoher Leerlaufgüte Q_o hergestellt werden können. Bei
schmalen Bandbreiten werden damit die Übertragungsverluste
klein gehalten. Außerdem kann man hierdurch die Betriebsgüte
für den Primär- und den Sekundärkreis verschieden groß machen.
Zusammen mit der variablen magnetischen Kopplung zwischen den
beiden Spulen lassen sich so die Bandbreite und die Selektivität getrennt wählen, allerdings nur innerhalb der Grenzen, die
durch die realisierbaren Leerlaufgüten Q_o gegeben sind.

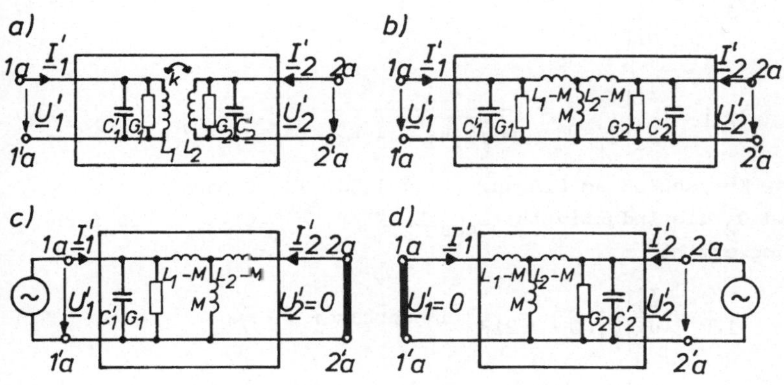

Bild 113 Zweikreisiges Bandfilter als Vierpol
mit der y-Matrix (y_F)

Aus der Theorie des Transformators ist bekannt, daß sich der
Grad der magnetischen Kopplung zwischen den Spulen L_1 und L_2
durch den <u>Kopplungsfaktor</u>

$$k = \frac{M}{\sqrt{L_1 L_2}} \tag{528}$$

ausdrücken läßt, [12] S.6. M ist die Gegeninduktivität. Der
Kopplungsfaktor k ist dimensionslos und immer kleiner als 1
(i.a. $k^2 \ll 1$).
Weil sich die Selektionseigenschaften des Bandfilters am einfachsten aus seinen Vierpolparametern ergeben, wollen wir zu-

nächst die y-Parameter des in Bild 113a) gezeichneten Bandfilter-Vierpols bestimmen. Hierzu ersetzen wir den aus den
Wicklungsinduktivitäten L_1 und L_2 gebildeten Transformator
durch sein T-Ersatzschaltbild, [12] S.68 , und erhalten so den
in Bild 113b) wiedergegebenen Vierpol. Die Anzapfungen sind
zur Vereinfachung vorerst weggelassen.

Bei Kurzschluß am Ausgang (Bild 113c) liegt parallel zu C_1'
und G_1 die Induktivität $L_{ges} = L_1-M^2/L_2 \overset{(528)}{=} L_1(1-k^2)$. Die Rechnung ergibt

$$y_{11F} = \frac{\underline{I}_1'}{\underline{U}_1'}\bigg|_{\underline{U}_2'=0} = G_1+j\,\omega\,C_1'-j\,\frac{1}{\omega\,L_1(1-k^2)} \tag{529}$$

$$y_{21F} = \frac{\underline{I}_2'}{\underline{U}_1'}\bigg|_{\underline{U}_2'=0} = j\,\frac{1}{\omega\,\sqrt{L_1 L_2}}\cdot\frac{k}{1-k^2} \tag{530}$$

Bei Kurzschluß am Eingang (Bild 113d) liegt parallel zu C_2'
und G_2 die Induktivität $L_{ges}=L_2-M^2/L_1 \overset{(528)}{=} L_2(1-k^2)$. Die Rechnung ergibt

$$y_{12F} = \frac{\underline{I}_1'}{\underline{U}_2'}\bigg|_{\underline{U}_1'=0} = y_{21F} \quad \text{umkehrbarer Vierpol} \tag{531}$$

$$y_{22F} = \frac{\underline{I}_2'}{\underline{U}_2'}\bigg|_{\underline{U}_1'=0} = G_2+j\,\omega\,C_2'-j\,\frac{1}{\omega\,L_2(1-k^2)} \tag{532}$$

Die beiden Spulenanzapfungen lassen sich, so wie es in Bild
114a) gezeigt ist, durch das Einfügen von zwei idealen Über-
tragern berücksichtigen:

Durch das Einsetzen der Zusammenhänge

$$\underline{U}_1'=\underline{U}_1''/\ddot{u}_2 \;;\quad \underline{I}_1'=\ddot{u}_2\underline{I}_1'' \;;\quad \underline{U}_2'=\underline{U}_2''/\ddot{u}_1 \;;\quad \underline{I}_2'=\ddot{u}_1\underline{I}_2'' \tag{533}$$

in die Gln.(529) bis (532) erhält man die y-Matrix des ange-
zapften Bandfilters

$$(y'') = \begin{pmatrix} \dfrac{y_{11F}}{\ddot{u}_2{}^2} & \dfrac{y_{12F}}{\ddot{u}_1\ddot{u}_2} \\[2em] \dfrac{y_{21F}}{\ddot{u}_1\ddot{u}_2} & \dfrac{y_{22F}}{\ddot{u}_1{}^2} \end{pmatrix} \tag{534}$$

Die beiden Transistoren aus Bild 112 werden als neutralisiert vorausgesetzt, und sie sollen außerdem gleiche dynamische Eigenschaften haben (gleicher Typ).

Es läßt sich somit das in Bild 114b) gezeichnete Ersatzschaltbild für die Verstärkerstufe angeben.

Die Transistorkapazität C_{22}' bzw. C_{11}' denken wir uns in den Primärkreis bzw. Sekundärkreis des Bandfilters transformiert.

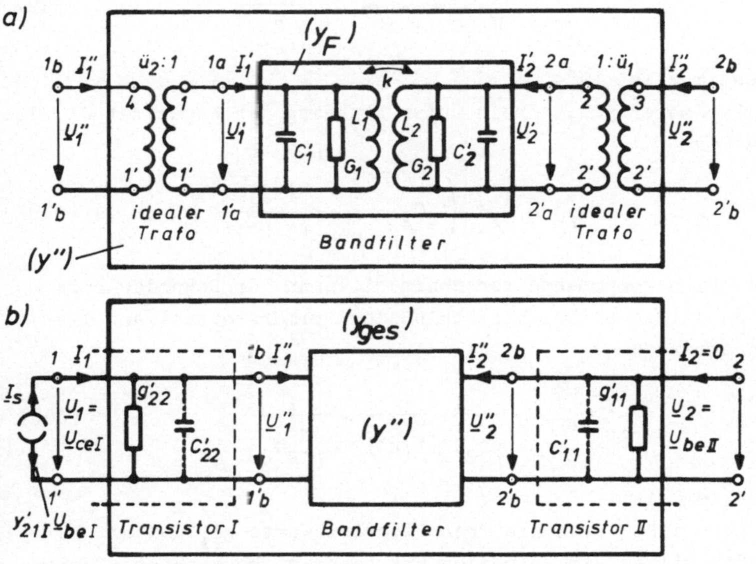

Bild 114   Ersatzschaltbilder für den Verstärker aus Bild 112

In der Gl.(529) ist dann statt C_1' jetzt die Gesamtkapazität

$$C_1 = C_1' + \ddot{u}_2{}^2 C_{22}' \tag{535}$$

bzw. in der Gl.(532) dann statt C_2' jetzt die Gesamtkapazität

$$C_2 = C_2' + \ddot{u}_1^2 C_{11}' \tag{536}$$

einzusetzen. Die beiden restlichen Parameter aus den Gln.(530) und (531) bleiben unverändert. Der Parameter y_{11F} läßt sich unter Einbezug der Kapazität C_{22}' neu anschreiben:

$$y_{11F} = G_1 + j\left(\omega C_1 - \frac{1}{\omega L_1(1-k^2)}\right) \tag{537}$$

Seine Blindkomponente verschwindet, wenn der Primärkreis des Bandfilters (bei Kurzschluß des Sekundärkreises) auf die Resonanzfrequenz

$$\omega_{o1} = \frac{1}{\sqrt{L_1 C_1(1-k^2)}} \approx \frac{1}{\sqrt{L_1 C_1}} \tag{538}$$

abgestimmt ist $(k^2 \ll 1)$.
Der Parameter y_{22F} erhält unter Einbezug der Kapazität C_{11}' die neue Form

$$y_{22F} = G_2 + j\left(\omega C_2 - \frac{1}{\omega L_2(1-k^2)}\right) \tag{539}$$

Seine Blindkomponente verschwindet, wenn der Sekundärkreis des Bandfilters (bei Kurzschluß des Primärkreises) auf die Resonanzfrequenz

$$\omega_{o2} = \frac{1}{\sqrt{L_2 C_2(1-k^2)}} \approx \frac{1}{\sqrt{L_2 C_2}} \tag{540}$$

abgestimmt ist.
Für das nicht durch die Transistorleitwerte g_{11}' und g_{22}' bedämpfte Filter (im folgenden mit Leerlauf bezeichnet) führen wir analog zum Einzelkreis in Abschn.4.10.2 noch folgende Größen ein:

<u>Primärkreis</u> | <u>Sekundärkreis</u>

Leerlaufdämpfung

$$d_1' = \frac{G_1}{\omega_{o1} C_1} \qquad\qquad d_2' = \frac{G_2}{\omega_{o2} C_2} \tag{541}$$

Leerlaufgüte

$$Q_{o1} = \frac{1}{d_1'} = \frac{\omega_{o1} C_1}{G_1} \qquad\qquad Q_{o2} = \frac{1}{d_2'} = \frac{\omega_{o2} C_2}{G_2} \tag{542}$$

Verstimmung

$$v_1 = \frac{\omega}{\omega_{o1}} - \frac{\omega_{o1}}{\omega} \qquad\qquad v_2 = \frac{\omega}{\omega_{o2}} - \frac{\omega_{o2}}{\omega} \tag{543}$$

Normierte Verstimmung

$$\Omega_1 = \frac{v_1}{d_1'} = v_1 Q_{o1} \qquad\qquad \Omega_2 = \frac{v_2}{d_2'} = v_2 Q_{o2} \quad^{+)} \tag{544}$$

Mit diesen Definitionen erhalten die Parameter y_{11F} aus Gl. (537) und y_{22F} aus Gl.(539) die vom Einzelkreis bekannte einfache Form

$$y_{11F} = G_1 (1 + j \Omega_1) \tag{545}$$

$$y_{22F} = G_2 (1 + j \Omega_2) \tag{546}$$

Die zur Beurteilung der Verstärkerstufe erforderlichen y-Parameter folgen nun unmittelbar aus der Vierpoldarstellung in Bild 114b):

$$(y_{ges}) = \begin{pmatrix} g_{22}' + y_{11}'' & y_{12}'' \\ y_{21}'' & g_{11}' + y_{22}'' \end{pmatrix} \tag{547}$$

Mit der Matrix aus Gl.(534) und den Parametern aus den Gln. (545), (531), (530), (546) erhält man schließlich die <u>allgemeine Betriebs-Admittanzmatrix des zweikreisigen magnetisch gekoppelten Bandfilters</u>

$^{+)}$ Man beachte: die normierte Verstimmung ist hier nicht wie in Gl.(407) mit der Betriebs-, sondern mit der Leerlaufdämpfung definiert.

$$(y_{ges}) = \begin{pmatrix} g'_{22}+\dfrac{G_1}{\ddot{u}_2^2}(1+j\,\Omega_1) & j\,\dfrac{1}{\omega\sqrt{L_1 L_2}}\cdot\dfrac{k}{1-k^2}\cdot\dfrac{1}{\ddot{u}_1\ddot{u}_2} \\[3ex] j\,\dfrac{1}{\omega\sqrt{L_1 L_2}}\cdot\dfrac{k}{1-k^2}\cdot\dfrac{1}{\ddot{u}_1\ddot{u}_2} & g'_{11}+\dfrac{G_2}{\ddot{u}_1^2}(1+j\,\Omega_2) \end{pmatrix} \qquad (548)$$

Der Begriff "Betriebs-Matrix" wurde gewählt um hervorzuheben, daß die Transistoradmittanzen $y'_{22\text{I}}$ und $y'_{11\text{II}}$ mit einbezogen sind.

In der praktischen Anwendung wünscht man, wie bereits erwähnt, bestimmte Betriebsgüten Q_B für den Primär- und Sekundärkreis des Filters. Diese Gütewerte werden unter anderem festgelegt durch die transformierten Transistorleitwerte g'_{22} bzw. g'_{11}

$$Q_{B1}=\frac{\omega_{o1}C_1}{G_1+\ddot{u}_2^2 g'_{22}} \qquad\qquad Q_{B2}=\frac{\omega_{o2}C_2}{G_2+\ddot{u}_1^2 g'_{11}} \qquad (549)$$

und damit letztlich durch die Übersetzungsverhältnisse

$$\ddot{u}_1^2 = \frac{G_2}{g'_{11}}\left(\frac{Q_{o2}}{Q_{B2}}-1\right) \; ; \qquad \ddot{u}_2^2 = \frac{G_1}{g'_{22}}\left(\frac{Q_{o1}}{Q_{B1}}-1\right) \qquad (550)$$

Als <u>Betriebsdämpfungen</u> der Filterkreise kann man jetzt definieren

$$d_1 = \frac{1}{Q_{B1}} = \frac{G_1+\ddot{u}_2^2 g'_{22}}{\omega_{o1}C_1} \; ; \quad d_2 = \frac{1}{Q_{B2}} = \frac{G_2+\ddot{u}_1^2 g'_{11}}{\omega_{o2}C_2} \qquad (551)$$

Nähere Betrachtungen (z.B. in [11]) zeigen, daß sich auf zwei verschiedene Arten symmetrische Filterkurven erreichen lassen:

1.) Die Kurzschlußein- und ausgangsadmittanzen y_{11ges} und y_{22ges} werden gleich weit nach oben und unten gegen die Bandmittenfrequenz ω_o verstimmt. Dann müssen allerdings die beiden Kreise gleich stark gedämpft sein: $d_1=d_2=d$. Man spricht in diesem Fall von einem <u>symmetrisch verstimmten Bandfilter</u>.

2.) Die beiden Kurzschlußadmittanzen y_{11ges} und y_{22ges} werden auf die Bandmittenfrequenz abgestimmt

$$\omega_{o1} = \omega_{o2} = \omega_o \qquad (552)$$

Von Vorteil ist, daß dann die beiden Kreise dieses sog. __abge-stimmten Bandfilters__ nicht gleich stark gedämpft sein müssen.

Weil es schwierig ist, zwei Kreise mit exakt gleicher Dämpfung herzustellen, verwendet man in der Praxis überwiegend das abgestimmte Bandfilter. Dies bringt auch Vorteile beim Filter-abgleich.

Wegen seiner allgemeinen Verbreitung setzen wir unsere Betrachtungen nur für das abgestimmte Bandfilter fort. Unter der Voraussetzung aus Gl. (552) sowie bei gleichen Leerlaufgüten gilt im folgenden also

$$v_1 = v_2 = v; \qquad Q_{o1} = Q_{o2} = Q_o; \qquad \Omega_1 = \Omega_2 = \Omega \qquad (553)$$

Allein zur Vereinfachung der Schreibweisen führen wir für die Güteverhältnisse noch die Abkürzungen

$$q_1 = \frac{Q_{o1}}{Q_{B1}} \qquad\qquad q_2 = \frac{Q_{o2}}{Q_{B2}} \qquad\qquad (554)$$

ein.

Durch die Spezialisierung aus Gl.(553) erhält die Bandfilter-Matrix nach Gl.(548) dann die Form

$$(y_{ges}) = \begin{pmatrix} \dfrac{g'_{22}}{q_1-1}(q_1+j\Omega) & j\sqrt{g'_{11}g'_{22}}\cdot\dfrac{kQ_o}{\sqrt{q_1-1}\;\sqrt{q_2-1}} \\[4ex] j\sqrt{g'_{11}g'_{22}}\cdot\dfrac{kQ_o}{\sqrt{q_1-1}\;\sqrt{q_2-1}} & \dfrac{g'_{11}}{q_2-1}(q_2+j\Omega) \end{pmatrix} \qquad (555)$$

Für den Parameter y_{12ges} wurde hier die Beziehung

$$1/\left[\sqrt{L_1L_2}(1-k^2)\right] = \omega_o^2\sqrt{C_1C_2} = \omega_oQ_o\sqrt{G_1G_2}$$ und die bei Schmal-bandverstärkern übliche Näherung $\omega_o/\omega \approx 1$ benützt. Die Parameter y_{12ges} und y_{21ges} können damit als von der Frequenz unabhängig angesehen werden.

<u>Normierte Amplitudencharakteristik (Durchlaßkurve)</u>

Zu ihrer Herleitung beginnen wir mit den Vierpolgleichungen
des Bandfilter-Vierpols aus Bild 114b):

$$\underline{I}_1 = y_{11ges}\underline{U}_1 + y_{12ges}\underline{U}_2 = -y'_{21I}\underline{U}_{beI} = \underline{I}_S$$

$$\underline{I}_2 = y_{21ges}\underline{U}_1 + y_{22ges}\underline{U}_2 = 0 \text{ (Leerlauf)}$$

$$(556)$$

Eliminiert man mittels der 2. Gleichung die Spannung $\underline{U}_1$ in der
1. Gleichung, so findet man für die Ausgangsspannung des Filters den Ausdruck

$$\underline{U}_2 = \underline{U}_{beII} = \frac{-\underline{I}_S y_{21ges}}{\det(y_{ges})} \tag{557}$$

Mit Hilfe der Matrix (555) berechnet man daraus die Beziehung

$$\underline{U}_2 = \frac{-\underline{I}_S kQ_o \sqrt{(q_1-1)(q_2-1)}}{\sqrt{g'_{11}g'_{22}}\left\{(q_1+q_2)\Omega - j\left[q_1q_2+(kQ_o)^2-\Omega^2\right]\right\}} \tag{558}$$

Bei konstanten frequenzunabhängigem Generatorstrom $\underline{I}_S$ (d.h.
$\underline{U}_{beI}$=konst.) folgt hieraus der auf ihren Wert in der Bandmitte
(Ω=0) normierte Betrag der Ausgangsspannung $\underline{U}_2$:

$$\left|\frac{\underline{U}_2}{\underline{U}_{2o}}\right| = \sqrt{\frac{\left[q_1q_2+(kQ_o)^2\right]^2}{\left[q_1q_2+(kQ_o)^2\right]^2+\Omega^2\left\{(q_1+q_2)^2-2\left[q_1q_2+(kQ_o)^2\right]\right\}+\Omega^4}} \tag{559}$$

$$\underline{I}_S\text{=konst.}$$
$$q_1 \neq 1 \, , \, q_2 \neq 1$$

Nähere Untersuchungen in $[13]$ zeigen, daß die Selektivität
des Bandfilters höher ist, wenn die Güteverhältnisse für beide
Kreise gleich sind. Wir beschränken uns also im folgenden auf
zwei gleiche Kreise. Dann ist

$$Q_{B1}=Q_{B2}=Q_B \; ; \quad d_1=d_2=d; \quad q_1=q_2=q=\frac{Q_o}{Q_B} \tag{560}$$

und für die <u>normierte Betriebskopplung</u> gilt

$$\frac{k}{d} = kQ_B = \frac{kQ_o}{q} \tag{561}$$

Die <u>normierte Durchlaßkurve</u> aus Gl.(559) lautet nun

$$\left|\frac{\underline{U}_2}{\underline{U}_{2o}}\right|_{\substack{\underline{I}_S=\text{konst.} \\ q \neq 1}} = \frac{q\left[1+(\frac{k}{d})^2\right]}{\sqrt{\left\{q\left[1+(\frac{k}{d})^2\right]-\frac{1}{q}\Omega^2\right\}^2+4\,\Omega^2}} \qquad (562)$$

Trägt man dieses Verhältnis über Ω auf, so gehen die einzelnen Kurven mit dem Parameter k/d aufgrund der gewählten Normierung immer durch den Punkt (o;1). Weil hierdurch der Ein-
fluß der Kopplung auf die Amplitude $|\underline{U}_{2o}|$ nicht sichtbar wird,
wählen wir zweckmäßigerweise eine Normierung auf den Betrag
der Spannung $\underline{U}_2$ in der Bandmitte bei der Kopplung k/d=1. Der
zugehörige Ausdruck läßt sich aus der Gl.(558) berechnen. Er
lautet

$$\left|\frac{\underline{U}_2}{\underline{U}_{2o}(\frac{k}{d}=1)}\right| = \frac{2q\,\frac{k}{d}}{\sqrt{\left\{q\left[1+(\frac{k}{d})^2\right]-\frac{1}{q}\,\Omega^2\right\}^2+4\,\Omega^2}} \qquad (563)$$

Zur Veranschaulichung wurde in Bild 115a) dieser Amplitudengang für ein Güteverhältnis von q=2,5 aufgezeichnet. Der Parameter ist die normierte Betriebskopplung.
In der Bandfiltertheorie sind folgende Bezeichnungen gebräuch-
lich:

$$\frac{k}{d} < 1 \qquad \text{unterkritische Kopplung}$$

$$\frac{k}{d} = 1 \qquad \text{kritische Kopplung}$$

$$\frac{k}{d} > 1 \qquad \text{überkritische Kopplung}$$

Bei der kritischen Kopplung verläuft der Amplitudengang im
Durchlaßbereich am flachsten. Die erwähnten näheren Untersuchungen zeigen außerdem, daß diese Kopplungseinstellung insgesamt gesehen bezüglich Selektivität, Bandbreite, Übertragungsverluste usw. einen günstigen Kompromiß darstellt. In der
Praxis verwendet man daher gewöhnlich Kopplungen, die in der
Nähe der kritischen Kopplung liegen.

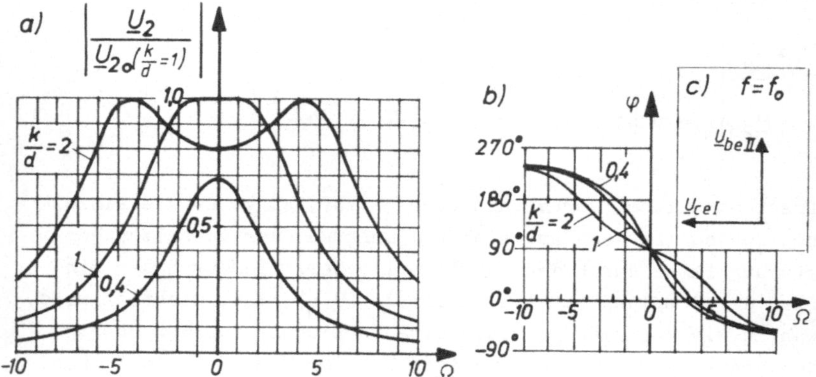

Bild 115 Abgestimmtes, transformatorisch gekoppeltes
         zweikreisiges Bandfilter (2 gleiche Kreise)
         $q = 2,5;\quad d_1 = d_2 = d;\quad \omega_{o1} = \omega_{o2} = \omega_o$

In der Bandmitte folgt für das in Bild 115a) dargestellte
Verhältnis aus Gl.(563) die Beziehung

$$\left|\frac{U_{2o}}{U_{2o}(\frac{k}{d}=1)}\right| = \lambda = \frac{2\frac{k}{d}}{1+(\frac{k}{d})^2} \tag{564}$$

und durch Umformen folgt daraus

$$\frac{k}{d} = \frac{1}{\lambda}\left(1 \overset{+}{-} \sqrt{1 - \lambda^2}\right) \tag{565}$$

Dieser letzte Zusammenhang hat eine praktische Bedeutung. Er
bietet die Möglichkeit, aus dem meßbaren Spannungsverhältnis λ
die eingestellte Kopplung zu berechnen.

Phasencharakteristik

Den Phasengang der in Gl.(525) definierten Verstärkung $\underline{v}_u$
kann man gemäß Bild 114b) mit $-\underline{I}_S = y'_{21I}\underline{U}_{beI}$ aus Gl.(558) be-
rechnen: $\underline{v}_u = \underline{U}_{beII}/\underline{U}_{beI} = |\underline{v}_u|\exp(j\varphi)$. Die Auswertung liefert
unter der Voraussetzung (560) für den Verstärker mit einem
zweikreisigen Bandfilter

$$\varphi = \text{arc tan} \frac{q^2\left[1+(\frac{k}{d})^2\right]-\Omega^2}{2\,q\Omega} \qquad (566)$$

Aus der Darstellung dieser Funktion in Bild 115b) ist zu erkennen, daß für die kritische Kopplung über einen relativ breiten Frequenzbereich um die Bandmittenfrequenz herum ein linearer Phasenverlauf erreicht wird.

Bemerkenswert ist außerdem, daß die Phasenverschiebung zwischen $\underline{U}_{beII}$ und $\underline{U}_{ceI}$ für $f=f_o$ unabhängig von der Kopplung 90° beträgt. Die Ein- und Ausgangsspannung des Filters sind also in der Bandmitte gegeneinander um 90° phasenverschoben, Bild 115c).

<u>Übertragungswirkungsgrad des Bandfilters</u>

Als Maß für die Übertragungsverluste des Bandfilters wählen wir wie beim Einzelkreis in Gl.(431) das Verhältnis der vom Transistor II aufgenommenen Wirkleistung P_{1II} zur Wirkleistung P_{voutI}, die der Transistor I maximal zur Verfügung stellt. Da dieser bei $f=f_o$ zu bildende Quotient der Übertragungs-Leistungsverstärkung $v_{püo}$ des in Bild 114b) dargestellten Vierpols mit der Matrix (y'') zwischen den Klemmen 1b und 2b entspricht, läßt er sich aus Gl.(534) berechnen. Wir benötigen hierzu lediglich noch die Formel, mit der man die Verstärkung $v_{pü}$ eines Vierpols anhand seiner y-Parameter ausrechnen kann. Für die Betriebsschaltung in [2] Bild 22 erhält man bei reellem $\underline{Y}_{iw}=G_{iw}=1/r_{iw}$ und reellem $\underline{Y}_{1w}=G_{1w}=1/r_{1w}$ über [2] Gl.(53), [2] Gl.(40) sowie [2] Gl.(71) den allgemeinen Zusammenhang

$$v_{pü} = 4G_{iw}G_{1w}\left|\frac{y_{21}}{(y_{11}+G_{iw})(y_{22}+G_{1w})-y_{12}y_{21}}\right|^2 \qquad (567)$$

Die Vierpolmatrix (y'') nach (534) lautet mit den Beziehungen aus den Gln.(545), (546), (547), (555), (550), (554) bei $f=f_o$ mit $G_{iw}=g'_{22}$ und $G_{1w}=g'_{11}$

$$(y'')_{f=f_o} = \begin{pmatrix} \dfrac{g'_{22}}{q_1-1} & j\sqrt{g'_{11}g'_{22}}\;\dfrac{kQ_o}{\sqrt{q_1-1}\;\sqrt{q_2-1}} \\[3ex] j\sqrt{g'_{11}g'_{22}}\;\dfrac{kQ_o}{\sqrt{q_1-1}\;\sqrt{q_2-1}} & \dfrac{g'_{11}}{q_2-1} \end{pmatrix}$$

$$(568)$$

Die Kapazitäten C'_{22} und C'_{11} sind bei $f=f_o$ weggestimmt.

Mit dieser y-Matriy ergibt sich aus Gl.(567) schließlich der Übertragungswirkungsgrad des Bandfilters zu

$$\eta_o = \frac{4(kQ_o)^2(q_1-1)(q_2-1)}{\left[q_1 q_2 + (kQ_o)^2\right]^2} \qquad (569)$$

Betrachtet man den in Gl.(560) festgelegten Spezialfall, so erhält die Gl.(569) die Form

$$\eta_o = \frac{4\left(\frac{k}{d}\right)^2}{\left[1+\left(\frac{k}{d}\right)^2\right]^2}\left(1 - \frac{Q_B}{Q_o}\right)^2 \qquad (570)$$

Bei gleichen Güteverhältnissen für alle Kreise unterscheiden sich demzufolge der Übertragungswirkungsgrad des Bandfilters von dem eines Einzelkreises gemäß Gl.(444) um den Faktor

$$F = \frac{4\left(\frac{k}{d}\right)^2}{\left[1+\left(\frac{k}{d}\right)^2\right]^2} \qquad (571)$$

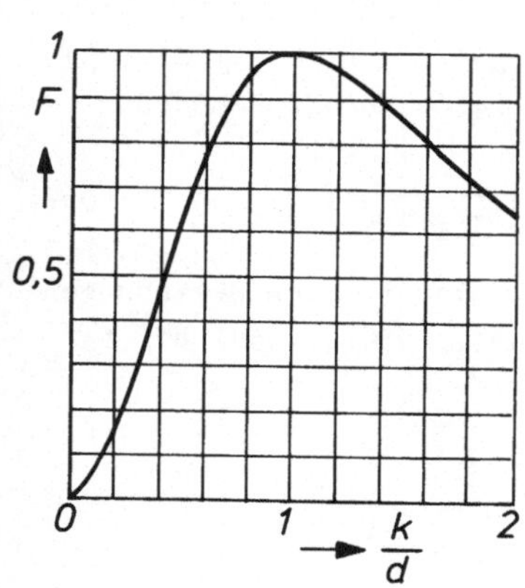

Bild 116
Verhältnis des Übertragungs-
wirkungsgrades eines Bandfilters zu dem eines
Einzelkreises

Seine Abhängigkeit von der normierten Betriebskopplung ist in
Bild 116 aufgezeichnet. Wir entnehmen daraus, daß die Übertragungsverluste in dem betrachteten Bandfilter bei kritischer
Kopplung gleich groß sind wie die in einem Einzelkreis mit
gleichem Güteverhältnis q. Für andere Kopplungseinstellungen
sind die Verluste im Bandfilter größer als beim Einzelkreis.
Weil das Bandfilter gegenüber dem Einzelkreis größere Werte
für Bandbreite und Selektivität liefert, ist für den praktischen Fall demnach die kritische Kopplung zu empfehlen.
Der in Bild 116 dargestellte Vergleich ist natürlich nur sinnvoll, wenn die Flankensteilheit des Durchlaßbereiches - also
die Selektivität - keine Rolle spielt.

Mehrstufiger Verstärker mit n Bandfilter

Alle Stufen des in Bild 117 wiedergegebenen Verstärkers sollen
mit Bandfiltern gleicher Bandbreite und Selektivität sowie
mit gleichen neutralisierten Transistoren ausgestattet sein.
Die Spannung $\underline{U}_2$ nach Gl.(558) kann dann allgemein als die
Steuerspannung $\underline{U}_{be\nu}$ für den auf das ν-te Bandfilter folgenden

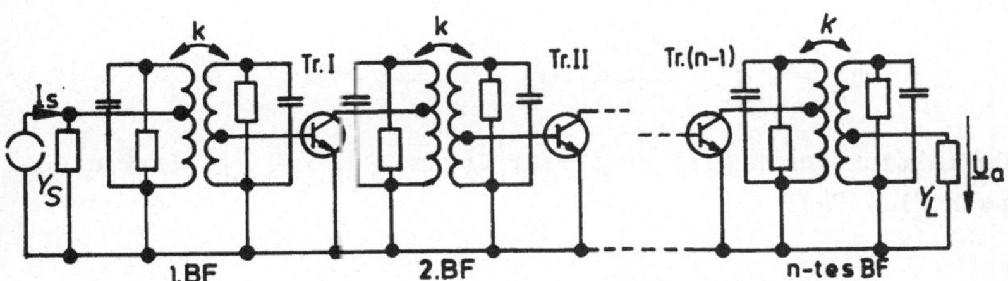

Bild 117   Mehrstufiger Verstärker mit n Bandfilter

Transistor Tr.ν aufgefaßt werden, und der Strom $\underline{I}_S =
-y'_{21}\underline{U}_{be\,(\nu-1)}$ ist die gesteuerte Stromquelle des dem Band-
filter vorangehenden Transistors Tr.(ν-1). Es gilt also

$$\underline{U}_{be\nu} = \frac{y'_{21}\underline{U}_{be\,(\nu-1)}q(q-1)\frac{k}{d}}{\sqrt{g'_{11}g'_{22}}\left\{2q\,\Omega-j\left(q^2\left[1+(\frac{k}{d})^2\right]-\Omega^2\right)\right\}} \tag{572}$$

Für die auf ihren Wert in der Bandmitte normierte Ausgangsspannung des Gesamtverstärkers folgt daraus, falls als Steuer-

quelle und Belastung zwei weitere neutralisierte Transistoren vom gleichen Typ wie die übrigen vorgesehen sind,

$$\frac{\underline{U}_a}{\underline{U}_{ao}} = \left(\frac{q\left[1+(\frac{k}{d})^2\right]}{q\left[1+(\frac{k}{d})^2\right] - \frac{1}{q}\,\Omega^2 + j2\Omega} \right)^n \tag{573}$$

sodaß für die normierte Ausgangsamplitude

$$\left|\frac{\underline{U}_a}{\underline{U}_{ao}}\right| = \left(\frac{q\left[1+(\frac{k}{d})^2\right]}{\sqrt{\left\{q\left[1+(\frac{k}{d})^2\right] - \frac{1}{q}\,\Omega^2\right\}^2 + 4\,\Omega^2}} \right)^n \tag{574}$$

gilt. Sie ist genau die n-te Potenz der normierten Ausgangs-amplitude eines Einzelfilters (n=1) nach Gl.(562).

Gesamte Bandbreite b_{ges} bei n Bandfilter

Für die in Bild 118 eingezeichnete obere Bandgrenze Ω_h des Gesamtverstärkers können wir nach Gl.(544) schreiben

$$\Omega_h = v_h Q_o \approx \frac{2\Delta f_b}{f_o}\,Q_o = \frac{b_{ges}Q_o}{f_o} \tag{575}$$

Definitionsgemäß gilt an dieser Grenze $|\underline{U}_a|/|\underline{U}_{ao}| = 1/\sqrt{2}$ also nach Gl.(574)

$$\frac{q\left[1+(\frac{k}{d})^2\right]}{\sqrt{\left\{q\left[1+(\frac{k}{d})^2\right] - \frac{1}{q}\,\Omega_h^2\right\}^2 + 4\,\Omega_h^2}} = \frac{1}{\sqrt[2n]{2}} \tag{576}$$

Da die linke Seite nach Gl.(562) der normierten Ausgangsam-plitude des Einzelfilters bei $\Omega = \Omega_h$ entspricht, bedeutet dies, daß die Ausgangsspannung $|\underline{U}_2|$ des Einzelfilters bei $\Omega = \Omega_h$ (des Gesamtverstärkers) nicht um $1/\sqrt{2}$, sondern nur um den Faktor $1/\sqrt[2n]{2}$ gegenüber ihrem Wert $|\underline{U}_{2o}|$ in der Band-mitte abgenommen hat, Bild 118.

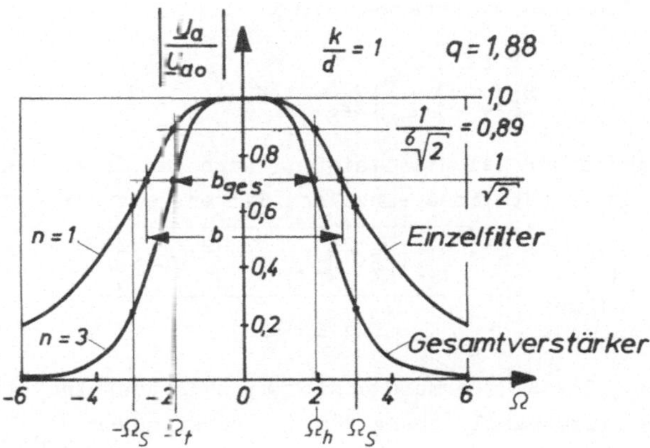

Bild 118   Vergleich der Bandfilterkurven bei n=1 und n=3

Aus der Bedingungsgleichung (576) ergibt sich mit dem Zusammenhang in Gl.(575) eine biquadratische Bestimmungsgleichung für die gesamte Bandbreite b_{ges}:

$$b_{ges}^4 + 2\left(\frac{qf_o}{Q_o}\right)^2 \left[1-\left(\frac{k}{d}\right)^2\right] b_{ges}^2 - \left(\frac{qf_o}{Q_o}\right)^4 \left[1+\left(\frac{k}{d}\right)^2\right]^2 \left(\sqrt[n]{2}-1\right) = 0 \qquad (577)$$

<u>Selektivität S_{ges} bei n Bandfilter</u>

Die Selektivität wird definitionsgemäß bei einer vorgegebenen normierten Verstimmung Ω_S bestimmt, Bild 118. Nach Gl.(544) können wir hierfür schreiben

$$\Omega_S = v_S Q_o \approx \frac{2\Delta f_S}{f_o} Q_o \qquad (578)$$

Für ein   einzelnes Bandfilter (n=1) erhalten wir direkt aus Gl.(562)

$$S = \left|\frac{U_{2o}}{U_2(\Omega_S)}\right| = \frac{\sqrt{\left\{q\left[1+\left(\frac{k}{d}\right)^2\right] - \frac{1}{q}\Omega_S^2\right\}^2 + 4\Omega_S^2}}{q\left[1+\left(\frac{k}{d}\right)^2\right]} \qquad (579)$$

und für den Gesamtverstärker direkt aus Gl.(574)

$$S_{ges} = \left| \frac{\underline{U}_{ao}}{\underline{U}_{ao}(\Omega_S)} \right| = s^n \tag{580}$$

Bei vorgegebener Selektivität S_{ges} kann man daher die notwendige Selektivität eines einzelnen Filters aus der Bedingung

$$S = \sqrt[n]{S_{ges}} = \frac{\sqrt{\left\{ q\left[1+(\frac{k}{d})^2\right] - \frac{1}{q}\Omega_S^2 \right\}^2 + 4\,\Omega_S^2}}{q\left[1+(\frac{k}{d})^2\right]} \tag{581}$$

berechnen. Durch Umformung ergibt sich daraus eine biquadratische Bestimmungsgleichung für die Verstimmung Ω_S

$$\Omega_S^4 + 2q^2\left[1-(\frac{k}{d})^2\right]\Omega_S^2 - q^4\left[1+(\frac{k}{d})^2\right]^2\left(\sqrt[n]{S_{ges}^2}-1\right) = 0 \tag{582}$$

Wenn im praktischen Fall die Größen f_o, Q_o und n bereits festliegen, kann man aus den Gln.(577) und (582) zu jedem vorgegebenen Wertepaar von Bandbreite b_{ges} und Selektivität S_{ges} nur ein einziges Wertepaar von normierter Kopplung k/d und Betriebsgüte $Q_B = Q_o/q$, das die Forderungen erfüllt, berechnen: Mit den Abkürzungen

$$r = \frac{\sqrt[n]{S_{ges}^2}-1}{\sqrt[n]{2}-1} \tag{583}$$

$$s = \frac{r\,\Omega_h^4 - \Omega_S^4}{2(\Omega_S^2 - r\,\Omega_h^2)} \quad ; \qquad t = \frac{\Omega_S^2 + 2s}{\sqrt[n]{S_{ges}^2}-1} - \Omega_S^2 \tag{584}$$

erhält man aus den Gln.(577) und (582) für $s \neq 0$

$$\frac{k}{d} = \sqrt{\frac{\gamma t - s}{\gamma t + s}} \quad ; \qquad q = \frac{Q_o}{Q_B} = \sqrt{\frac{s}{1-(\frac{k}{d})^2}} \tag{585}$$

Erfüllen die vorgegebenen Daten die Beziehung $(2\varDelta f_S/b_{ges})^4 = r$, dann ist $s=o$, $k/d=1$ und

$$q = \frac{2\Delta f_S Q_o}{f_o \sqrt{2} \sqrt[4]{\sqrt[n]{S^2_{ges}} - 1}} = \frac{Q_o b_{ges}}{f_o \sqrt{2} \sqrt[4]{\sqrt[n]{2} - 1}} \tag{586}$$

<u>Beispiel 66</u>: Der ZF-Verstärker, dessen Schaltplan in Bild 119 angegeben ist, soll für eine Bandmittenfrequenz von f_o=10,7 MHz bei einer Spulen-Leerlaufgüte von Q_o=90 dimensioniert werden. Die Schwingkreiskapazitäten der drei gleichen abgestimmten Bandfilter seien

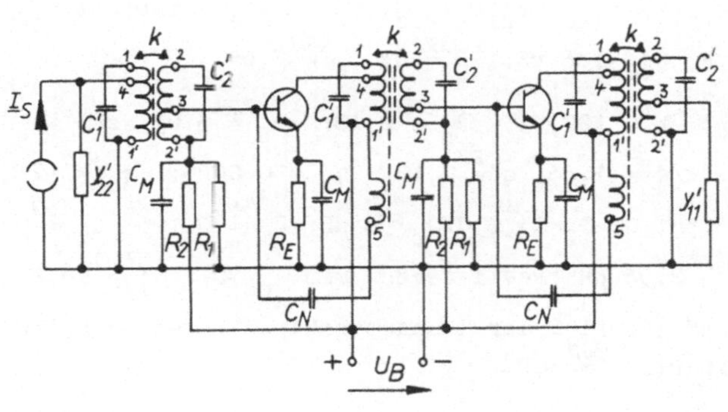

Bild 119   ZF-Verstärker mit 3 Bandfilter

auf ca. 75 pF festgelegt. Der Verstärker soll eine gesamte Bandbreite von b_{ges}=250 kHz haben, die Selektivität des Ge-samtverstärkers soll im Abstand $\Delta f_S = \pm$ 300 kHz von der Band-mitte f_o den Wert S_{ges} = 200 erreichen. Die Schaltung soll mit gleichen Transistoren (auch als Steuerquelle und Last) bestückt werden. Zu verwenden sei der Transistortyp, dessen y-Parameter in [2] Bild 17 angegeben sind. Vorzusehen ist der Arbeitspunkt I_C=1 mA, U_{CE}=10 V. Der Transistor hat dann laut Datenblatt die weiteren Kenndaten: U_{BE}=0,65 V, B=115.

L ö s u n g :   Arbeitspunkteinstellung nach [1] S.172:

U_B=U_{CE}+U_B/10=U_{CE}/0,9=11,1 V; R_E=11,1 V/10 mA=1,1 kΩ. Gewählt wird R_E=1 kΩ; U_B=11 V. I_B=8,7 µA. Mit k=10 ist R_1=21,07 kΩ

gewählt wird $R_1 = 22$ kΩ. $R_2 = 106,6$ kΩ gewählt wird $R_2 = 110$ kΩ.
Aus $1/(\omega C_M) \approx 0,5\,\Omega$ folgt für die Abblockkondensatoren
$C_M = 30$ nF.

<u>Transistorparameter</u>: $g_{11e} = 0,5$ mS; $b_{11e} = 1,5$ mS; $|y_{12e}| = 63$ μS; $\varphi_{12e} = -90^\circ$; $|y_{21e}| = 35$ mS; $\varphi_{21e} = -4^\circ$; $g_{22e} = 9$ μS; $b_{22e} = 105$ μS.

<u>Neutralisation</u>: $\ddot{u} = n_{51'}/n_{41'} \overset{(385)}{=} 0,134$ (gegensinnig gewickelt).
Da die Gln.(379) und (380) als erfüllt angesehen werden können, setzen wir $y'_{11} \approx y_{11e}$; $y'_{21} \approx y_{21e}$; $y'_{22} \approx y_{22e}$. Also ist
$C'_{11} = 22,3$ pF; $C'_{22} = 1,6$ pF. $R_N \overset{(386)}{=} 0$; $C_N \overset{(387)}{=} 7$ pF.

<u>Bandfilter</u>: $r \overset{(583)}{=} 127,73$; $\Omega_h \overset{(575)}{=} 2,10$; $\Omega_S \overset{(578)}{=} 5,05$; $s \overset{(584)}{=} -1,70$;
$t \overset{(584)}{=} 16,98$; $k/d \overset{(585)}{=} 1,55$; $q \overset{(585)}{=} 1,10$; $\eta_o \overset{(570)}{=} 0,0069$; $\eta_o \overset{(432)}{=} -21,6$ dB.
$C_1 = C_2 = C = 75$ pF; $G_1 = G_2 = G \overset{(404)}{=} \omega_o C/Q_o = 56$ μS; $\ddot{u}_1 \overset{(550)}{=} 0,106$; $\ddot{u}_2 \overset{(550)}{=} 0,789$.
$L_{11'} = L_{22'} \overset{(526)}{=} 2,95$ μH (realisierbar mit $Q_o = 90$). $C'_1 \overset{(535)}{=} 74,0$ pF.
$C'_2 \overset{(536)}{=} 74,7$ pF (Einfluß der Transistorkapazitäten praktisch vernachlässigbar). $S \overset{(581)}{=} 5,8$.

<u>Beispiel 67</u>: a) Welche Bandbreite b_{ges} ergibt sich bei dem Verstärker aus Beisp.66, wenn die drei Bandfilter jeweils auf kritische Kopplung abgeglichen werden,
b) Auf welche Werte $\ddot{u}_1$ und $\ddot{u}_2$ müssen die Spulenanzapfungen geändert werden, damit die restlichen Forderungen aus Beisp.66 erhalten bleiben?
c) Wie groß sind jetzt die Übertragungsverluste eines einzelnen Filters?

L ö s u n g : a) Für $k/d = 1$ ist $s = o$ und nach Gl.(586) linker Teil $q = 1,49$. Die Gl.(586) nach b_{ges} aufgelöst liefert
$b_{ges} = 178,9$ kHz.
b) $\ddot{u}_1 \overset{(550)}{=} 0,234$; $\ddot{u}_2 = 1,75$ d.h. $n_{41'} > n_{11'}$.
c) $\eta_o \overset{(570)}{=} -9,7$ dB.

Kapazitive Ankopplung der nachfolgenden Stufe

Die Ankopplung des Bandfilters an die Basis des nachgeschalteten Transistors II kann auch kapazitiv erfolgen, Bild 120a).

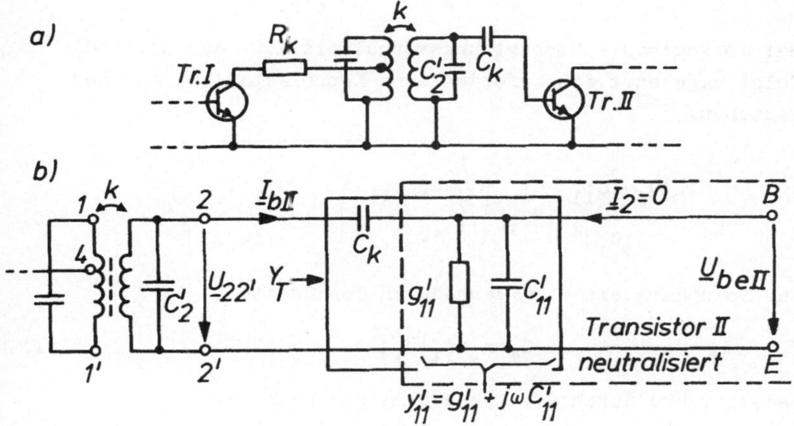

Bild 120   Kapazitive Ankopplung der nachfolgenden Stufe.
R_k Kompensationswiderstand (siehe S.102)

Die zugehörige Ersatzschaltung ist in Bild 120b) gezeichnet.
Führen wir wieder analog zu Gl.(527) das Übersetzungsverhältnis $\ddot{u}_1$ ein, so gilt

$$\ddot{u}_1 = \frac{U_{beII}}{U_{22'}} = \frac{j\,\omega\,C_k}{y'_{11} + j\,\omega\,C_k} \tag{587}$$

($\ddot{u}_1$ ist jetzt komplex).
In den Sekundärkreis des Bandfilters wird die Admittanz

$$Y_T = \frac{I_{bII}}{U_{22'}}\Bigg|_{I_2=0} = G_T + j\,\omega\,C_T = j\,\omega\,C_k(1-\ddot{u}_1) \tag{588}$$

transformiert.
Bei vorgegebenem C_k hat das Übersetzungsverhältnis den Betrag

$$|ü_1| = \frac{1}{\sqrt{\left(1+\dfrac{c'_{11}}{c_k}\right)^2 + \left(\dfrac{g'_{11}}{\omega_o c_k}\right)^2}} \qquad (589)$$

Bei vorgegebenem Übersetzungsverhältnis z.B. aus Gl.(550)
folgt umgekehrt die erforderliche Koppelkapazität aus der
Beziehung

$$C_k = \frac{|ü_1|^2 c'_{11}}{1-|ü_1|^2} + |ü_1| \sqrt{\left(\frac{|ü_1|\, c'_{11}}{1-|ü_1|^2}\right)^2 + \frac{c'^2_{11} + \left(\dfrac{g'_{11}}{\omega_o}\right)^2}{1-|ü_1|^2}} \qquad (590)$$

Der Sekundärkreis wird dann durch den Realteil

$$G_T = g'_{11}|ü_1|^2 \qquad (591)$$

bedämpft und durch die transformierte Kapazität

$$C_T = C_k - (C'_{11} + C_k)|ü_1|^2 \qquad (592)$$

verstimmt. Die gesamte Kapazität des Sekundärkreises setzt
sich jetzt im Gegensatz zu Gl.(536) zusammen aus

$$C_2 = C'_2 + C_T \qquad (593)$$

<u>Beispiel 68</u>: Wie ändern sich die Daten des Verstärkers aus
Beisp.66, wenn die kapazitive Ankopplung gemäß Bild 120a) gewählt wird?

L ö s u n g : Unverändert bleiben die Werte von den Größen
r, Ω_h, Ω_S, s, t, k/d, q, η_o, $ü_1$, $ü_2$, L, C, C'_1.
Neue Werte erhalten $C_k \overset{(590)}{=} 2,8$ pF; $C_T \overset{(592)}{=} 2,5$ pF; $C'_2 \overset{(593)}{=} 72,5$ pF.

<u>Verformung der Filterkurven durch Rückwirkung</u>
Mit Rücksicht auf die praktische Verwertbarkeit der Formeln
und Kurven bei der Dimensionierung von selektiven Verstärkern
und außerdem um den Rechenaufwand in einem zumutbaren Rahmen
zu halten, wurde in allen obigen Betrachtungen der Transistor

als vollständig neutralisiert vorausgesetzt. Dieser vollkommen
rückwirkungsfreie Transistor kann in der Praxis erreicht werden. Man muß dazu die Elemente der Neutralisationsschaltung
jedes einzelnen Transistors in seinem bestimmten Arbeitspunkt
individuell abgleichen. Die maximale Signalamplitude darf allerdings nicht zu groß sein, weil durch eine starke Aussteuerung die Kollektor-Basisspannung ($U_{CE} \approx U_{CB}$) dann momentan
kleine Werte annehmen kann, zu denen bekanntlich große Kollek-
torkapazitäten gehören, [2] Bild 43. Dies führt unvermeidlich
zu einer Fehlneutralisation während der Aussteuerung.
Verzichtet man (z.B. bei einer Serienfertigung) auf diesen
unwirtschaftlichen Einzelabgleich, indem man feststehende Bauelemente im Neutralisationsnetzwerk verwendet (sog. Festneutralisation), so verbleiben restliche Rückwirkungen, die zwar
kleiner als die ohne Neutralisation sind, aber doch nicht unberücksichtigt bleiben können.
Bei der Festneutralisation führen vor allem die Exemplarstreuungen der Transistorparameter, Betriebsspannungsschwankungen
und große Signalamplituden zu einer unvollkommenen Neutralisation. Die Fragestellung, wie sich die endliche Rückwirkung
auf die Verstärkereigenschaften und hier insbesondere auf die
Schwingsicherheit (Stabilität) auswirkt, ist durch verschiedene
Veröffentlichungen beantwortet, [3], [7], [13]. Die umfangreichen Berechnungen zeigen, daß bei einer nur teilweisen Neutralisation die Verstärkung verändert wird und die Durchlaßkurven unsymmetrisch werden. Die Auswirkungen sind hierbei umso
größer, je größere Werte für den Stabilitätsfaktor s aus Gl.
(355) gefordert sind. Um eine Vorstellung über die Größe der
Verformung zu vermitteln, ist in Bild 121 ein Beispiel angegeben. Das diesem Bild zugrunde liegende Modell entspricht der
Ersatzschaltung aus Bild 104. Der Transistor I ist allerdings
jetzt als nur teilweise neutralisiert betrachtet. Die innere
Transistor-Rückwirkung wurde rein kapazitiv angenommen und die
Größe der angesetzten restlichen Rückwirkungen ist mit dem
Stabilitätsfaktor s ausgedrückt. Für das beschriebene Modell
muß in Gl.(355) der Leitwert G_g durch den Ausdruck $G_g = G_1^* + G_S$

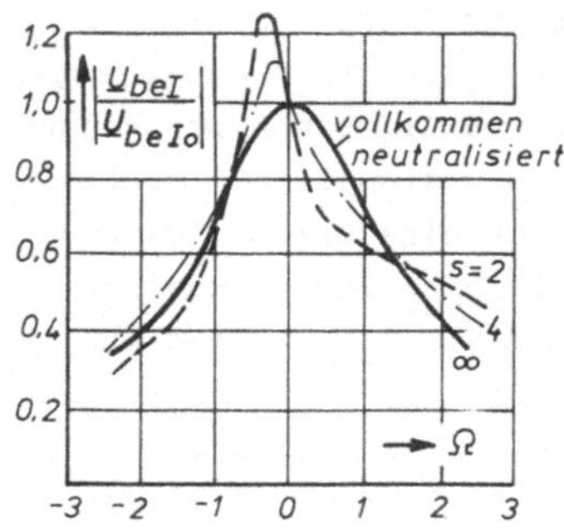

Bild 121
Verformung der Resonanz-
kurve durch unvollkommene
Neutralisation

sowie der Leitwert G_L durch

$$G_L = G_2^* + g'_{11II}$$ ersetzt werden.

In der Praxis wird ein Stabilitätsfaktor zwischen 4 und 5 als
ausreichend angesehen.

Die Verformung der Filterkurven
hängt auch von der Abgleichme-
thode ab.

Die Ausgangskapazität C_a der
Emitter-Schaltung wird nach [2]
Gln.(158) und (147) hauptsächlich durch die Kapazität C_{CBO}
bestimmt. Diese Kapazität und
somit auch die Ausgangskapazität C_a ist spannungsabhängig,

[2] Bild 43. Sie ändert ihren

Wert, wenn die Spannung $u_{CB} \approx u_{CE}$ bei der Aussteuerung des Transistors verschiedene Augenblickswerte annimmt. Hierdurch ändert
sich mit der Signalamplitude die Resonanzfrequenz des Kollektor-
kreises. Mit dem Widerstand R_k in Bild 120 wird erreicht, daß
diese dynamische Ausgangskapazität C_a nicht unmittelbar parallel zum Kollektorschwingkreis liegt (lose Ankopplung), so daß
ihr verstimmender Einfluß gering bleibt. Dieser Widerstand hat
in der Regel Werte von einigen hundert Ohm. Er verhindert aus-
serdem auch das Auftreten von parasitären Schwingungen.

4.10.7. Automatische Verstärkungsregelung

Das Ausgangssignal von ZF-Verstärkern in Rundfunk- und Fern-
sehempfängern soll für eine vernünftige Ton- und Bildwiedergabe
konstant bzw. nahezu konstant sein. Um dies zu erreichen, muß
die Verstärkung der Eingangsstufen im HF- und ZF-Teil geregelt
werden, weil an den Antennenanschlüssen des Empfängers durch
Feldstärkeschwankungen verschieden große Eingangsspannungen
auftreten. Die Verstärkung eines Transistors läßt sich z.B.
durch Verlagern seines Arbeitspunktes regeln. Verschiebt man
in Bild 122a) den Arbeitspunkt A, ausgehend von der eingezeich-

neten Normallage im mittleren Kennlinienbereich nach unten oder
oben, so nimmt jeweils die Steilheit S [1] S.83 ab. Daraus re-
sultiert in beiden Fällen nach [2] Gl.(30), (46) und (47) eine
Abnahme der Spannungs- bzw. Leistungsverstärkung. Man unterscheidet daher zwei Regelarten:

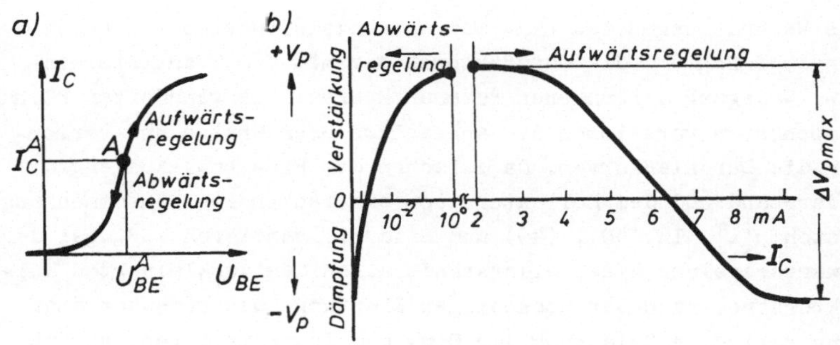

Bild 122 Automatische Verstärkungsregelung (AVR)

die Abwärtsregelung, bei der die Stufenverstärkung - ausgehend
vom Punkt maximaler Verstärkung - durch ein Absenken des Kollektorstromes I_C herabgesetzt wird.
Bei der Aufwärtsregelung wird der Strom I_C vergrößert, um die
Verstärkung - ausgehend vom Punkt maximaler Verstärkung - zu
verkleinern. Das Bild 122b) zeigt den typischen Zusammenhang
zwischen Leistungsverstärkung und Kollektorstrom. In einem
elektronischen Regelsystem wird eine zu der Ausgangsspannung
des ZF-Verstärkers proportionale Gleichspannung (Regelspannung)
gewonnen und in geeigneter Polarität als variable Basisvorspannung dem Transistor in der ersten HF- bzw. ZF-Stufe zuge-
führt, siehe z.B. Bild 90. Durch diese sog. automatische Verstärkungsregelung (AVR) wird auch vermieden, daß irgend eine
Verstärkerstufe übersteuert wird.
Bei der Verstärkungsregelung durch Arbeitspunktverschiebung
ändern sich neben der Steilheit auch die Transistorparameter.
Nachteilig kann sich hier vor allem die Veränderung der Rück-

wirkung sowie der Ein- und Ausgangsadmittanz auf die Schaltung
auswirken. Die Änderung der Rückwirkung verschlechtert die Neutralisation. Wenn die Neutralisation aber für den Arbeitspunkt
mit maximaler Verstärkung ausgelegt wird, kann dieser Neutrali-
sationsfehler in seiner Auswirkung klein gehalten werden, weil
beim Einsetzen der Regelung die Leistungsverstärkung abnimmt.

Die Veränderungen des Ein- und Ausgangsleitwertes beeinflußen
den Abgleich und die Gütefaktoren der mit dem Transistorein-
bzw. -ausgang verbundenen Resonanzkreise. Die geänderten Blind-
komponenten verstimmen die angeschlossenen Kreise und verfor-
men die Durchlaßkurven. Da zwischen dem Ein- bzw. Ausgangswiderstand und dem Kollektorstrom ein reziproker Zusammenhang
besteht [1] Gln.(40), (49) und Bild 51, variieren z.B. bei der
Abwärtsregelung diese Widerstände durch den verkleinerten Kollektorstrom nach der hochohmigen Richtung. Das bedeutet aber
eine geringere Belastung der Ein- und Ausgangsfilter, so daß
der Verstärker eine kleinere Bandbreite aufweist. Bei der
Aufwärtsregelung nehmen die Ein- und Ausgangswiderstände mit
ansteigendem Kollektorstrom relativ stark ab, wodurch die Filterkreise stärker bedämpft werden.
Durch geeignete Schaltungsmaßnahmen kann man eine annähernd
konstante Durchlaßkurve erreichen. In der Praxis sind folgende
Methoden üblich:
1.) Verwendung eines speziell für Verstärkungsregelung ent-
wickelten Transistors (HF-Regeltransistor), dessen Parameter
sich relativ gering ändern.
2.) Lose Ankopplung des Transistors an die Filter (z.B. durch
den Widerstand R_k in Bild 120a).
3.) Größere Eigendämpfung $d_o=1/Q_o$ der Filterkreise durch Verwendung großer Kreiskapazitäten, Gl.(403).
4.) Ohmsche Vorbelastung der Filter mit Festwiderständen.
5.) Asymmetrische Belastung der Filterkreise ($b_1 \neq b_2$).

All diese Maßnahmen führen aber zu einem relativ großen Verstärkungsverlust.
Abschließend sollen noch die Nachteile und Vorteile von Auf-
und Abwärtsregelung einander gegenübergestellt werden:

Nachteile der Abwärtsregelung:

Der Aussteuerbereich des Transistors ist verhältnismäßig klein.
Weil der Kollektorstrom gerade beim Anliegen von großen Signalen auf sehr kleine Werte absinkt, können sog. Kreuzmodulations-
störungen und Modulationsverzerrungen auftreten.

Der Regelhub - hierunter versteht man die nutzbare Verstärkungs-
änderung Δv_{pmax} (meist in dB angegeben) aus Bild 122b) - ist
nicht so groß. Er ist typisch auf etwa 30 bis 40 dB begrenzt.

Die kleinen Kollektorströme im abgeregelten Zustand führen
leicht zu einer Instabilität des Arbeitspunktes bei Temperatur-
änderungen.

Vorteile der Abwärtsregelung:

Jeder normale HF-Transistor kann verwendet werden.

Die Schaltungsdimensionierung ist einfach.

Der Regelleistungsbedarf ist gering.

Die Verlustleistung am Transistor ist klein.

Nachteile der Aufwärtsregelung:

Es muß ein spezieller HF-Regeltransistor verwendet werden.

Die Schaltungsauslegung ist schwieriger.

Der Regelleistungsbedarf ist größer.

Die Verlustleistung am Transistor ist höher.

Vorteile der Aufwärtsregelung:

Der Aussteuerbereich des Transistors ist wesentlich größer.

Der Regelhub ist groß (typisch 60 dB).

Die Verzerrungen sind wesentlich geringer, weil der Kollektorstrom bei großen Signalen auf große Werte ansteigt.

Aufgrund der großen Kollektorströme ist auch der Arbeitspunkt
nicht so sehr temperaturempfindlich.

Die Aufwärtsregelung wird hauptsächlich in der HF-Eingangsstufe
und die Abwärtsregelung normalerweise in der 1. ZF-Stufe verwendet.

Neben den in diesem Abschn.4.10 behandelten Selektionsmitteln
gibt es noch eine Vielzahl weiterer Siebschaltungen, die hier
nicht behandelt werden können. Es wird auf eine Zusammenstellung z.B. in [12] S.889ff verwiesen. Die Siebschaltungen am

Ein- und Ausgang des Verstärkers übernehmen meistens auch noch
die Aufgabe, die komplexen Transistorwiderstände auf vorgegebene und z.T. genormte reelle Werte zu transformieren (siehe
z.B. Bild 90 und [2] Beisp.36). Auch hierzu findet man eine
Zusammenstellung in [12] S.201ff.
Zur Frage nach der zweckmäßigen Grundschaltung wurden bereits
in [2] S.140 für die Emitter- und Basis-Schaltung grundlegende
Bemerkungen gemacht. Die Kollektor-Schaltung kommt als HF-
Verstärker nicht in Betracht, weil sie eine geringe Verstärkung
([2] Bild 14) und außerdem eine große Rückwirkung hat.

5. Großsignalbetrieb / Leistungsverstärker

5.1. Allgemeines

Am Ausgang eines mehrstufigen Verstärkers liegt z.B. ein Lautsprecher, ein Meßinstrument oder eine Sendeantenne. Alle diese
Lastwiderstände benötigen zu ihrem Betrieb eine bestimmte
Wechselspannung, und sie nehmen gleichzeitig aber auch einen
relativ großen Wechselstrom auf. Es sind also Leistungsver-
braucher. Sie fordern von der letzten Verstärkerstufe (Endstufe) meist die größtmögliche Wechselstromwirkleistung, die
unter Beachtung und Ausnutzung der absoluten Grenzdaten des
letzten Transistors (Endtransistor) abgegeben werden kann. Die
zum Aussteuern der Endstufe notwendige Steuerleistung muß die
vorhergehende Verstärkerstufe liefern; sie wird daher als
"Treiberstufe" bezeichnet und muß entsprechend dimensioniert
werden.
Die Steuerspannungen der Endtransistoren haben durch die Verstärkung in den vorgeschalteten Stufen so große Amplituden
erreicht, daß die Transistorkennlinien während einer Periode
der Signalspannung über einen weiten Bereich ausgesteuert werden. Eine exakte Berechnung der Endstufe und meist auch schon
der Treiberstufe mit Hilfe der Vierpoltheorie wie im Abschn.4
ist nicht möglich, weil der Zusammenhang zwischen einer Aus-
gangsgröße des Verstärkers (z.B. i_c) und einer Eingangsgröße
(z.B. u_{be}) nicht mehr linear ist. Wegen diesem stark nichtlinearen Zusammenhang ist eine exakte Berechnung der Großsig-

nalverstärker praktisch überhaupt nicht durchführbar.
Im folgenden wird gezeigt, wie man durch relativ einfache Betrachtungen im Kennlinienfeld des Transistors trotzdem zu
brauchbaren Betriebsformeln kommt. Aufgrund des Näherungscha-
rakters dieser Überlegungen stellen die Ergebnisse nur grobe
Dimensionierungsanweisungen dar. Sie sind aber trotzdem sehr
wertvoll, weil man ohne sie überhaupt keinen Anhaltspunkt
hätte, wie die Schaltung zu dimensionieren ist. Man erhält auf
diese Weise wenigstens einen Überblick darüber, wie sich eine
Veränderung der Größen auf die geforderten Daten auswirkt und
kann damit verhindern, daß man völlig abseits einer optimalen
Schaltungsauslegung liegt.
Obwohl eigentlich jeder Transistorverstärker wegen seines endlichen Eingangswiderstandes als Leistungsverstärker bezeichnet
werden müßte ist es üblich, den Begriff "Leistungsverstärker"
wie in der Röhrentechnik ausschließlich auf die Treiber- und
Endstufe zu beziehen.

5.2. Forderungen an einen Großsignalverstärker

Bei einem Endverstärker interessieren nicht mehr in erster
Linie der Ein- und Ausgangswiderstand der Schaltung oder die
Spannungs-, Strom- und Leistungsverstärkung, sondern die bei
bester Ausnutzung des Endtransistors maximal abgebbare Wechselstromleistung ohne Rücksicht darauf, welche Steuerleistung
dazu notwendig ist.
Das Verhältnis der abgegebenen Wechselleistung zur Gleichleistung, die die Endstufe aus der Batterie aufnimmt (Wirkungsgrad) soll dabei möglichst groß und die Verzerrungen (Klirrfaktor) möglichst klein sein.
Da es bei einer Endstufe also in erster Linie auf eine möglichst
große Leistungsabgabe an den Lastwiderstand ankommt und der
Wunsch nach maximaler Leistungsverstärkung der Stufe demgegen-
über zurücktritt, ist die übliche Bezeichnung "Leistungsverstärker" eigentlich irreführend, besser ist der Begriff "Lei-
stungsstufe".
Durch die dem Verwendungszweck entsprechende Wahl des Arbeitspunktes auf der Transistorkennlinie und durch die Optimierung

des wirksamen Wechselstrom-Lastwiderstandes r_{1w} sowie durch
die daraus resultierenden Schaltungsabwandlungen lassen sich
die an einen Endverstärker gestellten Forderungen im wesentlichen erfüllen. Dabei ergeben sich im Vergleich zur Kleinsig-
nalverstärkung keine prinzipiell neuen Schaltungen.

5.3. Betriebsart

Bei der Projektierung von Endverstärkern ist die Festlegung
des Arbeitspunktes von ausschlaggebender Bedeutung. Zieht man
z.B. zur Kennzeichnung der Arbeitspunktlage die dynamische
Kennlinie des Transistors, [1] S.116, heran, so lassen sich
drei prinzipiell unterschiedliche Betriebsarten unterscheiden,
Bild 123. Für sie werden die bekannten Bezeichnungen aus der
Röhrentechnik übernommen. Dort bezeichnet man die drei wichtigsten Betriebsarten nach dem Alphabet willkürlich mit A-,
B- und C-Betrieb. In Bild 123 ist die dynamische Kennlinie eines NPN-Transistors so idealisiert, daß unterhalb der Schleusenspannung $U_{BE} < U_{(To)} = U_S$ kein Kollektorstrom mehr fließt (Knickkennlinie). Entsprechend der Vorspannung U_{BE}^A für die Basis-
Emitter-Steuerstrecke lassen sich dann folgende grobe Unter-
scheidungsmerkmale feststellen:

$$\left| U_{BE}^A \right| > \left| U_S \right| \qquad \text{A-Betrieb}$$

$$\left| U_{BE}^A \right| = \left| U_S \right| \qquad \text{B-Betrieb}$$

$$\left| U_{BE}^A \right| < \left| U_S \right| \qquad \text{C-Betrieb}$$

Beim A- und B-Betrieb ist die Basis-Emitterstrecke stets in
Flußrichtung vorgespannt. Diese Polarität kann man besonders
bei Silizium-Transistoren, deren Schleusenspannung relativ
groß ist, auch für den C-Betrieb wählen ($0 < U_{BE}^A < U_S$). Normalerweise ist aber beim C-Betrieb - wie in Bild 123c) dargestellt -
die Steuerstrecke in Sperrichtung gepolt. Bei $U_{BE}^A = 0$ liegt in
jedem Fall C-Betrieb vor.

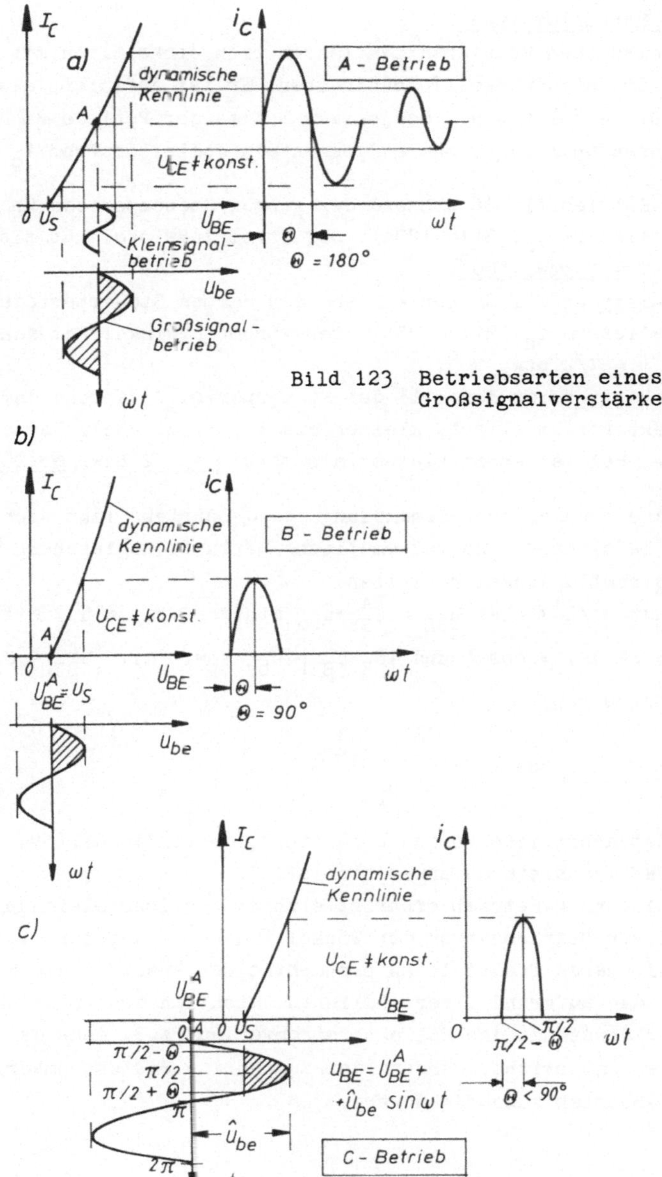

Bild 123 Betriebsarten eines Großsignalverstärkers

5.4. Stromflußwinkel

Die einzelnen Betriebsarten lassen sich einheitlich mit dem
sog. Stromflußwinkel Θ beschreiben. Er ist definiert als
d i e   H ä l f t e   desjenigen Teiles der Periode 2π der
Steuerspannung u_{be}, währenddessen ein Kollektorstrom i_c fließt.

Im A-Betrieb fließt während der ganzen Steuerperiode 2π ein
Wechselstrom i_c, Bild 123a). Der Stromflußwinkel hat also den
Wert $\Theta = \pi$ bzw. 180°.
Im B-Betrieb fließt nur während der halben Steuerperiode ein
Wechselstrom i_c, Bild 123b). Der Stromflußwinkel hat daher den
Wert $\Theta = \pi/2$ bzw. 90°.
Im C-Betrieb ist der Teil der Steuerperiode, während dem ein
Kollektorstrom fließt, kleiner als π , Bild 123c). Der Strom-
flußwinkel ist somit kleiner als $\pi/2$: $\Theta < \pi/2$ bzw. $\Theta < 90^o$.

Für die rechnerische Behandlung des C-Betriebs läßt sich aus
Bild 123c) noch eine mathematische Definitionsgleichung für
den Stromflußwinkel herleiten:
Für $\omega t = \pi/2 - \Theta$ ist $u_{BE} = U_{BE}^A + \hat{u}_{be} \sin(\pi/2 - \Theta) = U_S$. Mit
$\sin(\pi/2 - \Theta) = \cos\Theta$ und $|U_S - U_{BE}^A| < \hat{u}_{be}$ sowie mit $|U_{BE}^A| < |U_S|$
gilt also

$$\cos\Theta = \frac{|U_S| - |U_{BE}^A|}{\hat{u}_{be}} \tag{594}$$

Die Betragsstriche wurden eingeführt, damit die Gl.(594) auch
für PNP-Transistoren anwendbar ist.
Beim A- und B-Betrieb erübrigt sich eine solche Gleichung, weil
in diesen Betriebsarten der Winkel Θ jeweils konstant ist.
Bei bipolaren Transistoren beobachtet man zuweilen die Erscheinung, daß aufgrund ihrer endlichen, nichtlinearen Ein- und Ausgangswiderstände der Kollektorstromverlauf z.B. mehr dem A-
betrieb entspricht, während der zugehörige Basisstromverlauf
dem C-Betrieb zuzuordnen wäre, [14].

5.5. A-Betrieb

Anhand eines einfachen Modells, dessen Prinzipschaltung in Bild 124 angegeben ist, sollen für einen NF-Endverstärker folgende Fragen geklärt werden:

1.) Welchen Einfluß hat die Größe des wirksamen Lastwiderstandes r_{lw}, die Lage des Arbeitspunktes und die Höhe der Batteriespannung U_B auf die an den Verbraucher r_{lw} abgegebene Wechselleistung P_L?

2.) Unter welchen Bedingungen erhält der Widerstand r_{lw} die maximale Wechselleistung P_{Lmax} und auf welches absolute Maximum kann diese Leistung gebracht werden, wenn der Transistor voll ausgenutzt wird?

3.) Wie groß ist der maximale Wirkungsgrad?

Dem Modell aus Bild 124 wurde die Emitter-Schaltung zugrunde gelegt, weil diese gegenüber den anderen Grundschaltungen wegen ihrer größeren Leistungsverstärkung und besseren Anpassungseigenschaften in der Praxis bevorzugt wird.

Die beiden Drosselspulen Dr.I und Dr.II mit dem Gleichstromwiderstand R_D und der Induktivität L verhindern, daß die Versorgungsspannungen U_1 und U_B den Transistor wechselstrommäßig kurzschließen. Mit dem Abblockkondensator C_k wird erreicht, daß über den reellen Lastwiderstand r_{lw} nur ein Wechselstrom fließt ($\omega L \gg r_{lw}$; $1/(\omega C_k) \ll r_{lw}$).

Bei Großsignalverstärkern zieht man zur Betrachtung der Leistungsabgabe die Kennlinienfelder heran. Aus ihnen kann man den Zusammenhang der Ströme und Spannungen entnehmen und die Betriebsbedingungen so festlegen, daß die oben genannten Forderungen an den Endverstärker möglichst gut erfüllt werden.

Für die Leistungsabgabe an den Widerstand r_{lw} sind die Amplitude $\hat{\imath}_c$ des Kollektorwechselstromes und die Amplitude $\hat{u}_{ce}$ der Kollektor-Emitter-Wechselspannung maßgebend. Da sich die Größe $\hat{\imath}_c$ aus der Aussteuerung des Gleichstromes I_C und die Amplitude $\hat{u}_{ce}$ sich aus der Aussteuerung der Gleichspannung U_{CE} ergibt ([1] Bild 56), ist es naheliegend, für die folgenden Betrach-

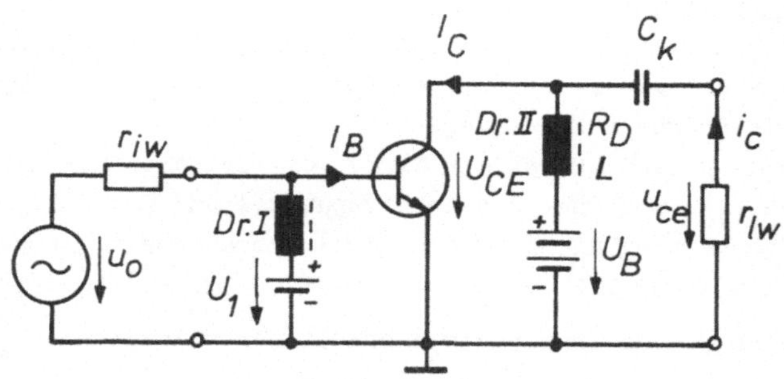

Bild 124   Modell eines NF-Leistungsverstärkers

tungen das I_C, U_{CE}-Kennlinienfeld zu verwenden. In Bild 125
sind die Aussteuerungsverhältnisse für den A-Betrieb in einem
Ausgangskennlinienfeld dargestellt.

Der Arbeitspunkt A liegt auf der Gleichstrom-Arbeitsgeraden
([1] Abschn.6.1), deren Steigung durch den Kupferwiderstand
R_D der Drossel Dr.II gegeben ist. Die Arbeitspunktlage ist so

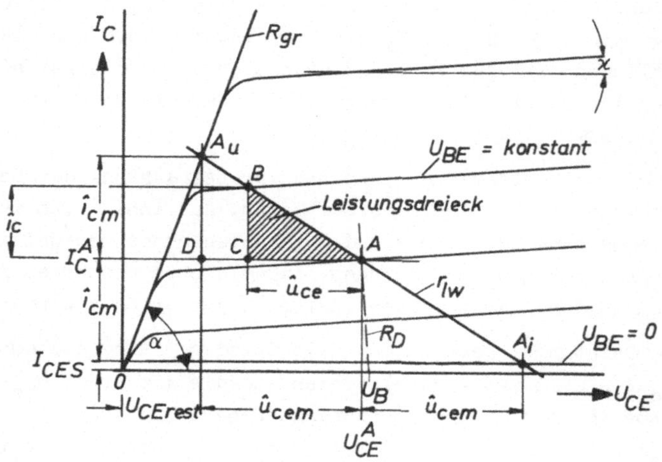

Bild 125   Aussteuerungsverhältnisse beim A-Betrieb

gewählt, daß eine symmetrische Aussteuerung des Stromes I_C
und der Spannung U_{CE} entlang der durch den Widerstand r_{lw} festgelegten Wechselstrom-Arbeitsgeraden möglich ist. Für eine
verzerrungsarme Verstärkung ist der Aussteuerbereich des Stromes I_C in zwei Richtungen begrenzt. In der positiven Halbwelle der Wechselspannung u_{ce} treten Verzerrungen auf, wenn
der Augenblickswert der Steuerspannung u_{BE} den Wert Null erreicht hat, $U_{BE}=0$ im Punkt A_i. Unter den nahezu konstanten
Reststrom z.B. I_{CES} kann der Kollektorstrom I_C nicht abge-
senkt werden, d.h. daß bei weiterer Verkleinerung der Steuerspannung U_{BE} zu negativen Augenblickswerten u_{BE} die Kollektorspannung U_{CE} konstant bleibt. Die Kappe der positiven Halbwelle von u_{ce} wird also abgeschnitten, [1] Bild 59b). Diese
Erscheinung nennt man "Strombegrenzung".
Andererseits ist der Strom I_C durch eine Grenzkurve nach oben
begrenzt, die vom Arbeitspunkt nicht überschritten werden
kann, weil für jeden Wert I_C ein bestimmter Minimalbetrag der
Spannung U_{CE}, die sog. Restspannung U_{CErest} bzw. U_{CEsat} vorhanden sein muß (Punkt A_u in Bild 125). Vergrößert man die
Steuerspannung U_{BE} über den zum Punkt A_u gehörenden Wert U_{BE}^{Au}
hinaus, so steigt der Kollektorstrom nicht weiter an und U_{CE}
bleibt konstant. Die Kappen der negativen Halbwellen von u_{ce}
werden abgeschnitten. Man spricht in diesem Fall von "Spannungsbegrenzung". Die durch die Restspannungen festgelegte
Grenzkurve ist i.a. gekrümmt. Sie wird hier zur Vereinfachung
der Berechnungen durch eine Gerade angenähert, die wir mit
Grenzgerade bezeichnen wollen.

Leistungs-Innenwiderstand oder innerer Grenzwiderstand
Die Steigung der Grenzgeraden in Bild 125 ist wie die der Ar-
beitsgeraden durch einen Widerstand gegeben. Bezeichnet man
den Neigungswinkel der Grenzgeraden mit α und den Maßstabsfaktor des Kennlinienfeldes, [1] Gl.(59), mit ϱ_R, so gilt
mit $I_{CES} \approx 0$ nach Bild 125

$$R_{gr} = \frac{\varrho_R}{\tan\alpha} = \frac{|U_{CErest}|}{2|I_C^A|} \tag{595}$$

Die Größe R_{gr}, die den Namen Grenzwiderstand erhält, ist nur formal wegen ihrer Einheit ein Widerstand. Im Gegensatz zu den Widerständen R_D und r_{lw}, die die Steigung der Gleich- und Wechselstromarbeitsgeraden festlegen, kommt der Grenzwiderstand R_{gr} nirgends real in der Schaltung vor. Er ist letztlich als Abkürzung für den rechten Teil der Gl.(595) aufzufassen. Durch das Einführen der Größe R_{gr} werden die nachfolgenden Formeln handlicher.

Beim sog. <u>symmetrischen A-Betrieb</u> legt man den Arbeitspunkt genau in die Mitte zwischen den beiden Grenzpositionen A_u und A_i auf der Wechselstromarbeitsgeraden. Die Strom- und die Spannungsbegrenzung treten dann bei der gleichen Steuersignalamplitude $\hat{u}_{be}$ auf.

Wird der Strom I_C jeweils bis zu den beschriebenen Übersteuerungsgrenzen ausgesteuert, so wollen wir von <u>Vollaussteuerung</u> sprechen und die zugehörigen Größen mit dem Index m versehen.

Beim realen Transistor werden die Aussteuerungsschranken schon früher als in der Idealisierung nach Bild 125 erreicht sein, weil seine Kennlinien gekrümmt sind. Je nach Anforderung an den Grad der Verzerrungen (Klirrfaktor) darf man sich mehr oder weniger den Verzerrungsgrenzen nähern.

Die Aussagen der nachfolgenden Betrachtung werden nicht vermindert, wenn man zur Vereinfachung der Berechnung den Reststrom I_{CES} vernachlässigt.

<u>Leistungsdreieck</u>

Zu jeder sinusförmigen Aussteuerung kann man die an den Lastwiderstand r_{lw} abgegebene Wechselleistung P_L im Ausgangskennlinienfeld direkt ablesen, weil die grundlegende Beziehung $P_L = \hat{i}_c \hat{u}_{ce}/2$ dort einer Dreiecksfläche entspricht. Wird z.B. der Arbeitspunkt A durch die Steuersignalamplitude $\hat{u}_{be}$ bis zum Punkt B ausgesteuert, so ist die abgegebene Wechselleistung P_L proportional zur Fläche des Dreiecks ABC, das daher als "Leistungsdreieck" bekannt ist.

Wir erkennen aus diesem Zusammenhang, daß die abgegebene Leistung P_L natürlich umso größer ist, je mehr der Transistor

ausgesteuert wird. Die größte erzielbare Leistung erhält man
bei Vollaussteuerung (Dreieck A A_u D)

$$P_{Lm} = \frac{1}{2} \hat{i}_{cm} \hat{u}_{cem} \qquad (596)$$

Da es bei Leistungsverstärkern hauptsächlich auf eine möglichst große Leistungsabgabe ankommt, werden wir in den nachstehenden Berechnungen fast ausschließlich nur die Verhältnisse bei Vollaussteuerung untersuchen.
Durch Einführen des <u>Aussteuerungsfaktors</u>

$$a = \frac{\hat{i}_c}{\hat{i}_{cm}} \qquad (597)$$

läßt sich der Einfluß der Aussteuerung auf die abgegebene
Leistung P_L erfassen.
Um die Verzerrungen klein zu halten, darf man bei der Ausste-
erung nur den linearen Teil der dynamischen Kennlinie ausnutzen. Dann haben wir bei sinusförmiger Aussteuerung

$$u_{BE}(t) = U_{BE}^A + \hat{u}_{be} \sin \omega t \qquad (598)$$

auch nahezu sinusförmige Ausgangsgrößen

$$u_{CE}(t) = U_{CE}^A - \hat{u}_{ce} \sin \omega t \qquad (599)$$

$$i_C(t) = I_C^A + \hat{i}_c \sin \omega t \qquad (600)$$

Durch die unterschiedlichen Vorzeichen des Wechselanteils
sind die vorhandenen Phasenverhältnisse erfaßt.
Aus Bild 125 können wir mit Gl.(597) weiter ablesen (Strahlen-
satz)

$$a = \frac{\hat{u}_{ce}}{\hat{u}_{cem}} \qquad (601)$$

Folglich gilt

$$P_L = \frac{\hat{\imath}_c \hat{u}_{ce}}{2} \underset{(597)}{\overset{(601)}{=}} \; a^2 \, \frac{1}{2} \, \hat{\imath}_{cm} \hat{u}_{cem} \; \overset{(596)}{=} \; a^2 P_{Lm}$$

Die abgegebene Wechselleistung P_L wächst also quadratisch mit der Aussteuerung

$$P_L = a^2 P_{Lm} \tag{602}$$

<u>Vorgegeben: Transistortyp, Arbeitspunkt und Lastwiderstand</u>
In diesem Fall sind die Größen R_{gr}, I_C^A, U_{CE}^A vorgegeben. Der Lastwiderstand r_{lw} darf dann nicht beliebig groß gewählt werden. Dies kann man aus Bild 125 bzw. Bild 127 erkennen: Bei vorgegebener Neigung der Grenzgeraden (Transistortyp) und festgelegtem Arbeitspunkt führt nur eine bestimmte Steigung der Wechselstrom-Arbeitsgeraden d.h. nur ein einziger r_{lw}-Wert zum symmetrischen A-Betrieb. Wir nehmen zunächst an, daß dieser spezielle r_{lw}-Wert bereits bekannt sei und zeigen erst später in Gl.(623) wie er berechnet werden kann.
Um die abgegebene Wechselleistung zu berechnen, müssen wir zunächst die Amplituden $\hat{\imath}_c$ und $\hat{u}_{ce}$ in Abhängigkeit von den aufgezählten, festliegenden Größen ermitteln.
Mit $I_{CES} \approx 0$ lassen sich aus Bild 125 die Beziehungen

$$\hat{\imath}_{cm} = \left| I_C^A \right| \tag{603}$$

$$\hat{u}_{cem} = \hat{\imath}_{cm} r_{lw} = \left| I_C^A \right| r_{lw} \tag{604}$$

ablesen.
Es ist streng darauf zu achten, daß durch diese Maximalamplituden die im Datenblatt angegebenen absoluten Grenzdaten des Transistors, [1] S.198ff, nicht überschritten werden:

$$2 \left| I_C^A \right| \overset{\leq}{=} \left| I_{Cmax} \right| \tag{605}$$

117

$$\left|U_{CE}^{A}\right| + \hat{u}_{cem} \leqq \left|U_{CEmax}\right| = \left|U_{CEOmax}\right| \tag{606}$$

$$I_{C}^{A}\, U_{CE}^{A} \leqq P_{tot}(\text{für } \vartheta_{J} = \vartheta_{Jmax}) \tag{607}$$

Mit den Gln.(595) und (603) folgt der Zusammenhang

$$2R_{gr}\hat{i}_{cm} = \left|U_{CErest}\right| \tag{608}$$

Aus Bild 125 läßt sich noch die Beziehung

$$\left|U_{CErest}\right| = \left|U_{CE}^{A}\right| - \hat{u}_{cem} \tag{609}$$

ablesen. Eliminiert man hierin noch die Amplitude $\hat{u}_{cem}$ mittels der Gl.(604), so ergibt sich der Ausdruck

$$\hat{i}_{cm} = \frac{\left|U_{CE}^{A}\right|}{r_{lw} + 2R_{gr}} \tag{610}$$

Die abgegebene Wechselleistung erhält man nun durch Einsetzen von Gln.(610) und (604) in Gl.(596) zu

$$P_{Lm} = \frac{1}{2}\left|I_{C}^{A}\right|\left|U_{CE}^{A}\right|\frac{r_{lw}}{r_{lw} + 2R_{gr}} \tag{611}$$

<u>Leistungsbilanz</u>

Sie muß aufgestellt werden, um die Frage beantworten zu können, inwieweit die der Modellschaltung von der Batterie zugeführten Gleichleistung in Wechselleistung umgesetzt wird.
Zur Vereinfachung der Abhandlung werden nachstehende Formelzeichen eingeführt:

$P_{\ominus}$ Gleichleistung der Batterie ohne Aussteuerung

$P_{\tilde{\ominus}}$ desgleichen mit Aussteuerung

P_{tot} Transistorverlustleistung ohne Aussteuerung

$P_{tot}^{\sim}$ desgleichen mit Aussteuerung

P_{Dr} Anteil der Gleichleistung $P_{\ominus}$, die von der Drossel in Wärme umgesetzt wird; ohne Aussteuerung

$P_{Dr}^{\sim}$ desgleichen mit Aussteuerung

Die Leistungsbilanzen lauten somit

$$P_\ominus = P_{Dr} + P_{tot} \approx P_{tot} \qquad (612)$$

$$P_{\widetilde{\ominus}} = P_{\widetilde{Dr}} + P_{\widetilde{tot}} + P_L \approx P_{\widetilde{tot}} + P_L \qquad (613)$$

In den Näherungen sind hierbei die relativ kleinen Gleichstromverluste in der Drossel vernachlässigt worden ($U_{CE}^A \approx U_B$).

Im einzelnen gilt weiter

$$P_\ominus = \left|I_C^A\right|\left|U_B\right| \qquad (614)$$

$$P_{\widetilde{\ominus}} = \left|\overline{I}_C\right|\left|U_B\right| \qquad (615)$$

Dabei bedeutet die Größe $\overline{I}_C$ den Mittelwert des Kollektor-
Gesamtstromes aus Gl.(600):

$$\left|\overline{I}_C\right| = \left|\frac{1}{T}\oint_0^T i_C(t)dt\right| = \left|\frac{1}{2\pi}\oint_0^{2\pi}\left[\left|I_C^A\right| + \hat{i}_c\sin\omega t\right]d(\omega t)\right| = \left|I_C^A\right| \qquad (616)$$

Im A-Betrieb ist es für die an die Schaltung gelieferte Gleichleistung also gleichgültig, ob der Transistor ausgesteuert
wird oder nicht; sie ist in beiden Fällen gleich

$$P_\ominus = P_{\widetilde{\ominus}} \approx P_{tot} = \left|I_C^A\right|\left|U_{CE}^A\right| \qquad (617)$$

Über die thermische Belastung des Transistors entscheidet demnach der Zusammenhang

$$P_{\widetilde{tot}} = P_{tot} - P_L \qquad (618)$$

der aus den Gln.(613) und (617) abgeleitet werden kann.
Die größte Transistorverlustleistung tritt demnach beim symmetrischen A-Betrieb bei fehlender Aussteuerung ($P_L=0$) auf. Beim
ausgesteuerten Transistor wird seine thermische Belastung $P_{\widetilde{tot}}$
um die abgegebene Wechselleistung P_L geringer.

Zur Dimensionierung des Kühlsystems, [1] Abschn.8, hat man
beim symmetrischen A-Verstärker mit dem für fehlende oder ver-
schwindend geringe Aussteuerung geltenden Maximalwert der Verlustleistung zu rechnen.
Aus den Gln.(617) und (618) folgt noch eine wichtige grundle-

gende Eigenschaft des A-Verstärkers:

$$P_L = P_\ominus - \tilde{P}_{tot} \approx P_{tot} - \tilde{P}_{tot} \tag{619}$$

Dieser Zusammenhang bedeutet, daß die Wechselleistung P_L, die
ein Transistor im A-Betrieb abgeben kann, stets kleiner ist
als seine zulässige Verlustleistung P_{tot} (für $\vartheta_J = \vartheta_{Jmax}$),
die ihrerseits durch die getroffenen Kühlmaßnahmen, die maxi-
male Umgebungs- und Sperrschichttemperatur festgelegt wird.

<u>Wirkungsgrad</u>
Er ist definiert als das Verhältnis der vom Transistor abgegebenen Wechselleistung P_L zu der Gleichleistung $\tilde{P}_\ominus$, die
die Batterie der Schaltung zuführt

$$\eta = \frac{P_L}{\tilde{P}_\ominus} \tag{620}$$

Im Falle des A-Betriebes gilt speziell $\eta = P_L/P_\ominus \approx P_L/P_{tot}$ bzw.
mit den Gln.(611) und (617) bei Vollaussteuerung

$$\eta_m = \frac{P_{Lm}}{P_\ominus} = \frac{1}{2} \frac{r_{lw}}{r_{lw} + 2R_{gr}} \tag{621}$$

Dieser Zusammenhang ist in Bild 126 dargestellt.
Durch die Normierung des Lastwiderstandes r_{lw} mit dem Grenzwiderstand R_{gr} wird die Darstellung unabhängig vom Transistortyp.
Der Wirkungsgrad η ist in der gleichen Weise wie die Wechselleistung P_L aussteuerungsabhängig, denn es gilt unter Verwendung der Gln.(602) und (621)

$$\eta = \frac{P_L}{P_\ominus} = \frac{a^2 P_{Lm}}{P_\ominus} = a^2 \eta_m \tag{622}$$

Wegen des Größenverhältnisses $0 \leq a \leq 1$ erhält man bei vorgegebenem Arbeitspunkt die größte Wechselleistung und den größten
Wirkungsgrad bei Vollaussteuerung (a=1).
Anhand der Ergebnisse in den Gln.(611) und (621) erkennen wir
deutlich, daß die formale Kennliniengröße R_{gr} für die Lei-
stungsangabe und den Leistungsumsatz eine ausschlaggebende

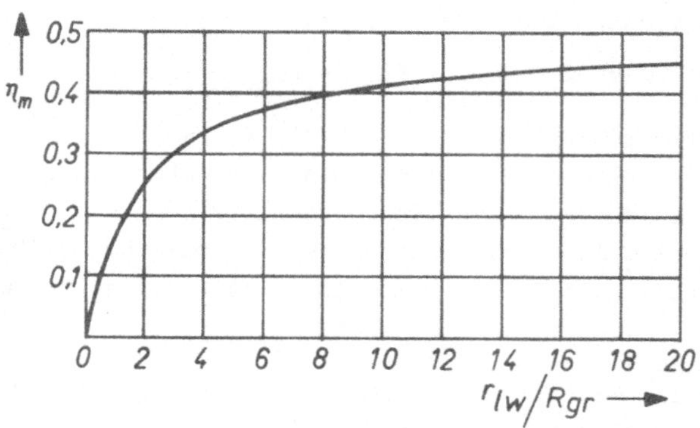

Bild 126 Wirkungsgrad für symmetrische Vollaussteuerung
(zu jedem η_m-Wert gehört ein anderer Arbeitspunkt)

Bedeutung hat. Hieraus versteht sich der weitere Name
"Leistungs-Innenwiderstand" für die Größe R_{gr}.
Bei vorgegebenem Arbeitspunkt liegen die Verhältnisse umso
günstiger, je kleiner der Grenzwiderstand R_{gr} ist, d.h. je
steiler die Grenzgerade verläuft bzw. je kleiner die zu dem
Kollektorstrom 2 I_C^A gehörende Restspannung U_{CErest} ist. Neben
Silizium-Leistungstransistoren (BD...) werden in den Endstufen
daher auch legierte Germanium-Leistungstransistoren (AD...)
eingesetzt, weil diese eine kleinere Restspannung haben und so
vor allem bei niedrigen Speisespannungen einen guten Wirkungsgrad ergeben. Die Epitaxial-Planartransistoren haben im Vergleich zu den Planartransistoren ebenfalls eine wesentlich
kleinere Restspannung.
Weil die Restspannung bei geeigneten Transistoren weit unterhalb 1 V liegt, erreicht der Grenzwiderstand R_{gr} normalerweise
nur Bruchteile eines Ohms z.B. $R_{gr} = 0,2\,\Omega$.

Der Kennlinienverlauf innerhalb des durch die Grenzgerade, den
Strom I_{Cmax}, die Verlustleistungshyperbel, die Spannung U_{CEmax}
und die Abszisse in Bild 127 begrenzten Aussteuerungsbereiches
ist offensichtlich für die Leistungsabgabe und den Wirkungsgrad unwichtig. So hat z.B. die Neigung $\varkappa$ der Ausgangskennlinien (Bild 125), d.h. nach [1] Gl.(12) die Größe des Kurz-

schluß-Ausgangswiderstandes r_{2ek}, der nach [2] Gl.(51) und
(45) für die maximale Kleinsignal-Leistungsverstärkung entscheidend ist, auf die Abgabe maximaler Großsignal-Leistung
keinen Einfluß. Ebenso wenig spielen hierbei die Steilheit S
oder die Stromverstärkung β , die in fast jeder Kleinsignal-
Betriebsformel ([2] Abschn.4.1.1) als dominierende Größen vor-
kommen, eine Rolle. Diese Größen S und β bestimmen hier die
erforderlichen Steueramplituden $\hat{u}_{be}$ und $\hat{i}_c$, von denen in un-
serer Betrachtung vorausgesetzt wird, daß sie von der vorgeschalteten Treiberstufe aufgebracht werden.

Der Verlauf des Kennlinienfeldes innerhalb des möglichen Aussteuerungsbereiches ist allerdings entscheidend für den Klirrfaktor (siehe Abschn.5.8).

Lastwiderstand für symmetrische Aussteuerung
Er berechnet sich aus den Gln.(610) und (603) zu

$$r_{lw} = \left| \frac{U_{CE}^A}{I_C^A} \right| - 2\,R_{gr} \tag{623}$$

Danach ist klar, daß es zu jedem vorgegebenen Arbeitspunkt
nur einen r_{lw}-Wert gibt, der den symmetrischen A-Betrieb ermöglicht. Umgekehrt gehört zu jedem r_{lw}-Wert ein ganz bestimmter Arbeitspunkt im Kennlinienfeld. Folglich ist auch in Bild
126 jeder η_m-Wert an eine ganz bestimmte Arbeitspunktlage ge-
knüpft. Man darf also das Diagramm in Bild 126 nicht fälsch-
licherweise so auswerten, als käme es für einen großen Wirkungsgrad lediglich darauf an, einen möglichst großen Lastwiderstand r_{lw} zu wählen.
Dem Grenzfall η_m = 50 % kommt man nur nahe, wenn $r_{lw} \gg R_{gr}$ ist.
D.h. nach Gl.(623), daß man den Arbeitspunkt bei möglichst
großer Spannung U_{CE}^A und möglichst kleinem Ruhestrom I_C^A wählen
muß.
Der Wirkungsgrad η liegt bei einem Verstärker im A-Betrieb
stets unter 50 %.
Nimmt man die Aussage der Gl.(619) noch hinzu, so erkennt man,
daß mit einem Transistor im A-Betrieb im besten Fall nur eine

Wechselleistung erzielt werden kann, die höchstens halb so groß ist wie seine zulässige Verlustleistung:

$$P_{Lmax} \approx \frac{1}{2} P_{tot} \quad (\text{für } \vartheta_J = \vartheta_{Jmax}) \qquad (624)$$

Ein Transistor, der im A-Betrieb z.B. 4 W Wechselleistung an seine Last abgeben soll, muß also eine zulässige Verlustleistung von über 8 W haben bzw. umgekehrt: mit einem Transistor, für den 8 W Verlustleistung zugelassen sind, kann man bestenfalls im A-Betrieb eine Wechselleistung von unter 4 W entnehmen.

Beispiel 69: Im Ausgangskennlinienfeld eines Silizium-Leistungstransistors (BD...) liegt der Arbeitspunkt fest: $U_{CE}^A = 1,62$ V; $I_C^A = 0,9$ A. Der Grenzwiderstand R_{gr} hat etwa den Wert $0,3\,\Omega$.

Wie groß ist

a) der für den symmetrischen A-Betrieb erforderliche Lastwiderstand r_{lw},

b) die abgebbare Wechselleistung P_{Lm} und

c) der Wirkungsgrad η_m ?

L ö s u n g :   a) Der Lastwiderstand r_{lw} kann nicht beliebig gewählt werden, sondern er liegt nach Gl.(623) fest: $r_{lw}=1,2\,\Omega$.

b) $P_{Lm} \overset{(611)}{=} 486$ mW.

c) $\eta_m \overset{(621)}{=} 33$ %. Das gleiche Ergebnis erhält man mit $r_{lw}/R_{gr}=4$ aus Bild 126.

Spezialfall: Transistortyp und Spannung U_{CE}^A vorgegeben

In der Praxis tritt häufig der Fall auf, daß die Kollektor-Emitter-Gleichspannung durch zu beachtende Nebenbedingungen (z.B. festliegende Speisespannung U_B) bereits vorgegeben ist und nur noch der Ruhestrom I_C^A innerhalb gegebener Grenzen frei gewählt werden kann. Nach oben ist der Strom I_C^A bereits durch die Gln.(605) und (607) begrenzt. Da nach Gl.(623) mit steigendem Ruhestrom I_C^A der erforderliche Lastwiderstand r_{lw} ständig kleiner wird, kann es unterhalb der genannten Grenzen

einen Kollektorstromwert I_{Cgr}^A geben, bei dem der Lastwiderstand r_{lw} gerade den Wert Null annehmen muß. Aus Gl.(623)
folgt mit $r_{lw} = 0$ diese dritte obere Schranke zu

$$\left| I_C^A \right| < \left| I_C^A \right|_{gr} = \frac{\left| U_{CE}^A \right|}{2R_{gr}} \tag{625}$$

Für $\left| I_C^A \right| > \left| I_C^A \right|_{gr}$ wären zur Realisierung des A-Betriebes negative
Lastwiderstände erforderlich.

Welcher der aufgezählten Grenzwerte den Ausschlag gibt, ist
von Fall zu Fall und von Transistortyp zu Transistortyp verschieden. In dem Beispiel, das in Bild 127 aufgezeichnet wurde, ist die obere Schranke für den Kollektorstrom I_C^A durch den
Wert I_{Cgr}^A gegeben.

Die Darstellung in Bild 127 veranschaulicht auch den starren
Zusammenhang zwischen Arbeitspunktlage und r_{lw}-Wert, der oben
besonders betont wurde. Die Wechselstromarbeitsgerade verläuft
umso steiler, je größer der Strom $\left| I_C^A \right|$ ist. Große r_{lw}-Werte
und damit große Wirkungsgrade η_m (Bild 126) erzielt man da-
gegen mit kleinen Ruhestromwerten $\left| I_C^A \right|$, eine Feststellung, die
schon oben getroffen wurde.
Es bleibt jetzt noch die Frage zu klären, ob kleine $\left| I_C^A \right|$-Werte
bei vorgegebener Spannung U_{CE}^A auch zu einer möglichst großen
Leistung P_{Lm} führen. Die Antwort kann nicht unmittelbar aus
Gl.(611) abgelesen werden, weil der Lastwiderstand r_{lw} vom
Strom I_C^A abhängt. Wir müssen also in Gl.(611) den Widerstand
durch die Beziehung (623) ersetzen und erhalten so

$$P_{Lm} = \frac{1}{2} \left| I_C^A \right| \left| U_{CE}^A \right| - R_{gr} \left| I_C^A \right|^2 \tag{626}$$

In dem Spezialfall, den wir untersuchen, ist die Wechselleistung P_{Lm} also allein eine Funktion des Ruhestromes I_C^A. Die
Kurvendiskussion zeigt, daß die Leistung P_{Lm} einen Maximalwert

$$(P_{Lm})_{max} = \frac{\left| U_{CE}^A \right|^2}{16R_{gr}} \tag{627}$$

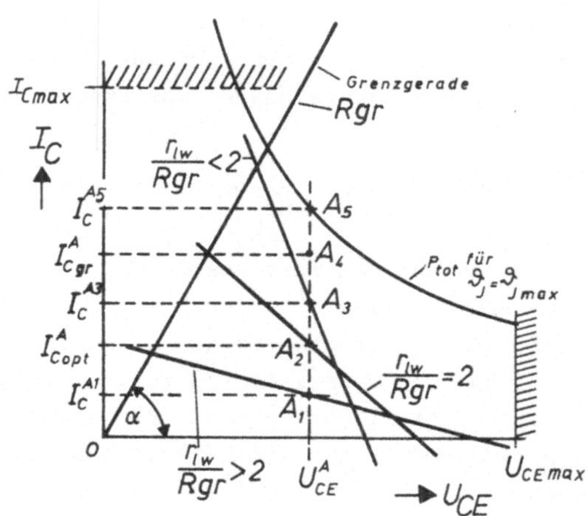

Bild 127 Zusammenhang zwischen Arbeitspunktlage und r_{lw}-Wert

bei dem <u>optimalen Kollektorruhestrom</u>

$$\left| I_C^A \right|_{opt} = \frac{\left| U_{CE}^A \right|}{4R_{gr}} \tag{628}$$

erreicht. Der zugehörige <u>optimale Lastwiderstand</u> ergibt sich
aus Gl.(623) zu

$$\left(r_{lw} \right)_{opt} = 2\,R_{gr} \tag{629}$$

In diesem für die abgegebene Wechselleistung P_{Lm} optimalen
Betriebsfall beträgt der Wirkungsgrad η_m nach Gl.(621) jedoch
nur 25 %.
Bei vorgegebener Spannung U_{CE}^A kann demnach die maximale Leistung $(P_{Lm})_{max}$ und ein Wirkungsgrad η_m nahe bei 50 % niemals
gleichzeitig bei demselben Kollektorruhestrom I_C^A erreicht werden. Der Wirkungsgrad strebt dann gegen 50 %, wenn der Lastwiderstand r_{lw} gegen unendlich, d.h. nach Gl.(623) der Strom
I_C^A gegen Null geht. Für $I_C^A = 0$ ist aber nach Gl.(626) auch die
Leistung P_{Lm} gleich Null. Diese Zusammenhänge werden übersicht-
licher, wenn man die Leistung P_{Lm} ebenfalls als Funktion des

Verhältnisses r_{1w}/R_{gr} bei konstanter Spannung U_{CE}^A ausrechnet. Aus Gl.(626) erhält man mit Gl.(623) zunächst

$$P_{Lm} = \frac{1}{2} \left| U_{CE}^A \right|^2 \frac{r_{1w}}{(r_{1w} + 2R_{gr})^2} \tag{630}$$

und nach zusätzlicher Normierung auf den Maximalwert aus Gl. (627) schließlich

$$\frac{P_{Lm}}{(P_{Lm})_{max}} = \frac{8 \dfrac{r_{1w}}{R_{gr}}}{\left(\dfrac{r_{1w}}{R_{gr}} + 2\right)^2} \tag{631}$$

Diese Beziehung ist in Bild 128 graphisch dargestellt.

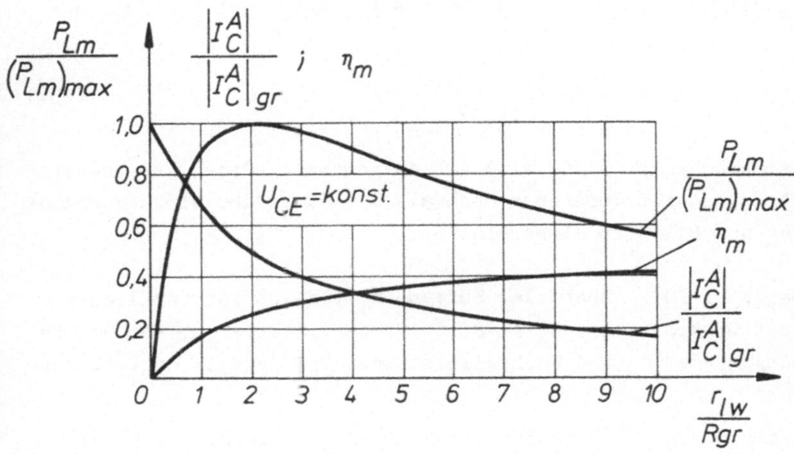

Bild 128 Verknüpfung zwischen den Größen I_C^A, P_{Lm}, η_m und r_{1w}

Verschiebt man den Arbeitspunkt im Ausgangskennlinienfeld auf einer Senkrechten ($U_{CE}=U_{CE}^A$=konst., Bild 127) so durchläuft das Verhältnis $P_{Lm}/(P_{Lm})_{max}$ unabhängig von dem festgelegten Wert U_{CE}^A jeweils die in Bild 128 dargestellte obere Kurve. Die absoluten Werte von P_{Lm} und $(P_{Lm})_{max}$ sind nach Gl.(630) und (627) jedoch von dem Spannungswert U_{CE}^A abhängig. Sie werden umso günstiger, je größer die Spannung $\left| U_{CE}^A \right|$ vorgegeben ist bzw.

je größer sie gewählt werden darf.

Anhand der Gl.(629) und der kleinen Größenordnung des Grenzwiderstandes R_{gr} ist zu erkennen, daß die Endtransistoren zur Erzielung einer möglichst großen Wechselleistung P_{Lm} praktisch im Kurzschluß betrieben werden.

Die Lage des Arbeitspunktes ist im Ausgangskennlinienfeld entweder durch die Angabe des Wertepaares U_{CE}^A und I_C^A oder beim symmetrischen A-Betrieb auch durch die Spannung U_{CE}^A und den Lastwiderstand r_{lw} eindeutig festgelegt. Die wichtigsten Zusammenhänge sind daher graphisch vollständig erfaßt, wenn man nun auch noch die Verknüpfung zwischen dem Strom I_C^A und dem Widerstand r_{lw} bei vorgegebener Spannung U_{CE}^A aufzeichnet. Hierzu findet man aus den Gln.(623) und (625) für den <u>normierten Kollektorruhestrom bei symmetrischem A-Betrieb</u> den Ausdruck

$$\frac{\left|I_C^A\right|}{\left|I_C^A\right|_{gr}} = \frac{2R_{gr}}{r_{lw} + 2R_{gr}} \tag{632}$$

der ebenfalls mit in Bild 128 aufgenommen wurde. Zur besseren Übersicht ist dort auch nochmals die Kurve des Wirkungsgrades η_m aus Bild 126 eingezeichnet.

<u>Beispiel 70</u>: Anhand der Kurven in Bild 128 ist für die Arbeitspunkte A_1 bis A_5 in Bild 127 zu diskutieren, welche Wirkungsgrade η_m und Wechselleistungen P_{Lm} jeweils erzielt werden.

L ö s u n g : Durchläuft man die Kurven in Bild 128 jeweils nach rechts in der Richtung für zunehmenden Lastwiderstand r_{lw}, so verschiebt sich der Arbeitspunkt in Bild 127 von oben nach unten, also von A_4 nach A_1.

Die aus Bild 128 ablesbaren Verknüpfungen sind in Tab.14 zusammengestellt.

Arbeitspunkt	$\dfrac{r_{1w}}{R_{gr}}$	$\left|I_C^A\right|$	P_{Lm}	η_m
A_1	>2	klein	$<(P_{Lm})_{max}$	$>25\,\%$
A_2 optimaler Arbeitspunkt	2	$\left|I_C^A\right|_{opt}$	$(P_{Lm})_{max}$	$25\,\%$
A_3	<2	groß	$<(P_{Lm})_{max}$	$<25\,\%$
A_4	0	$\left|I_C^A\right|_{gr}$	0	0
A_5	<0	nicht realisierbar		

Tabelle 14 Zu den Arbeitspunktlagen in Bild 127

<u>Beispiel 71</u>: Für einen Transistor mit den Daten $R_{gr} = 0,5\,\Omega$ $I_{Cmax} = 3$ A sind bei $U_{CE}^A = 2$ V die Kollektorruheströme I_C^A zu berechnen, bei denen jeweils eine Wechselleistung $P_{Lm} =$ $= 0,8(P_{Lm})_{max}$ erreicht wird. In welchen der ermittelten Arbeitspunkte ist der Wirkungsgrad η_m größer?

L ö s u n g : Die drei Kurven in Bild 128 sind aufgrund der verwendeten Normierung für jeden U_{CE}^A- und R_{gr}-Wert anwendbar. Sie können also zur Lösung der vorliegenden Aufgabe herangezogen werden. Man erkennt, daß die Forderung $P_{Lm}=0,8(P_{Lm})_{max}$ mit zwei r_{1w}-Werten erfüllbar ist. Einmal mit $r_{1w}/R_{gr} \approx 0,75$ und zum anderen mit $r_{1w}/R_{gr} \approx 5,2$. Die Berechnung nach Gl.(631) führt auf eine quadratische Bestimmungsgleichung für r_{1w}/R_{gr} mit den Lösungen $r_{1w}/R_{gr} = 0,76$ und $r_{1w}/R_{gr} = 5,24$. Der grössere Wirkungsgrad ist mit $r_{1w}/R_{gr} = 5,24$ zu erzielen. Nach Bild 128 gehört zu $r_{1w}/R_{gr} \approx 0,75$ das Verhältnis $\left|I_C^A\right|/\left|I_C^A\right|_{gr} \approx$ 0,73 bzw. zu $r_{1w}/R_{gr} \approx 5,2$ der Wert $\left|I_C^A\right|/\left|I_C^A\right|_{gr} \approx 0,28$. Da nach

Gl.(625) hier I_{Cgr}^{A} = 2 A gilt, gehört zum ersten Fall der Strom I_{C}^{A} = 1,46 A und im letzten Fall ist I_{C}^{A} = 0,56 A. Die Rechnung über Gl.(632) liefert die beiden Ruheströme I_{C}^{A}=1,45 A und 0,55 A.

Im Arbeitspunkt U_{CE}^{A} = 2 V; I_{C}^{A} = 0,55 A ist der Wirkungsgrad größer als im ebenfalls möglichen Arbeitspunkt U_{CE}^{A} = 2 V; I_{C}^{A} = 1,45 A; er erreicht nach Gl.(621) den Wert η_{m} = 36 %, im anderen Fall dagegen nur 14 %.

<u>Graphische Ermittlung des optimalen Arbeitspunktes</u>

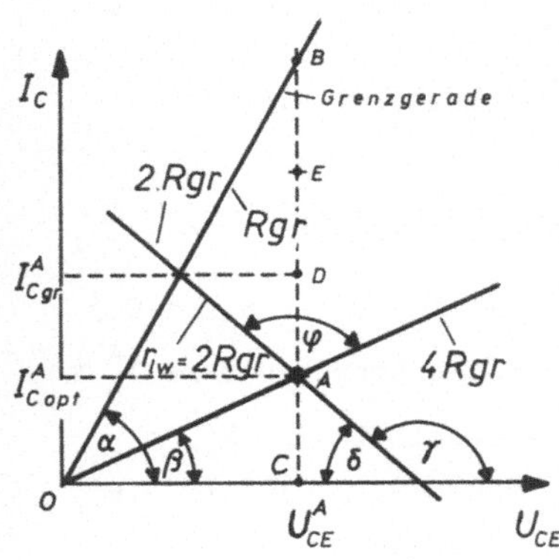

Bild 129
Graphische Ermittlung des optimalen Arbeitspunktes

Für verschiedene U_{CE}^{A}-Werte stellt die Gl.(628) eine Gerade mit der Steigung $1/(4R_{gr})$ durch den Ursprung des Ausgangskennlinienfeldes dar. Bei einer vorgegebenen Spannung U_{CE}^{A} liegt also der optimale Arbeitspunkt im Schnittpunkt der Geraden $|I_C| = |U_{CE}|/(4R_{gr})$ – sie wird hier der Kürze halber "$4R_{gr}$-Gerade" genannt – mit der Senkrechten $|U_{CE}| = |U_{CE}^{A}| =$ konst.

In Bild 129 ist ein qualitatives Beispiel gezeichnet.

Teilt man auf der in U_{CE}^{A} errichteten Senkrechten die Strecke $\overline{BC}$ in vier gleiche Teile ($\overline{AC} = \overline{AD} = \overline{DE} = \overline{BE} = \overline{BC}/4$), so liegt der untere Teilpunkt A auf der $4R_{gr}$-Geraden; er ist also der optimale Arbeitspunkt.

Der zweitunterste Teilpunkt D liegt in der Höhe von I_{Cgr}^{A}, weil entsprechend den Gln.(625) und (628) der Zusammenhang

$$\left|I_{C}^{A}\right|_{gr} = 2\left|I_{C}^{A}\right|_{opt} \tag{633}$$

besteht. Weiter ist zu beachten: nur für α = 70,53° ist β = $\alpha/2$ und φ = 90°.

Entsprechend den Ergebnissen aus Tab.14 kann man mit Hilfe der $4R_{gr}$-Geraden eine einfach zu merkende Bereichseinstellung vornehmen:

Zu Arbeitspunkten oberhalb der $4R_{gr}$-Geraden gehört der Wirkungsgrad $\eta_m < 25\,\%$.

Arbeitspunkte auf der $4R_{gr}$-Geraden ergeben den Wirkungsgrad $\eta_m = 25\,\%$.

Zu Arbeitspunkten unterhalb der $4R_{gr}$-Geraden gehört der Wirkungsgrad $\eta_m > 25\,\%$ (maximal $50\,\%$).

<u>Arbeitspunkt auf der Verlustleistungshyperbel</u>

Wir haben anhand des Ergebnisses (627) bereits festgestellt, daß die in den optimalen Arbeitspunkten auf der $4R_{gr}$-Geraden abgebbare Ausgangsleistung $(P_{Lm})_{max}$ umso größer ist, je grösser die Spannung $\left|U_{CE}^{A}\right|$ gewählt werden kann. Der Vergrößerung von $\left|U_{CE}^{A}\right|$ bei gleichzeitiger Einstellung des optimalen Arbeitspunktes ist jedoch eine Grenze gesetzt. Sie ist gegeben durch den Schnittpunkt der $4R_{gr}$-Geraden mit der Verlustleistungshyperbel (Arbeitspunkt A_4 in Bild 130). Da in diesem speziellen Arbeitspunkt

$$P_{tot}(\text{für } \vartheta_J = \vartheta_{Jmax}) = \left|U_{CE}^{A}\right|_{gr} \left|I_{C}^{A}\right|_{opt} \qquad (634)$$

gilt, folgt mit Gl.(628) daraus die obere Schranke für die Spannung U_{CE}^{A} im Optimalfall $r_{1w} = 2R_{gr}$:

$$\left|U_{CE}^{A}\right|_{gr} = \sqrt{4R_{gr}P_{tot}(\text{für } \vartheta_J = \vartheta_{Jmax})} \qquad (635)$$

Weil für alle Arbeitspunkte auf der $4R_{gr}$-Geraden der Wirkungsgrad $\eta_m = 25\,\%$ beträgt, besteht für sie nach den Gln.(621) und (617) der Zusammenhang

$$P_{Lm} = (P_{Lm})_{max} = \frac{P_{tot}}{4} \qquad (636)$$

Daraus wird nochmals klar, daß die Ausgangsleistung P_{Lm} umso größer wird, je weiter der Arbeitspunkt auf der $4R_{gr}$-Geraden nach oben verschoben werden kann, weil damit die Verlustleistung P_{tot} des Transistors ständig zunimmt.

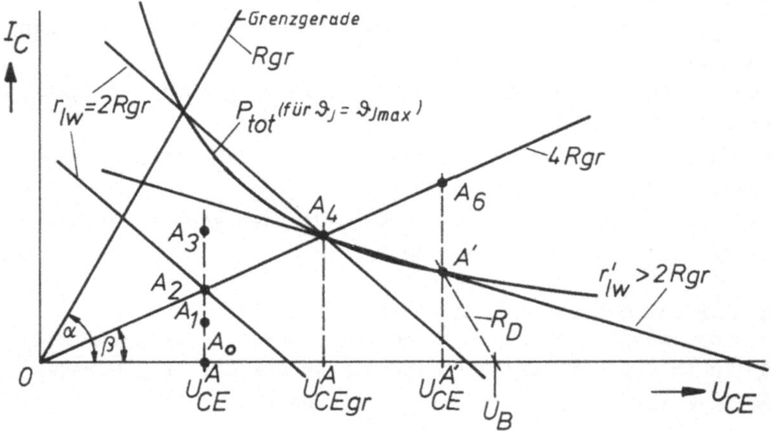

Bild 130 Zur Erzielung größerer Ausgangsleistungen in
Arbeitspunkten A' auf der Verlustleistungshyperbel

Im Arbeitspunkt A_4 erreicht die Wechselleistung so den realisierbaren Höchstwert

$$P_{Lm} = \frac{1}{4} P_{tot} \ (\text{für } \vartheta_J = \vartheta_{Jmax}), \tag{637}$$

der allerdings nur halb so groß ist wie der in Gl.(624) angegebene absolute Maximalwert P_{Lmax}. Wir wollen daher noch untersuchen, mit welcher Arbeitspunktlage man in die Nähe dieses
absoluten Maximums P_{Lmax} kommt.
Die Antwort ist leicht zu finden, wenn man von der aus den
Gln.(620) und (617) herleitbaren Beziehung

$$P_L \approx \eta \, P_{tot} \tag{638}$$

ausgeht. Die Ausgangsleistung P_L kann demnach vergrößert werden, wenn es gelingt, den Wirkungsgrad η zu vergrößern, ohne
daß die Verlustleistung gleichzeitig entsprechend abnimmt. Um
zu einem größeren Wirkungsgrad zu kommen, ist der Arbeitspunkt
zunächst einmal unterhalb der $4R_{gr}$-Geraden zu wählen. Man verschiebt daher den Arbeitspunkt in Bild 130 ausgehend von A_4

entlang der Verlustleistungshyperbel z.B. nach A'. Hierbei
bleibt die Verlustleistung P_{tot} konstant und der Wirkungsgrad
η nimmt zu. Die Ausgangsleistung P_L ist also im Arbeitspunkt
A' größer als in A_4. Dies trifft zu, obwohl A_4 ein optimaler
Arbeitspunkt auf der $4R_{gr}$-Geraden ist und der Arbeitspunkt A'
weit unterhalb dieser Geraden liegt, also keinen optimalen
Arbeitspunkt darstellt (zu $U_{CE}=U_{CE}^{A'}$ gehört der technisch nicht
realisierbare optimale Arbeitspunkt A_6).
Die Zunahme der Wechselleistung P_{Lm} ist auf diesem beschriebenen Weg also offensichtlich größer als ihre zwangsläufige Abnahme infolge der Abweichung vom optimalen Arbeitspunkt. Dieser Leistungsgewinn kann auch sehr anschaulich aus der Gl.(626)
abgelesen werden: verschiebt man den Arbeitspunkt von A_4 nach
A', so bleibt der Minuend $\left|I_C^A\right|\left|U_{CE}^A\right|/2$ konstant, während der
Subtrahend $R_{gr}\left|I_C^A\right|^2$ immer mehr abnimmt; die Differenz P_{Lm} wird
somit größer. Im Grenzfall strebt I_C^A gegen Null und η_m gegen
50 % sowie die Ausgangsleistung gegen den in Gl.(624) angegebenen Extremwert. Das letztere wird deutlich, wenn wir noch
die Ausgangsleistung P_{Lm}' für Arbeitspunkte A' auf der Verlustleistungshyperbel mit Gl.(626) berechnen

$$P_{Lm}'= \frac{1}{2} P_{tot}(\text{für } \vartheta_J= \vartheta_{Jmax}) \left[1-2R_{gr}\frac{P_{tot}(\text{für } \vartheta_J= \vartheta_{Jmax})}{\left|U_{CE}^{A'}\right|^2}\right] \quad (639)$$

Eine Arbeitspunktverschiebung bei konstanter Spannung U_{CE}^A z.B.
in Bild 130 von A_2 nach A_o führt zwar auch zu einer Vergrös-
serung des Wirkungsgrades η, sie ergibt aber gleichzeitig eine
stärkere Abnahme der Verlustleistung P_{tot}, so daß im Endeffekt
nach Gl.(638) auf diese Weise kein Leistungsgewinn zu erzielen
ist.

In jeder Beziehung günstige Betriebsbedingungen ergeben sich,
wenn man bei frei wählbarem Arbeitspunkt diesen auf die Ver-
lustleistungshyperbel zu einer hohen Spannung $\left|U_{CE}^A\right|$ legt. Be-
achtet werden muß allerdings, daß bei Annäherung an den in
Gl.(624) angegebenen günstigsten Fall die Verzerrungen immer
stärker zunehmen. Außerdem ist stets die Grenze in Gl.(606)

einzuhalten.

Arbeitspunkte A' auf der Verlustleistungshyperbel erfordern
nach Gl.(623) stets einen Lastwiderstand der Größe

$$r'_{lw} = \frac{\left|U_{CE}^{A'}\right|^2}{P_{tot}(\text{für } \vartheta_J = \vartheta_{Jmax})} - 2R_{gr} \qquad (640)$$

Ein kurzzeitiges Aussteuern des Arbeitspunktes im Gebiet etwas oberhalb der Verlustleistungshyperbel ist in der Regel zu
vertreten, weil beim A-Verstärker die Verlustleistung $P^{\sim}_{tot}$
nach Gl.(618) proportional zur Aussteuerung abnimmt. In Bild
130 ist mit dem Arbeitspunkt A_4 ein Beispiel angegeben.

Beispiel 72: Ein NPN-Germanium-Leistungstransistor (AD...)
mit den absoluten Grenzdaten ϑ_{Jmax} = 90°C, I_{Cmax} = 3 A; U_{CEO}
= 20 V soll im A-Betrieb in einer Endstufe gemäßt dem Schaltungsprinzip aus Bild 124 eingesetzt werden. Die maximale
Umgebungstemperatur beträgt 50°C. Die Kühlmaßnahmen sind so
getroffen, daß der Wärmewiderstand R_{thJU} den Wert 40 K/W nicht
überschreitet. Im Arbeitspunkt soll die Kollektor-Emitter-
Gleichspannung 0,8 V betragen. Das Ausgangskennlinienfeld des
Transistors ist in Bild 131 wiedergegeben.
a) Wie groß ist die zulässige Verlustleistung?
b) Welchen Wert muß der reelle Lastwiderstand r_{lw} haben, damit
der Wirkungsgrad bei Vollaussteuerung 25 % beträgt; welcher
Kollektorruhestrom ist dafür erforderlich und welche Ausgangsleistung P_{Lm} wird bei Vollaussteuerung erreicht?
c) Die Verlustleistungshyperbel und die Wechselstromarbeitsgerade sind in das Ausgangskennlinienfeld einzuzeichnen.
d) Wie groß ist die erforderliche Batteriespannung, wenn die
Gleichstromverluste in der Drossel vernachlässigbar sind?
e) Angenommen, der Arbeitspunkt könne frei gewählt werden,
wohin wäre er zu legen, damit die Ausgangsleistung P_{Lm} und
gleichzeitig der Wirkungsgrad η_m möglichst groß sind?
Welche Werte für die Leistung P_{Lm} und den Wirkungsgrad η_m
lassen sich erreichen?

L ö s u n g :

a) Nach [1] Gl.(67)
ist P_{tot}(für ϑ_J =

$\quad \vartheta_{Jmax}$) = (90°C

$-50°C)/(40°C/W)$ =

1 W.

b) Aus dem Kennlinienfeld in Bild 131 kann man ablesen: Grenzwinkel $\alpha \approx 78°$; Maßstabsfaktor $\varrho_R \approx 1,1\,\Omega$ Mit Gl.(595) ist $R_{gr} \approx$ $1,1\,\Omega/\tan 78° = 0,23\,\Omega$ Es muß der optimale Arbeitspunkt gewählt werden, d.h.

$r_{lw} \overset{(629)}{=} 2R_{gr} = 0,46\,\Omega;$

$I_{Copt}^{A} \overset{(628)}{=} 0,87\ A;$

$(P_{Lm})_{max} \overset{(627)}{=} 174\ mW.$

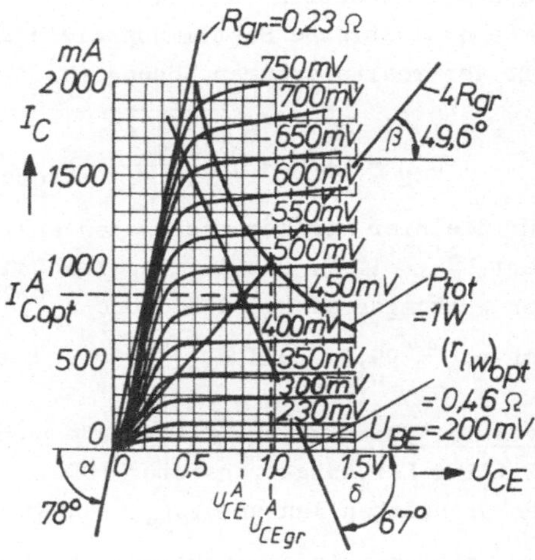

Bild 131
Ausgangskennlinien zu Beisp.72

c) Siehe Bild 131. Die Grenzen aus den Gln.(605) bis (607) werden nicht überschritten.

d) $U_B = U_{CE}^{A} = 0,8$ V.

e) Der Arbeitspunkt ist auf die Verlustleistungshyperbel zu legen und die Spannung U_{CE}^{A} muß so groß wie möglich gewählt werden. Die Grenze aus der Gl.(606) ist voll auszunützen:

$$U_{CE}^{A'} + \hat{u}_{cem} = U_{CEO} \tag{641}$$

Schreiben wir für die zulässige Verlustleistung P_{tot}(für ϑ_J = ϑ_{Jmax}) hier kurz P_{totzul}, so gilt

$$\hat{u}_{cem} \overset{(604)}{=} I_C^{A'} r_{lw}' = \frac{P_{totzul}\, r_{lw}'}{U_{CE}^{A'}} \overset{(640)}{=} \frac{(U_{CE}^{A'})^2 - 2P_{totzul}\, R_{gr}}{U_{CE}^{A'}} \tag{642}$$

Nach dem Einsetzen von Gl.(642) in (641) ergibt sich daraus eine quadratische Bestimmungsgleichung für die Spannung $U_{CE}^{A'}$ mit der realisierbaren Lösung ($U_{CE}^{A'} > 0$)

$$U_{CE}^{A'} = \frac{U_{CEO}}{4} + \sqrt{\frac{(U_{CEO})^2}{16} + P_{totzul}R_{gr}} \qquad (643)$$

Für die hier vorliegenden Daten ergibt sich aus Gl.(643) der Wert $U_{CE}^{A'} = 10$ V. Die Ausgangsleistung beträgt $P_{Lm}' \overset{(639)}{=} 498$ mW und der Wirkungsgrad hat die Größe $\eta_m \overset{(638)}{=} P_{Lm}'/P_{tot} = 49,8$ %. Weiter ist $r_{1w}' \overset{(640)}{=} 99,5$ Ω und $\hat{u}_{cem} \overset{(642)}{=} 10$ V. Hier ist $U_{CErest} \approx 0$ V.

<u>Beispiel 73</u>:   In der NF-Endstufe nach Bild 132 wird ein NPN-Silizium-Leistungstransistor (BD...) verwendet. Seine absoluten Grenzdaten lauten: $I_{Cmax} = 1$ A; $U_{CEO} = 80$ V; $\vartheta_{Jmax} = 150^{\circ}$C. Der Leistungs-Innenwiderstand des Transistors hat etwa den Wert $R_{gr} = 1\,\Omega$. Die Kühlverhältnisse und die maximale Umge-

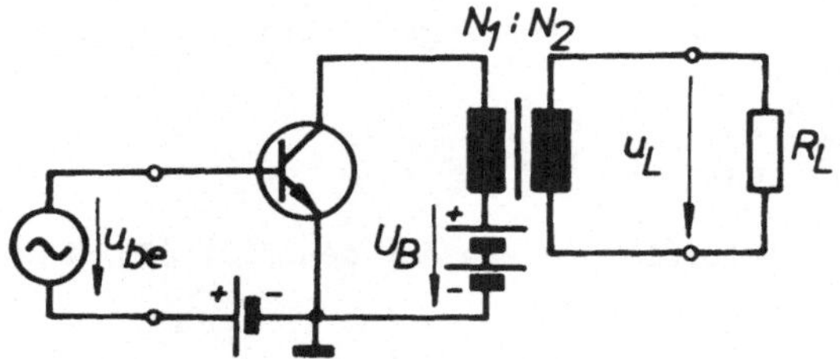

Bild 132   NF-Endstufe mit Transformator

bungstemperatur liegen so, daß bei einer Transistorverlustleistung von 21 W die maximale Sperrschichttemperatur von 150°C erreicht wird. Der Lastwiderstand $R_L = 4\,\Omega$ soll über einen Transformator an den Transistor angekoppelt werden, und der Transistor soll mit einer Speisespannung $U_B = 40,4$ V im symmetrischen A-Betrieb arbeiten.

a) Man lege den Arbeitspunkt so, daß bei Vollaussteuerung die Kollektor-Emitterspannung den Grenzwert U_{CEO} erreicht. Der Arbeitspunkt ist anzugeben.

b) Welches Übersetzungsverhältnis $ü = N_1/N_2$ muß der ideale Übertrager haben?

c) Wie groß ist die Signalamplitude $\hat{u}_{Lm}$ am Lastwiderstand R_L bei Vollaussteuerung?

d) Wie groß ist die vom Transistor abgegebene Wechselleistung bei Vollaussteuerung?

e) Wie groß ist der Wirkungsgrad bei Vollaussteuerung?

f) Welche Verlustleistung tritt am Transistor bei ständiger Vollaussteuerung auf?

g) Welchen Gleichleistungsbetrag liefert die Batterie an die Schaltung bei 1.) Vollaussteuerung

2.) fehlender Aussteuerung?

h) Wie groß ist der mittlere Batteriestrom?

L ö s u n g :

a) Die schematische
Zeichnung in Bild
133 erleichtert den
Lösungsweg. Aus ihr
liest man ab:

$\hat{u}_{cem} = U_{CEmax} - U_{CE}^A.$

Da der ideal zu be-
trachtende Übertra-
ger keine Gleich-
stromverluste hat,
ist $U_{CE}^A = U_B = 40{,}4$ V

und somit $\hat{u}_{cem} = 39{,}6$ V.

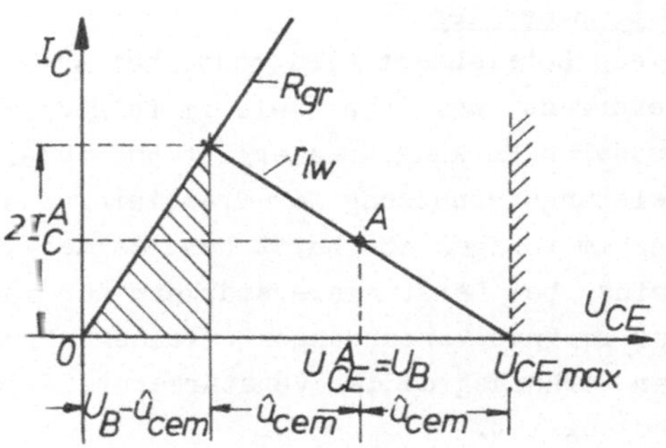

Bild 133
Aussteuerungsschema zu Beisp. 73

Aus dem schraffier-
ten Steigungsdreieck
der Grenzgeraden kann
weiter abgelesen werden: $R_{gr} = (U_B - \hat{u}_{cem})/(2I_C^A)$. Der Kollektorstrom beträgt somit $I_C^A = 0{,}4$ A. Die Grenzen in den Gln.(605)
bis (607) werden mit dem Arbeitspunkt $I_C^A = 0{,}4$ A; $U_{CE}^A = 40{,}4$ V
nicht überschritten.

b) Der Lastwiderstand r_{lw}, den der Transistor sieht, ist der
auf die Primärseite des Übertragers transformierte Widerstand
R_L. Für das Übersetzungsverhältnis des Transformators muß

somit gelten: $ü = N_1/N_2 = \sqrt{r_{1w}/R_L'}$. Aus Gl.(623) folgt zunächst $r_{1w} = 99\,\Omega$ und damit schließlich $ü \approx 5$.

c) $\hat{u}_{Lm} = \hat{u}_{cem}/ü = 7,9$ V.

d) $P_{Lm} \overset{(611)}{=} 7,9$ W.

e) $\eta_m \overset{(621)}{=} 49$ %.

f) $P_{tot} \overset{(617)}{=} 16,16$ W; $P^\sim_{tot} \overset{(618)}{=} 8,3$ W.

g1) und g2) Im A-Betrieb ist die Batterieleistung unabhängig von der Aussteuerung. Sie beträgt hier nach Gl.(617) 16,16 W.

h) Der mittlere Batteriestrom ist gleich dem mittleren Kollektorstrom: $\overline{I}_{Batt} = \overline{I}_C = I_C^A = 0,4$ A.

5.6. B-Betrieb

Diese Betriebsart wird heute bei NF-Endstufen mit Transistoren bevorzugt, weil sie - wie im folgenden gezeigt wird - einen besseren Wirkungsgrad ergibt und dadurch auch eine bessere Leistungsausnutzung der Transistoren ermöglicht.

Der im vorigen Abschnitt behandelte A-Betrieb wird im allgemeinen bei Leistungsverstärkern nur dort angewendet, wo man auf geringe Verzerrungen (kleiner Klirrfaktor) Wert legt und der Wirkungsgrad der Verstärkerstufe von untergeordneter Bedeutung ist.

Aus der im Bild 123b) dargestellten Arbeitspunktlage geht hervor, daß nur während der positiven Halbwelle der Steuerspannung u_{be} im Ausgangskreis des Transistors ein Strom i_c fließt. Während der negativen Halbwelle des Steuersignals ist der Transistor gesperrt. Das in dieser Zeit anliegende Teilsignal wird also nicht verarbeitet. Man muß daher einen zweiten Transistor heranziehen, der nur die negative Signalhalbwelle verstärkt. Der erforderliche zusätzliche Aufwand ist der Preis, den man bezahlen muß, um den oben erwähnten besseren Wirkungsgrad zu erzielen.

Es gibt eine Vielzahl von Schaltungsausführungen, mit denen man jeweils erreichen kann, daß die beiden Transistoren wie beschrieben "im Gegentakt" arbeiten. Die klassischen Schal-

tungsbeispiele für Gegentakt-B-Endstufen erfordern einen
Treiber- und Ausgangsübertrager, [15] S.153. Diese Bauteile
bringen aber in Transistorschaltungen mehr Nach- als Vorteile.
Die wichtigsten <u>Nachteile eines Übertragers</u> sind: zunächst der
nach tiefen und hohen Frequenzen begrenzte Übertragungsbereich,
der nur durch eine raffinierte Wickeltechnik etwas vergrößert
werden kann. Bei der Auslegung eines Übertragers ergeben sich
sehr viele widerstrebende Forderungen. So muß man z.B. zur
Herabsetzung seiner unteren Grenzfrequenz seine Windungszahl
und seinen Eisenquerschnitt vergrößern. Damit steigen aber
das Gewicht, die Kupferverluste und schließlich die Wicklungs-
kapazitäten. Die letzteren setzen zusammen mit der Streuinduk-
tivität des Übertragers seine obere Grenzfrequenz herab.

Weiter entstehen bei der nach jeder Halbwelle der anliegenden
Wechselspannung erforderlichen Ummagnetisierung des Eisens
Verluste und nichtlineare Verzerrungen.
Gute NF-Leistungsverstärker sind normalerweise auch gegengekoppelt, um eine Verbesserung der Wiedergabequalität (kleiner
Klirrfaktor) zu erreichen. Bei den klassischen Schaltungsausführungen ist daher nicht selten der Ausgangsübertrager mit in
das Gegenkopplungsnetzwerk einbezogen. In diesen Fällen besteht bei der unteren und oberen Grenzfrequenz des Übertragers
die Gefahr der Instabilität, weil im Transformator dort Pha-
sendrehungen auftreten können, die aus der gewollten Gegenkopplung eine Mitkopplung werden lassen.
Bedenkt man außerdem noch, daß durch das Streufeld des Übertragers benachbarte Filter beeinflußt werden können und daß
Transformatoren ein hohes Gewicht haben, viel Platz brauchen,
für gedruckte Schaltungen unvorteilhaft und unwirtschaftlich
sind, weil sie einen hohen Preis haben, so ist es verständ-
lich, daß man heute fast ausschließlich übertragerlose, sog.
<u>eisenlose</u> Gegentakt-Endstufen verwendet.
Der folgende Abschnitt beschäftigt sich daher ausschließlich
mit eisenlosen Endstufen. Darüberhinaus beschränkt sich die
Darstellung auf die gebräuchlichste Schaltungsvariante mit
komplementären Transistoren, wodurch der Treibertransformator

bzw. die früher erforderliche Phasenumkehrstufe eingespart
werden kann.

Komplementäres Endstufen-Transistorpaar

Zwei Transistoren bezeichnet man als komplementär, wenn sie
bei entgegengesetzter Zonenfolge weitgehend übereinstimmende
elektrische Eigenschaften haben. Ein komplementäres Transistorpaar besteht also stets aus einem NPN- und einem PNP-
Transistor, die im Hinblick auf die Übereinstimmung ihrer wesentlichen Eigenschaften von der Industrie paarweise ausgesucht und angeboten werden. (Angabe im Datenblatt: z.B. AC...
komplementär zu AC... oder BC.../BC... komplementär gepaart.)
Bei der paarweisen Auswahl wird insbesondere auf eine ausrei-
chende Gleichheit der Kollektorstromabhängigkeit der Gleich-
stromverstärkung B geachtet, [1] Bild 42.
Trifft man diese beschriebene Auswahl innerhalb eines Transistortyps, so erhält man ein Transistorpaar, das möglichst
gleiche Kennlinien und Kenndaten hat, aber keine entgegengesetzte Zonenfolge aufweist. Man spricht hier von "gepaarten
Transistoren", die ebenfalls von der Industrie angeboten werden (Datenblatt: z.B. "AD... gepaart lieferbar"). Setzt man
ein solches Transistorpaar in einer Gegentakt-B-Endstufe ein,
so muß zu ihrer Aussteuerung eine Phasenumkehrstufe, [4] S.134
verwendet werden.

Komplementär-Gegentakt-B-Endstufe

Die Wirkungsweise dieser heute am häufigsten in guten NF-
Leistungsverstärkern verwendeten Schaltungsausführung soll zunächst an ihrer einfachsten in Bild 134 dargestellten Schaltungsvariante erklärt werden.

Gleichstrombetrachtung:

Die beiden Endtransistoren T_2 und T_3 sind für Gleichstrom in
Serie geschaltet, d.h. es gilt

$$\left| U_{CE3}^A \right| + \left| U_{CE2}^A \right| = \left| U_B \right| \tag{644}$$

bzw.

$$U_{CE2}^A - U_{CE3}^A = U_B \tag{645}$$

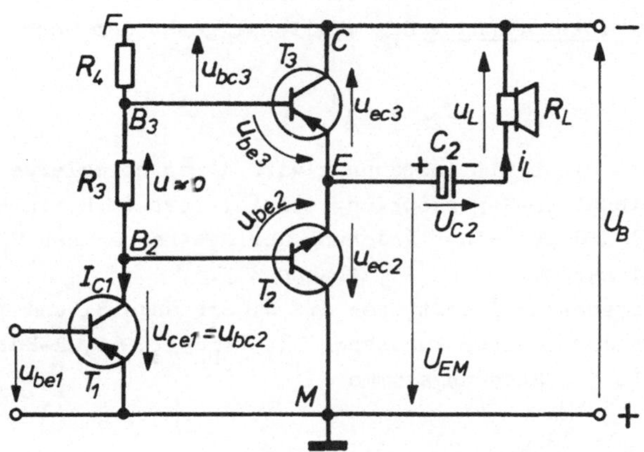

Bild 134   Grundprinzip einer eisenlosen Endstufe

Die Arbeitspunkteinstellung wurde bereits in [1] Beisp.2 besprochen.

Um den B-Betrieb zu gewährleisten, wird die Vorspannung U_{BE}^{A} der beiden komplementären Transistoren T_2 und T_3 jeweils etwa gleich groß wie ihre Schleusenspannung U_S gewählt, Bild 123b). Beide Transistoren haben dann einen sehr kleinen Ruhestrom,

$$I_{C2}^{A} = -I_{C3}^{A} \approx 0.$$

Da die Transistoren auch im Hinblick auf gleiche Gleichstromeigenschaften ausgesucht wurden, sind die Kollektor-Emitter-Spannungen gleich groß. Entsprechend Gl.(644) gilt

$$U_{CE2}^{A} = -U_{CE3}^{A} = \frac{U_B}{2} \tag{646}$$

Der gemeinsame Emitterpunkt E in Bild 134 ist somit gegenüber dem Punkt C am Minuspol der Batterie um $U_B/2$ positiver. Der Elektrolytkondensator C_2 wird daher beim Einschalten der Endstufe auf die Spannung

$$U_{C2} = \frac{U_B}{2} \tag{647}$$

aufgeladen.

Damit die Schaltung symmetrisch ausgesteuert werden kann, muß
die sog. Mittenspannung U_{EM} möglichst genau den Wert

$$U_{EM} = \frac{-U_B}{2} \tag{648}$$

einhalten. Diese Mittenspannung wird daher normalerweise durch
eine Gleichstrom-Gegenkopplung stabilisiert (z.B. in Bild 140
durch R_6) und bei einer Änderung der Speisespannung U_B entsprechend nachgeführt, [15] Abschn.2.3.3.
Ohne Aussteuerung fließt über die Widerstände R_3 und R_4 praktisch nur der Treiber-Ruhestrom I_{C1}^A ($I_{B2}^A = I_{B3}^A \approx 0$, B-Betrieb).
Somit gilt die Spannungssumme

$$I_{C1}^A R_4 + U_{BE3}^A + U_{EM} = -U_B \tag{649}$$

in der die geringe Vorspannung U_{BE3}^A vernachlässigbar ist.
Damit die (hier negative) Mittenspannung U_{EM} nach Gl.(648)
eingehalten wird, muß der Treiber-Ruhestrom demnach den Betrag

$$\left| I_{C1}^A \right| \approx \frac{|U_B| - |U_{EM}|}{R_4} \approx \frac{|U_B|}{2R_4} \tag{650}$$

annehmen. Seine Kollektor-Emitterspannung ist dabei etwa gleich
groß wie die Mittenspannung U_{EM}, weil die Basisvorspannung
U_{BE}^A der Endtransistoren vernachlässigbar ist: $U_{CE1}^A \approx -U_B/2$. Der
Treibertransistor T_1 arbeitet also nicht im B-Betrieb, sondern
im A-Betrieb.

<u>Wechselstrombetrachtung:</u>
In [1] Bild 12 wurde bereits gezeigt, daß beide Endtransistoren in der Kollektor-Schaltung arbeiten. Diese Grundschaltungs-
art wird meistens für Komplementär-Endstufen gewählt, weil
dann die Arbeitspunkte für beide Endtransistoren gemeinsam
stabilisiert werden können und außerdem ein Pol der Speise-
quelle U_B an Masse gelegt werden kann. Außerdem erhält man
einen besseren Frequenzgang und wesentlich geringere Verzerrungen als mit der Emitter-Schaltung, weil sich die Kollektor-
Schaltung als stark gegengekoppelte Emitter-Schaltung auffassen

läßt, [2] S.197. Durch Gegenkopplung läßt sich ja bekanntlich
der Frequenzgang und der Klirrfaktor eines Verstärkers verbessern.

Aus [1] Bild 12 ist leicht zu erkennen, daß beide Kollektor-
Schaltungen am Ein- und Ausgang parallelgeschaltet sind. Wechselstrommäßig liegen die beiden Endtransistoren also parallel,
gleichstrommäßig dagegen in Reihe.

Durch die wechselstrommäßige Parallelschaltung der Transistor
ausgänge und infolge des niedrigen Ausgangswiderstandes r_{2c}
einer Kollektor-Schaltung ist die Ausgangsimpedanz der gesam-
ten Endstufe niederohmig. Dies eröffnet die Möglichkeit, den
Ausgang direkt mit der ebenfalls niederohmigen Schwingspule
eines Lautsprechers verbinden zu können. Die Schaltung arbeitet dann in der Nähe der ausgangsseitigen Anpassung, die sich
gewöhnlich nicht ideal erreichen läßt, weil die Endstufe so
ausgelegt werden muß, daß die Endtransistoren die geforderte
Ausgangsleistung P_L bei einer vorgegebenen Betriebsspannung
U_B liefern können.

Weil der Spannungsteilerwiderstand R_3 sehr niederohmig ist
($R_3 \ll R_4$) sind die Eingangsspannungen der beiden Endtransistoren etwa gleich groß und gleich der Ausgangsspannung des Treibertransistors T_1 (vergl. [1] Bild 12):

$$u_{bc3} \approx u_{bc2} = u_{ce1} \qquad (651)$$

Da es sich um Kollektor-Schaltungen handelt, ist die Ausgangsspannung u_{ec} etwas kleiner als die Eingangsspannung u_{bc}
(Spannungsverstärkung etwas kleiner als eins); beide Spannungen sind außerdem phasengleich:

$$u_{bc3} \approx u_{ec3} \approx u_{bc2} \approx u_{ec2} \qquad (652)$$

Weiter gilt allgemein nach [1] Gl.(5)

$$u_{be3} = u_{bc3} - u_{ec3} ; \qquad u_{be2} = u_{bc2} - u_{ec2} \qquad (653)$$

Damit ergeben sich folgende Aussteuerungsverhältnisse:
Während der positiven Halbwelle der Treibersteuerspannung u_{be1}
sind die Spannungen u_{ce1}, u_{bc2}, u_{bc3}, u_{be2}, u_{be3}, u_{ec2}, u_{ec3}

jeweils negativ (Phasendrehung der Emitter-Schaltung von T_1).
Durch den B-Betrieb sind beide Endtransistoren ohne Aussteuerung ($u_{be1} = 0$) praktisch gesperrt. Die positive Halbwelle
von u_{be1} öffnet also nur den oberen PNP-Transistor T_3 ($u_{be3} < 0$),
während der untere NPN-Transistor T_2 ($u_{be2} < 0$) gesperrt bleibt.

Bei der negativen Halbwelle der Steuerspannung u_{be1} sind alle
gerade aufgezählten Spannungen positiv, so daß jetzt der obere
Transistor T_3 gesperrt ist und der untere NPN-Transistor T_2
($u_{be2} > 0$) geöffnet wird.
Aufgrund dieses Zusammenspiels sagt man, daß die Endtransistoren "antiparallel" oder noch gebräuchlicher "im Gegentakt"
arbeiten. Daher kommt der Begriff "<u>Gegentaktschaltung</u>".
Zum leichteren Verständnis der Wirkungsweise dieser Endstufe
ist es zweckmäßig, wenn man die an sich notwendigen Vorspannungen U_{BE2} und U_{BE3} zunächst gleich Null setzt. Hierzu ist
der Widerstand R_3 in Bild 134 durch einen Kurzschluß zu ersetzen. Man erhält so die in Bild 135 gezeichnete wieter ver-
einfachte Schaltung, bei der die Zusammenhänge zwischen den
entscheidenden Wechselgrößen überschaubar werden.

<u>Positive Halbwelle der Treibersteuerspannung u_{be1}</u>
Die Transistoren T_1 und T_2 sind gesperrt und der Transistor
T_3 ist leitend (Bild 135a).
Weil die Endtransistoren gleichstrommäßig in Reihe geschaltet
sind und der Transistor T_2 gesperrt ist, kann die Speisespannung U_B keinen Strom für den leitenden Transistor T_3 liefern.
Der Transistor T_3 schließt aber den Entladestromkreis des
Kondensators C_2. Die Kondensatorspannung $U_B/2$ wirkt in dieser
Halbwelle daher als "Speisespannung" für den Transistor T_3.
Durch diese Energieentnahme wird der Kondensator C_2 etwas ent-
laden. Der hierdurch bedingten Schwankung der "Speisespannung"
für T_3 muß durch die Verwendung eines genügend großen Kondensators C_2 begegnet werden (C_2 = 250 ... 1000 µF).
Der Entladestrom des Kondensators C_2 fließt als Laststrom i_L
(negative Halbwelle von i_L) über die Schwingspule des Lautsprechers und ruft an dessen Scheinwiderstand R_L (typisch:

R_L = 4; 8 oder 16 Ω) die Ausgangsspannung u_L hervor. Es gilt

$$i_L = -i_{e3} \approx i_{c3} \qquad\qquad (654)$$

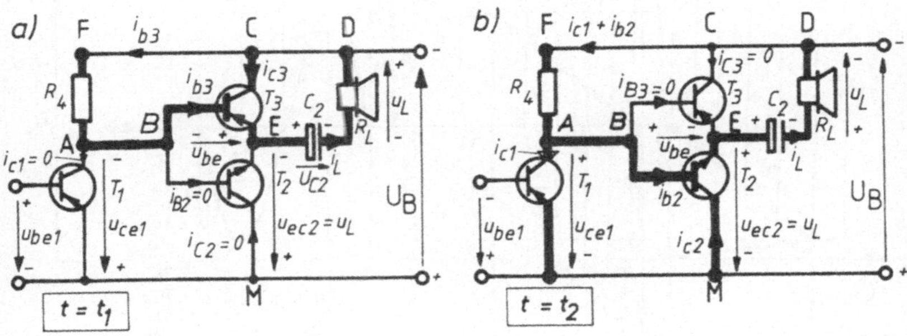

Bild 135 Zur Wirkungsweise der Endstufe
a) positive   b) negative Halbwelle von u_{be1}
(stromführende Pfade sind dicker gezeichnet)

<u>Negative Halbwelle der Treibersteuerspannung u_{be1}</u>
Die Transistoren T_1 und T_2 sind leitend und der Transistor T_3
ist gesperrt (Bild 135b).
Durch den leitenden Transistor T_2 ist der Kondensator C_2 wieder mit dem Pluspol der Speisespannung U_B verbunden, so daß
der Kollektorstrom

$$i_{c2} \approx - i_{e2} = i_L \qquad\qquad (655)$$

über den Lautsprecher diesen Kondensator C_2 wieder aufladen
kann. Dieser Ladestrom stellt für den Lautsprecher einen Laststrom i_L jetzt in entgegengesetzter Richtung (positive Halbwelle von i_L) dar. Die Endstufe entnimmt also nur während dieser Halbperiode aus der Batterie Strom. Während der nächsten
Halbwelle übernimmt der Kondensator C_2 die Stromversorgung
der Endstufe.
Die Endtransistoren T_2 und T_3 wirken also jeweils eine Halbperiode lang als Wechselspannungsgenerator für den Lastwiderstand R_L.

Bild 136 Darstellung der Aussteuerung einer
Komplementär-Gegentakt-B-Endstufe

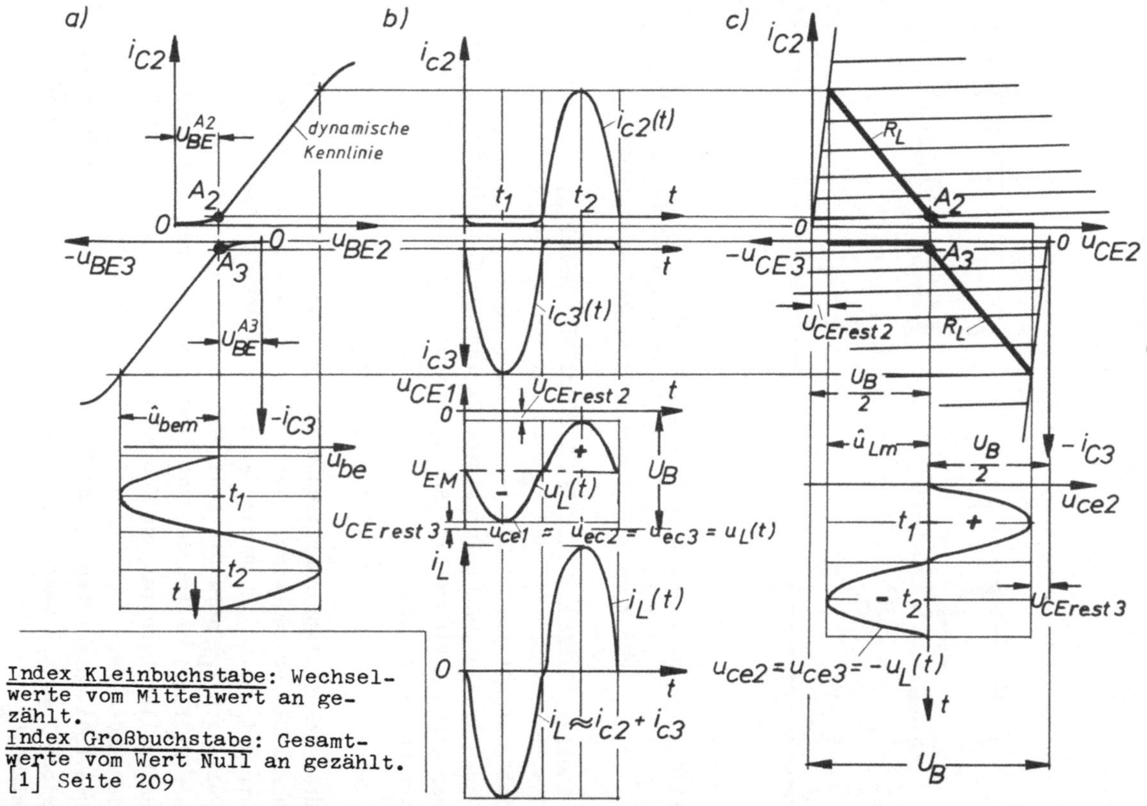

In Bild 136 ist die Aussteuerung der Endstufe anhand der Kennlinien dargestellt. Da die Steuerspannung u_{ce1} gleichzeitig auf die beiden Endtransistoren einwirkt, werden die Kennlinien dieser beiden Transistoren nicht separat angegeben, sondern vielmehr die dynamischen Spannungssteuerkennlinien und die Ausgangskennlinienfelder beider Transistoren jeweils in einem Diagramm zusammengefaßt. Es ergibt sich dann eine anschauliche Darstellung des Gegentakt-B-Betriebes.

Die Steigung der Wechselstrom-Arbeitsgeraden ist für jeden Endtransistor durch die Lautsprecherimpedanz R_L gegeben.

Wir erkennen jetzt aus dem Bild 136c) deutlich, was oben bereits erwähnt wurde: nur bei dem Ruhewert der Mittenspannung $U_{EM} = -U_{CE2} = U_{CE3} = -U_B/2$ ist eine symmetrische Vollaussteuerung der Endstufe möglich, weil dann die positive und negative Halbwelle der Spannung u_L durch die Restspannungen $U_{CErest2}$ und $U_{CErest3}$ bei der gleichen Amplitude $\hat{u}_{Lm}$ begrenzt werden.

Bei Vollaussteuerung hat die Ausgangsspannung fast die Amplitude

$$\hat{u}_{Lm} \approx \frac{U_B}{2} \tag{656}$$

Weiter kann man aus der Zeichnung in Bild 136c) entnehmen, daß an dem jeweils gesperrten Transistor fast die volle Batteriespannung U_B liegen kann. Bei der Transistorauswahl muß also auf die Bedingung

$$U_{CEOmax} > U_B \tag{657}$$

geachtet werden.

<u>Treiber-Speisepunkt F am "heißen" Ende des Lautsprechers</u>

In Bild 136 ist angenommen, daß der Endtransistor T_3 durch die Ausgangsspannung u_{ce1} des Treibertransistors T_1 bis auf seine Restspannung $U_{CErest3}$ durchgesteuert werden kann (siehe auch Bild 135a). In den Bildern 136b) und c) erreicht daher die Ausgangsspannung u_{EC2} im Zeitpunkt $t = t_1$ bei Vollaussteuerung den negativen Höchstwert

146

$$u_{EC2min} = U_{EM} + u_L(t) = -U_B/2 - \hat{u}_{Lm} =$$

$$= -U_B/2 - (U_B/2 - |U_{CErest3}|) = -(U_B - |U_{CErest3}|) \approx -U_B \tag{658}$$

Weil in der Schaltungsausführung nach Bild 134 bzw. 135 der negative Basisstrom i_{b3} des leitenden Transistors T_3 über den Kollektorwiderstand R_4 des Treibertransistors T_1 fließt, kann dessen Kollektorspannung u_{CE1} jedoch nicht den negativen Höchstwert $-U_B$ erreichen, sondern nur den Augenblickswert

$$u_{CE1min} = -(U_B - \hat{\imath}_{b3m} R_4) \tag{659}$$

Durch diese Begrenzung der Kollektorspannung u_{CE1} des Treibertransistors T_1 wird der Endtransistor T_3 nicht voll durchgesteuert. Da die Endstufentransistoren jeweils in Kollektor-Schaltung betrieben werden, ist deren Spannungsverstärkung fast gleich eins, also gilt $u_{EC2} \approx u_{CE1}$. Damit wird entsprechend Gl.(659) auch die Spannung u_{EC2} in der negativen Halbwelle von u_L durch den Spannungsabfall $R_4 i_{b3}$ begrenzt, so daß der in Gl.(658) angegebene Wert nicht erreicht werden kann. Der im Zeitpunkt $t = t_1$ bei Vollaussteuerung erreichbare Wert läßt sich aus Bild 135a) ablesen:

$$u_{EC2min} = -(U_B - R_4 \hat{\imath}_{b3m} - \hat{u}_{be3m}) \tag{660}$$

Um die Aussteuerung des Transistors T_3 zu erhöhen, müßte man den Widerstand R_4 verkleinern, dann wäre die negative Amplitude $\hat{u}_{ec2m} = \hat{u}_{Lm}$ und damit die Lautsprecherleistung P_{Lm} grösser. Dieser einfache Weg kann aber nicht beschritten werden, weil einmal durch den kleineren Widerstand R_4 nach Gl.(650) der Treiberruhestrom $|I_{C1}^A|$ und damit die Verlustleistung in T_1 ansteigt, außerdem geht dann auch der größte Teil der vom Treibertransistor T_1 abgegebenen Wechselleistung in R_4 verloren (vergl. [1] Bild 12).

Der Aussteuerbereich des Endtransistors T_2 ist nicht eingeschränkt; er läßt sich im Zeitpunkt $t = t_2$ bis auf den Augenblickswert

$$u_{EC2max} = -(\hat{u}_{be2m} + |U_{CErest1}|) \tag{661}$$

aussteuern, wie aus Bild 135b) hervorgeht.

Um den Aussteuerungsbereich des Transistors T_3 zu vergrößern, wird der Speisepunkt F des Treibertransistors T_1 direkt mit dem "heißen" Ende des Lautsprechers verbunden, siehe Bild 137a).

Die Speisespannung am Punkt F beträgt jetzt ohne Aussteuerung

$$U_{FM} = -(U_{C2} + U_{CE3}^A + U_B) = -U_B \qquad (662)$$

weil $U_{C2} = -U_{CE3}^A = U_B/2$ gilt. Im Zeitpunkt $t = t_1$, wenn der Transistor T_3 durchgesteuert ist, wird zur Batteriespannung U_B

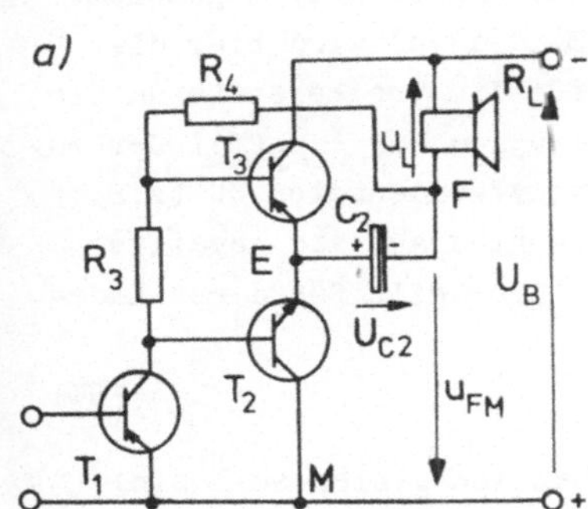
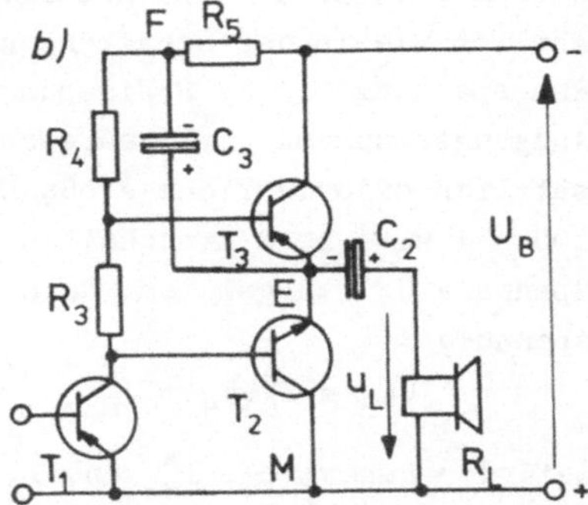

Bild 137 Schaltungsprinzipien für eisenlose Endstufen

die Ladespannung $U_{C2} = U_B/2$ in Reihe geschaltet, so daß die Speisespannung u_{FM} für die Treiberstufe jetzt den Augenblickswert $u_{FMmin} = -3U_B/2$ erreicht. Man erkennt daraus, daß die Speisespannung der Treiberstufe nun aus der Überlagerung der Batteriespannung U_B mit der Ausgangsspannung u_L besteht:

$$u_{FM} = -U_B + u_L(t) \qquad (663)$$

Die Batteriespannung U_B wird also für die Treiberstufe um die Ausgangsspannung u_L "aufgestockt". Auf diese Weise kann auch der

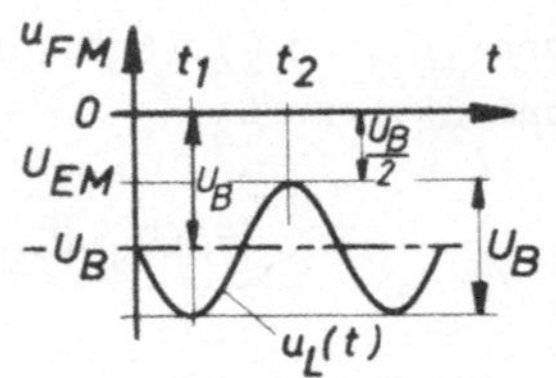

Bild 138
Spannungsverlauf zur
Anordnung in Bild 137a)

Transistor T_3 voll ausgesteuert werden.

Von Nachteil ist, daß der Treiberruhestrom I_{C1}^A in dieser Schaltungsvariante direkt über den Lautsprecher fließt, wodurch man eine geringfügige Verschiebung der Lautsprechermembrane in Kauf nehmen muß (Gleichstromvormagnetisierung). Aus diesem Grund wird dieses Schaltungsprinzip nur bei kleineren Geräten (Batteriegeräte) mit geringer Ausgangsleistung angewendet.

<u>Kapazitive Ankopplung des Treiber-Speisepunktes F</u>

Für Verstärker mit mittlerer oder großer Ausgangsleistung wird das in Bild 137b) gezeigte Schaltungsprinzip angewandt. Ähnlich wie in der Schaltung nach Bild 137a) wird hier die Ruhespannung U_{FM} am Speisepunkt F für die Treiberstufe um die Ausgangsspannung $u_L(t)$ aufgestockt: $u_{FM} = U_{FM} + u_L(t)$. Der zusätzlich erforderliche große Elektrolytkondensator C_3 (z.B. 100 µF) wird beim Einschalten des Gerätes auf die negative Spannung U_{FE} aufgeladen. Nach Bild 137b) gilt für diese Ladespannung

$$U_{FE} = I_{C1}^A R_4 + U_{BE3}^A \tag{664}$$

weil die Ruheströme I_{B2}^A und I_{B3}^A praktisch gleich Null sind (B-Betrieb). Aus Bild 137b) läßt sich weiter die Maschengleichung

$$I_{C1}^A (R_4 + R_5) + U_{BE3}^A + U_{EM} = -U_B \tag{665}$$

ablesen. Eliminiert man mit dieser Beziehung den Treiberruhestrom I_{C1}^A in Gl.(664), so erhält man die Ladespannung des Kondensators C_3:

$$-U_{FE} = (U_B - |U_{EM}|)\frac{R_4}{R_4 + R_5} + |U_{BE3}^A|\frac{R_5}{R_4 + R_5} \tag{666}$$

Die Mittenspannung U_{EM} beträgt auch hier etwa $-U_B/2$.

Über den Wechselstromkurzschluß des Kondensators C_3 wird der Gleichspannung $U_{FM} = U_{FE} + U_{EM} = -(U_B - |I_{C1}^A|R_5)$ die Ausgangswechselspannung $u_L(t)$ überlagert, so daß die gesamte Speisespannung u_{FM} der Treiberstufe am Punkt F die in Bild 139a) angegebenen Augenblickswerte erreicht. Durch diese Zusatzspannung u_L wird der vom Basisstrom i_{b3} an den Widerständen R_4 und R_5 erzeugte Spannungsabfall, der die Aussteuerbarkeit des Endtransistors T_3 während der negativen Halbwelle von u_L begrenzt, wieder ausgeglichen.

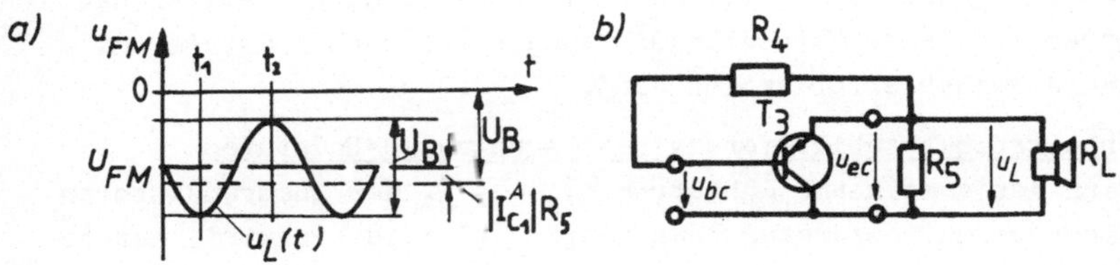

Bild 139   Zum Schaltungsprinzip in Bild 137b)
          a) Spannungsverlauf
          b) Ersatzschaltung vergl. [2] Bild 61b)

Der zusätzliche Widerstand R_5 verhindert, daß in dieser Schaltungsanordnung der Lautsprecher durch die Batterie kurzgeschlossen wird. Wie das in Bild 139b) für den Transistor T_3 gezeichnete Wechselstromersatzschaltbild zeigt, wird dieser Widerstand R_5 über die Kondensatoren C_2 und C_3 sowie über die Batterie wechselstrommäßig parallel zum Lautsprecher geschaltet. Der Wirkungsgrad der Schaltung wird hierdurch etwas verschlechtert.

Den Widerstand R_5 wählt man daher in der Größenordnung $R_5 \geq 10 R_L$, [15] S.182.

Um die Vollaussteuerung des Transistors T_3 zu gewährleisten, muß der Widerstand R_4 zwischen einem oberen und unteren Grenzwert gewählt werden, [15] S.180.

Über den Kondensator C_3 entsteht eine Wechselstromverbindung zwischen dem Punkt F und dem Ausgang E der Endstufe. Wie in Bild 139b) angegeben, kommt der Widerstand R_4 hierdurch zwischen den Ein- und Ausgang der Kollektor-Schaltung des Transistors T_3 zu liegen. Über R_4 fließt daher fast kein Wechselstrom, weil die Kollektor-Schaltung eine Spannungsverstärkung nahe bei eins hat, $u_{bc} \approx u_{ec}$.

Man erkennt, daß durch das Hinzufügen der Bauelemente C_3 und R_5 aus der normalen Kollektor-Schaltung für den Transistor T_3 die in [2] S.177ff behandelte "bootstrap"-Anordnung entsteht. In der Schaltungsanordnung nach Bild 137b) fließt der Ruhestrom des Treibertransistors nicht über den Lautsprecher. Dies ist ein großer Vorteil, wenn bei getrennt aufgestellten Lautsprechern lange Verbindungsleitungen zwischen Endstufe und Lautsprecher erforderlich sind.

Arbeitspunktstabilisierung bei Gegentakt-B-Endstufen
Wenn der gemeinsame Ruhestrom $I_{C2}^A = -I_{C3}^A$ der Endtransistoren nicht gegen Temperaturschwankungen stabilisiert wird, entstehen bei niedrigen Temperaturen infolge eines zu kleinen Ruhestromes Verzerrungen der Ausgangsspannung u_L (Übernahmeverzerrungen). Bei hohen Temperaturen besteht die Gefahr, daß die Endtransistoren thermisch überlastet werden oder daß eine thermische Instabilität auftritt.
Die Methode, den Ruhestrom der Endtransistoren durch eine Gleichstrom-Gegenkopplung über einen Emitterwiderstand R_E zu stabilisieren, kann hier nur stark beschränkt angewendet werden. Der Emitterwiderstand R_E ist in Endstufen im allgemeinen unerwünscht, weil er einen Verstärkungsverlust bedeutet. Durch den Gleichspannungsabfall an R_E läßt sich nämlich die Speisespannung U_B bei der Aussteuerung der Endtransistoren nicht voll ausnutzen. Der Aussteuerbereich und damit die Ausgangsspannung u_L werden dadurch eingeschränkt. Der Leistungsbedarf von R_E setzt außerdem den Wirkungsgrad der Schaltung herab.

Der Emitterwiderstand kann in Gegentakt-B-Endstufen auch nicht mit einem Kondensator zur Vermeidung einer Wechselstrom-Gegenkopplung überbrückt werden, weil er immer nur von Stromhalbwellen in einer Richtung durchflossen wird. Dieser Kondensator würde sich also bei den unterschiedlich großen Aussteuerungsamplituden auf verschieden hohe Spannungen aufladen, die den Arbeitspunkt der Endtransistoren verändern und so zu Verzerrungen führen.

Falls trotzdem Emitterwiderstände in der Endstufe verwendet
werden, dürfen sie nur sehr kleine Werte haben (typisch:
$R_E = 0,5\,\Omega$).
Zur Stabilisierung des Ruhestromes der beiden Endtransistoren
benutzt man den in [1] Abschn.10.6 bereits behandelten Basis-
spannungsteiler mit NTC-Widerstand. In Bild 140 ist ein typi-
sches Beispiel für eine Komplementär-Endstufe angegeben.

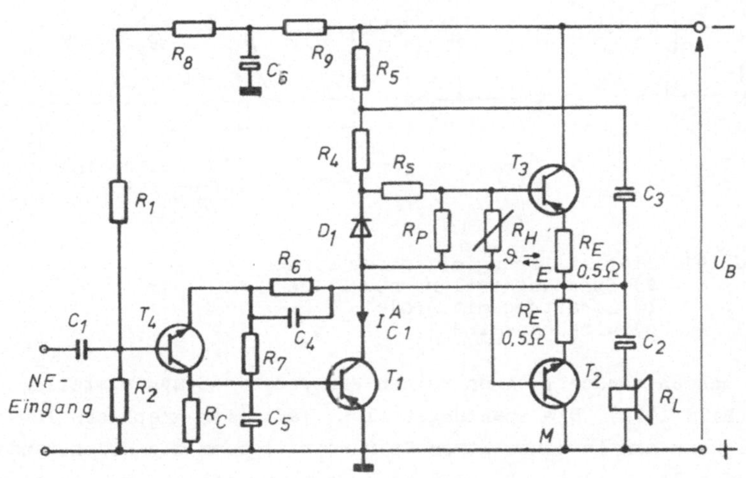

Bild 140 Komplementär-Endstufe

Um den Einfluß von Speisespannungsschwankungen zu vermindern,
wird häufig wie hier in der Schaltung nach Bild 140 zusätzlich zur NTC-Stabilisierung noch eine Stabilisierung mit einer
in Durchlaßrichtung betriebenen Diode angewandt.

Arbeitspunktstabilisierung mit einer Diode

Diese Stabilisierungsmethode wird hauptsächlich in Gegentakt-
B-Endstufen verwendet. Hierzu wird der untere Widerstand R_1
des Basis-Spannungsteilers (Bild 141a) durch eine Diode, die
in Durchlaßrichtung betrieben ist, ersetzt (Bild 141b).
Um die Wirkungsweise überblicken zu können, bedienen wir uns

einer graphischen Methode (Bild 141c).

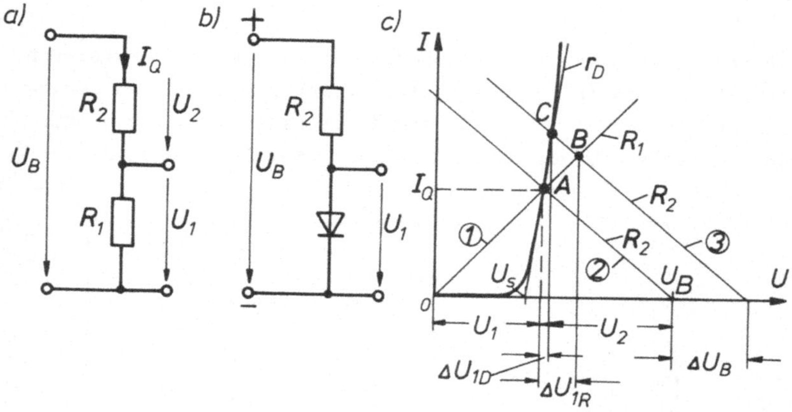

Bild 141   Stabilisierung mit einer Diode
           a) Spannungsteiler ohne Diode
           b) Schaltung mit Diode
           c) Wirkungsweise

Wir nehmen zunächst einen reinen Widerstands-Spannungsteiler
an (Bild 141a). Die Spannungsteilung läßt sich graphisch lö-
sen, wenn man in einem Strom-Spannungsdiagramm die Widerstandsgeraden der beiden Teilerwiderstände so einträgt, daß die eine
(Bild 141c, Kennlinie ①) im Ursprung beginnt und die andere
entgegengesetzt vom Wert der zu teilenden Gesamtspannung U_B
ausgeht (Kennlinie ②). Da beide Widerstände in Reihe geschaltet sind, müssen sie den gleichen Strom führen. Dies ist nur
im Schnittpunkt A der beiden Geraden der Fall. Senkrecht unter
diesem Schnittpunkt können auf der Spannungsachse, wie in
Bild 141c) gezeigt ist, die Teilspannungen U_1 und U_2 abgelesen
werden.
Vergrößert sich nun die Speisespannung U_B um den Betrag ΔU_B,
so verschiebt sich die Widerstandsgerade ② nach rechts in die
Lage ③. Unterhalb dem neuen Schnittpunkt B läßt sich dann
sehr anschaulich die resultierende Änderung ΔU_{1R} der Teilspannung U_1 ablesen.

Diese graphische Methode kann auch angewandt werden, wenn der
untere Teilerwiderstand durch eine Diode ersetzt wird (Bild
141b). In dem Strom-Spannungsdiagramm nach Bild 141c) ist
dann lediglich die Widerstandsgerade ① durch die Durchlaß-
kennlinie der Diode zu ersetzen. Wir erkennen, daß jetzt bei
einer Speisespannungsänderung $\varDelta U_B$ der Schnittpunkt C maßgebend ist. Die resultierende Änderung $\varDelta U_{1D}$ der Teilspannung U_1
ist wesentlich geringer als die Schwankung $\varDelta U_{1R}$ beim einfachen Widerstands-Spannungsteiler.

Die stabilisierende Wirkung ist umso besser, je größer die
Schleusenspannung U_S der Diode und je kleiner ihr differentiel-
ler Widerstand r_D im Arbeitspunkt ist. Weil die Schleusen-
spannung bei Silizium-Dioden größer ist als bei Germanium-
Dioden, verwendet man für diese Stabilisierung ausschließlich
Silizium-Dioden.

Es gibt noch einen weiteren Vorteil, den man bei der Dioden-
stabilisierung ausnützt: Die Durchlaßspannung der Diode hat
ebenso wie die Basis-Emitter-Spannung der Transistoren einen
negativen Temperaturkoeffizienten, [1] Bild 22. Hierdurch erfolgt ähnlich wie beim Spannungsteiler mit NTC-Widerstand
eine zusätzliche Temperaturkompensation, wenn man die Diode
in thermischen Kontakt mit einem der Endtransistoren anordnet.

Weitere Angaben zur Arbeitspunktstabilisierung von Endstufen
siehe z.B. [15] Abschn.2.1.4, 2.1.5, 2.3.3; [16] S.273ff.

Für die Mittenspannung U_{EM} gilt in der Schaltung aus Bild 140
die Beziehung

$$U_{EM} \approx -\left[U_B - \left| I_{C1}^A \right| (R_4 + R_5) - \left| U_{BE3}^A \right| \right] \tag{667}$$

Die Spannungsabfälle an R_S und R_E sind hierbei vernachlässigbar. Diese Mittenspannung muß wie bereits erwähnt stabilisiert
werden, damit stets eine symmetrische Vollaussteuerung der
Endstufe möglich ist. Wie man aus der Gl.(667) erkennen kann,
kommt es hierbei in erster Linie darauf an, den Ruhestrom I_{C1}^A
des Treibertransistors T_1 konstant zu halten. Hierzu dient die
in der Schaltung nach Bild 140 enthaltene Gleichstrom-Gegen-

kopplung über den Widerstand R_6. Die Mittenspannung U_{EM} wird über den Widerstand R_6 auf den Emitter des Transistors T_4 ("Vorstufe") zurückgeführt. Am Transistor T_4 ist dann ein Vergleich dieser Spannung mit der unteren Teilspannung des Basis-Spannungsteilers R_1, R_2 möglich. Durch die zusätzliche galvanische Ankopplung des Treibertransistors T_1 an die Vorstufe (T_4) erhält man insgesamt eine ausgezeichnete Stabilisierung des Treiberstromes I_{C1}^A.

Zusammen mit dem Kondensator C_4 ergibt der Widerstand R_6 auch noch eine wichtige frequenzabhängige Wechselstrom-Gegenkopplung. Sie arbeitet nach dem Prinzip der in [2] Bild 71 angegebenen Spannungs-Spannungs-Gegenkopplung und ist durch das Verhältnis der Widerstände R_6 und R_7 bestimmt. Die Gegenkopplungsspannung entsteht am nicht kapazitiv überbrückten Emitterwiderstand R_7 der Vorstufe, auf den über die Treiberstufe (T_1) hinweg die Ausgangsspannung u_L rückgekoppelt wird. Die Eigengegenkopplung der Vorstufe über den Widerstand R_7 ist von untergeordneter Bedeutung.

Diese Wechselstrom-Gegenkopplung linearisiert den Frequenzgang der Endstufe und verringert vor allem deren Klirrfaktor.

Berechnungen zum B-Betrieb

In Bild 136c) wurde bereits gezeigt, daß die Aussteuerungsverhältnisse beim B-Betrieb ganz analog wie beim A-Betrieb (Bild 125) im Ausgangskennlinienfeld der Endtransistoren dargestellt werden können. Zur leichteren Orientierung ist für die nachfolgende Rechnung in Bild 142 nochmals das Kennlinienfeld des NPN-Transistors T_2 mit der zugehörigen Widerstandsgeraden r_{lw} gezeichnet. Bei Vernachlässigung des Ruhestromes ($I_C^A \approx 0$) und des Reststromes liegt der Arbeitspunkt auf der Abszissenachse bei der halben Batteriespannung, Gl.(646).

Bei Vollaussteuerung mit einem sinusförmigen Steuersignal beträgt die von <u>einem</u> Transistor an den Lastwiderstand r_{lw} <u>abgegebene Wechselstromleistung</u>

$$P_{Lm} = \frac{1}{4}\,\hat{i}_{cm}\hat{u}_{cem} \tag{668}$$

Hier steht jetzt der Faktor 1/4 statt wie sonst 1/2, weil der
einzelne Transistor nur während einer Halbperiode für den
Lastwiderstand r_{lw} als Generator wirkt.

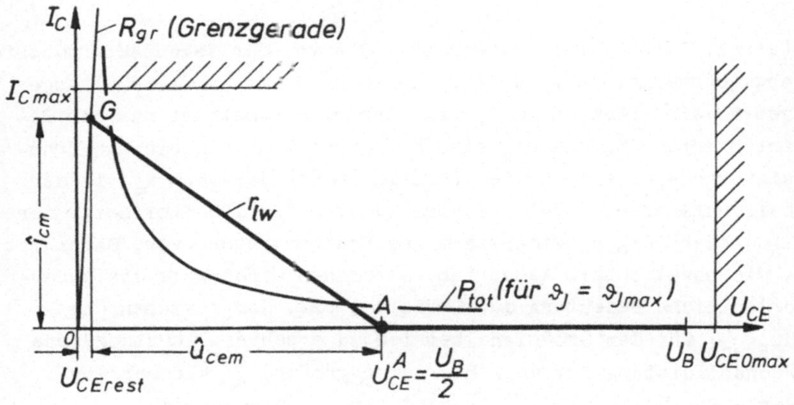

Bild 142   Aussteuerungsverhältnisse beim B-Betrieb

Aus Bild 142 lassen sich die Beziehungen

$$\hat{u}_{cem} = \left| U_{CE}^A \right| - \left| U_{CErest} \right| \tag{669}$$

$$\left| U_{CErest} \right| = \hat{i}_{cm} R_{gr} \tag{670}$$

$$\hat{u}_{cem} = \hat{i}_{cm} r_{lw} = \hat{u}_{Lm} \tag{671}$$

ablesen. Eliminiert man in Gl.(669) mit Hilfe der Gl.(670) die
Restspannung und setzt anschließend das Ergebnis gleich der
Gl.(671), so folgt

$$\hat{i}_{cm} = \frac{\left| U_{CE}^A \right|}{r_{lw} + R_{gr}} \tag{672}$$

mit Gl.(671) gilt dann auch

$$\hat{u}_{cem} = \left| U_{CE}^A \right| \frac{r_{lw}}{r_{lw} + R_{gr}} \tag{673}$$

und durch Einsetzen der Gln.(672) und (673) in Gl.(668) erhält man schließlich je Transistor

$$P_{Lm} = \frac{1}{4} \left| U_{CE}^A \right|^2 \frac{r_{1w}}{(r_{1w}+R_{gr})^2} \tag{674}$$

(vergl.Gl.(630) beim A-Betrieb). Die von der Gegentakt-Endstufe
abgegebene Leistung ist doppelt so groß als in Gl.(674) angegeben. Wir erkennen, daß auch hier beim B-Betrieb nur die Be-
triebsdaten U_{CE}^A und r_{1w} eine Rolle spielen. Als einzige Tran-
sistorgröße steht nur der formale Grenzwiderstand R_{gr} in der
Leistungsformel (674). Es kommt also weder die Steilheit, der
Ein- oder Ausgangswiderstand des Endtransistors vor. Daran ist
- wie bereits beim A-Betrieb besprochen - nochmals die außer-
ordentliche Bedeutung der Größe R_{gr} bzw. der Restspannung
U_{CErest} für den Großsignalbetrieb zu ersehen. Die abgegebene
Wechselleistung ist auch hier umso größer, je kleiner die
Werte für R_{gr} bzw. U_{CErest} sind (steile Grenzgerade).

Um den _Wirkungsgrad_ der Endstufe berechnen zu können, benötigen wir die von der Batterie an einen Endtransistor während
einer Periode gelieferte Gleichleistung. Da während der Sperr-
phase des Transistors der Kollektorstrom praktisch gleich Null
ist und die Batterie nur während der Leitzeit des Transistors
Gleichstrom liefert, müssen wir im folgenden mit dem Mittelwert $\overline{I}_c$ des Kollektorwechselstromes rechnen:

$$\left| \overline{I}_c \right| = \frac{1}{T} \int\limits_0^{T/2} \hat{i}_c \sin \omega t \, dt = \frac{\hat{i}_c}{\pi} \tag{675}$$

verwendet man noch den Zusammenhang (672), so gilt bei Vollaussteuerung auch

$$\left| \overline{I}_{cm} \right| = \frac{\hat{i}_{cm}}{\pi} = \frac{1}{\pi} \frac{\left| U_{CE}^A \right|}{r_{1w} + R_{gr}} \tag{676}$$

Die während einer Aussteuerungsperiode von der Batterie an
einen Endtransistor gelieferte Gleichstromleistung ist also
im Gegensatz zum A-Betrieb,Gl.(617),hier abhängig von der

Aussteuerungsamplitude $\hat{i}_c$. Sie beträgt bei Vollaussteuerung

$$P_{\ominus\,m}^{\sim} = \left|\overline{I}_{cm}\right| \cdot \left|\overline{U}_{CE}\right| \tag{677}$$

Von Vorteil ist, daß die in den Aussteuerungspausen ($\hat{i}_c = 0$) von der Batterie an die B-Endstufe zu liefernde Gleichleistung vernachlässigbar klein ist ($P_\ominus \approx 0$).

Da die mittlere Kollektor-Emitter-Spannung $\overline{U}_{CE}$ nach Bild 136c) bzw. Bild 142 gleich der Ruhespannung $U_{CE}^A = U_B/2$ (siehe auch Gl.(599)) ist, liefert die Batterie je Transistor bei Vollaussteuerung die <u>Gleichleistung</u>

$$P_{\ominus\,m}^{\sim} = \frac{1}{\pi}\,\frac{\left|U_{CE}^A\right|^2}{r_{1w} + R_{gr}} = \frac{\hat{i}_{cm}}{\pi}\,\left|U_{CE}^A\right| \tag{678}$$

Die von der Batterie an beide Endtransistoren gelieferte Gleichleistung ist doppelt so groß.

Nach der Definition in Gl.(620) errechnet sich der <u>Wirkungsgrad im B-Betrieb</u> zu

$$\eta_m = \frac{P_{Lm}}{P_{\ominus\,m}^{\sim}} = \frac{\pi}{4}\,\frac{r_{1w}}{r_{1w} + R_{gr}} \tag{679}$$

Dieser Zusammenhang ist in Bild 143 dargestellt.

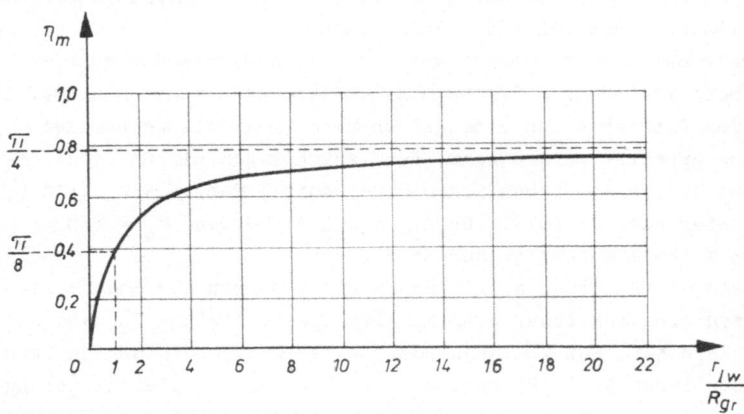

Bild 143   Wirkungsgrad beim B-Betrieb

Der Wirkungsgrad η und die abgegebene Wechselleistung sind natürlich auch hier aussteuerungsabhängig; die Gl.(602) gilt auch beim B-Betrieb. Statt Gl.(622) gilt hier $\eta = a\,\eta_m$.
Durch den Kurvenverlauf in Bild 143 findet man nun bestätigt, was eingangs schon behauptet wurde: Der maximale Wirkungsgrad η_m ist im B-Betrieb wesentlich größer als im A-Betrieb. Er erreicht hier im Grenzfall den Wert

$$(\eta_m)_{max} = \frac{\pi}{4} = 78,5 \ \% \tag{680}$$

(Im A-Betrieb maximal 50 %, Bild 126).
Auch beim B-Betrieb interessiert uns, ob es einen optimalen Lastwiderstand $(r_{lw})_{opt}$ gibt, für den die abgegebene Wechselleistung P_{Lm} ein Maximum $(P_{Lm})_{max}$ annimmt. Die Kurvendiskussion zur Gl.(674) liefert mit dem Ansatz $\partial P_{Lm}/\partial r_{lw} = 0$ ein Maximum bei

$$(r_{lw})_{opt} = R_{gr} \tag{681}$$

von der Größe (je Transistor)

$$(P_{Lm})_{max} = \frac{\left| U_{CE}^A \right|^2}{16 R_{gr}} \tag{682}$$

Der Zusammenhang aus Gl.(674) ist in Bild 144 normiert auf den Maximalwert nach Gl.(682) aufgetragen.
Vergleicht man den Maximalwert aus Gl.(682) mit der entsprechenden Beziehung (627) beim A-Betrieb, so erkennt man, daß in beiden Betriebsarten eine gleich große maximale Wechselleistung erreicht werden kann. Beim zugehörigen Wirkungsgrad besteht jedoch ein erheblicher Unterschied: Der Wirkungsgrad η_m hat hier nach Gl.(679) für $r_{lw} = R_{gr}$ die Größe $\eta_m = \pi/8 = 39,3\ \%$ (beim A-Betrieb nur 25 %).
Sobald die Endstufe ausgesteuert wird, nehmen die Endtransistoren eine aussteuerungsabhängige Gleichleistung $P_{\ominus}^{\sim}$ von der Batterie auf. Bei Vollaussteuerung ist diese Leistung je Transistor durch Gl.(678) gegeben. Ein Teil dieser Gleichleistung $P_{\ominus}^{\sim}$ wird von den Transistoren in eine Wechselleistung P_L umge-

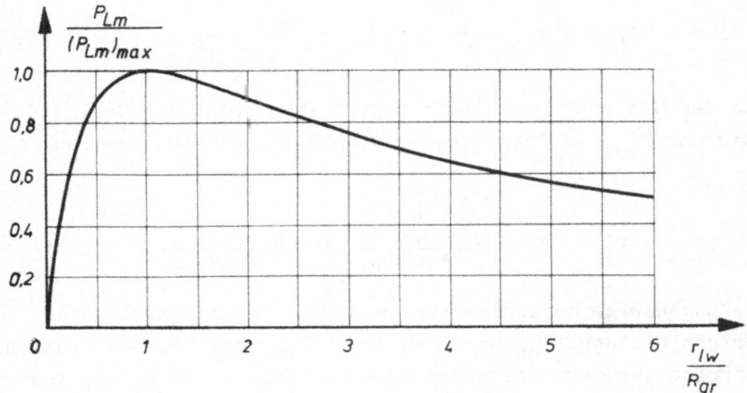

Bild 144   Abgegebene Wechselleistung bei B-Betrieb

setzt und an den Lastwiderstand r_{lw} abgegeben. Die Differenz
zwischen aufgenommener und abgegebener Leistung wird im Transistor in Wärme umgesetzt; sie stellt also die Verlustleistung
$P^{\sim}_{tot}$ des Transistors dar. Die Leistungsbilanz lautet demnach:

$$P^{\sim}_{tot} = P^{\sim}_{\ominus} - P_{L}; \quad \text{vergl.Gl.(613).}$$

Die Gleichstromleistung, die von der Batterie an <u>einen</u> Endtransistor abgegeben wird, beträgt

$$P^{\sim}_{\ominus} = \left|\overline{I}_{c}\right| \cdot \left|U^{A}_{CE}\right| = \frac{\hat{i}_{c}}{\pi}\frac{\left|U_{B}\right|}{2} \tag{683}$$

Da sie aussteuerungsabhängig ist, läßt sie sich auch durch den
in Gl.(597) definierten Aussteuerungsfaktor a ausdrücken. Man
erhält mit Gl.(678) den Ausdruck

$$P^{\sim}_{\ominus} = aP^{\sim}_{\ominus m} = \frac{a}{\pi}\frac{\left|U^{A}_{CE}\right|^{2}}{r_{lw} + R_{gr}} = \frac{a}{\pi}\,\hat{i}_{cm}\left|U^{A}_{CE}\right| \tag{684}$$

Die an den Lastwiderstand r_{lw} von jedem Transistor abgegebene
Wechselleistung P_{L} hat nach den Gln.(602) und (674) die Größe

$$P_L = a^2 P_{Lm} = \frac{a^2}{4} \left| U_{CE}^A \right|^2 \frac{r_{1w}}{(r_{1w} + R_{gr})^2} \tag{685}$$

Aus den Gln.(684) und (685) ergibt sich jetzt die Verlustleistung $P_{tot}^{\sim}$ im Transistor als Funktion der Aussteuerung a zu

$$P_{tot}^{\sim} = P_{\ominus}^{\sim} - P_L = a \frac{\left| U_{CE}^A \right|^2}{r_{1w}+R_{gr}} \left(\frac{1}{\pi} - \frac{a}{4} \frac{r_{1w}}{r_{1w}+R_{gr}} \right) \tag{686}$$

Die zugehörige Kurvendiskussion zeigt, daß das Maximum der Verlustleistung $P_{tot}^{\sim}$ nicht in jedem Fall bei Vollaussteuerung auftritt, sondern bei einem Aussteuerungsfaktor a_{krit}, dessen Größe vom Widerstandsverhältnis r_{1w}/R_{gr} abhängt. Um dies zu verdeutlichen, wurde in Bild 145 ein Beispiel für $R_{gr} = 0{,}5\,\Omega$ $|U_B| = 10$ V; $|U_{CE}^A| = 5$ V bei drei verschiedenen Verhältnissen r_{1w}/R_{gr} aufgetragen.

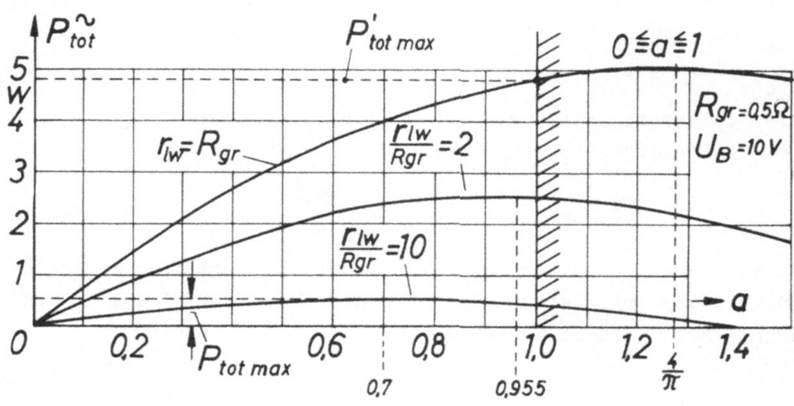

Bild 145 Transistorverlustleistung als Funktion des Aussteuerungsfaktors a bei B-Betrieb

Die Lage des Maximums ergibt sich aus dem Ansatz für Extremwerte: $\partial P_{tot}/\partial a = 0$. Man erhält daraus den kritischen Aussteuerungsfaktor

$$a_{krit} = \frac{2}{\pi} \; \frac{r_{lw} + R_{gr}}{r_{lw}} \overset{(673)}{=} \frac{2}{\pi} \; \frac{\left| U_{CE}^A \right|}{\hat{u}_{cem}} \qquad (687)$$

bei dem die maximale Verlustleistung auftritt. Sowohl die
Lage als auch die Höhe des Maximums ist von dem Lastwider-
standswert r_{lw} abhängig.

<u>Für $r_{lw} = R_{gr}$</u> dem Optimalfall nach den Gln.(681) und (682) ist
$a_{krit} \overset{(687)}{=} 4/\pi = 1,27$ und $P_{totmax}^{\sim} \overset{(686)}{=} \left| U_{CE}^A \right|^2 /(\pi^2 R_{gr})$. Dieser Maximalwert hat aber nur einen rein theoretischen Charakter. Er
wird nie erreicht, weil stets $a \overset{\le}{=} 1$ gilt. Im Optimalfall
$r_{lw} = R_{gr}$ tritt die größte Verlustleistung daher real bei Vollaussteuerung ($a = 1$) auf. Sie hat dort den Wert $P'_{totmax} = 0,097 \cdot$
$\left| U_{CE}^A \right|^2 / R_{gr}$.

Da die üblichen Lautsprecher Nennscheinwiderstände von 4; 8
oder 16 Ω haben und bei einem geeigneten Leistungstransistor
der Grenzwiderstand R_{gr} äußerst kleine Werte hat (Bruchteile
von Ohm) liegt im
<u>Normalfall</u> das Größenverhältnis $\underline{r_{lw} \gg R_{gr}}$ vor. Dann ist nach
Gl.(687) für rein sinusförmige Aussteuerung

$$a_{krit} \approx \frac{2}{\pi} = 0,64 \qquad (688)$$

und die maximale Verlustleistung beträgt nach Gln.(686) und
(672) mit $\left| U_{CE}^A \right| = \left| U_B \right| / 2$

$$P_{totmax}^{\sim} \approx \frac{\left| U_B \right|^2}{L \pi^2 r_{lw}} \approx \frac{1}{2\pi^2} \; \hat{i}_{cm} \left| U_B \right| \qquad (689)$$

Da bei praktischen Aussteuerungsverhältnissen der kritische
Wert $a_{krit} = 0,64$ nicht dauernd vorliegt, kann man bei nor-
malem Nachrichteninhalt die Verlustleistung etwas geringer
ansetzen als sie sich aus Gl.(689) ergibt. Diese um üblicherweise 1,3 % geringer angenommene Transistorbelastung (Faktor
0,987) darf höchstens gleich der zulässigen Verlustleistung
P_{tot} (für $\vartheta_J = \vartheta_{Jmax}$) sein.

Aus der Bedingung

$$P_{tot}(\text{für } \vartheta_J = \vartheta_{Jmax}) \geq \frac{0,987}{4\pi^2} \frac{|U_B|^2}{r_{lw}} \approx \frac{0,987}{2\pi^2} \hat{i}_{cm} |U_B| \qquad (690)$$

folgt der <u>zulässige Spitzenstrom</u> für $r_{lw} \gg R_{gr}$

$$\hat{i}_{cm} \leq \frac{2 0 P_{tot}(\text{für } \vartheta_J = \vartheta_{Jmax})}{|U_B|} < I_{Cmax} \qquad (691)$$

bzw. der erforderliche <u>Mindestwert für den Lastwiderstand</u>

$$r_{lw} \geq \frac{|U_B|^2}{4 0 P_{tot}(\text{für } \vartheta_J = \vartheta_{Jmax})} \qquad (692)$$

Wie das Beispiel in Bild 142 zeigt, bleibt die Wechselstromarbeitsgerade nicht überall unterhalb der Verlustleistungshyperbel. Dies ist beim B-Betrieb möglich, weil hier nur während einer Halbwelle ein Kollektorstrom fließt und außerdem
das Gebiet kritischer Verlustleistung schnell überschritten
wird, da die Periodendauer des Aussteuersignals normalerweise klein gegen die thermische Zeitkonstante des Transistors
ist.

Die von <u>beiden</u> Endtransistoren bei Vollaussteuerung an den
Lastwiderstand r_{lw} abgegebene Wechselleistung P_{Lmges} hat nach
Gl.(668) allgemein die Größe $P_{Lmges} = \hat{i}_{cm} \hat{u}_{cem}/2$. Weil unter Ver-
nachlässigung der Restspannung $\hat{u}_{cem} \approx |U_B|/2$ gilt, erhält man
daraus mit dem zulässigen Spitzenstrom aus Gl.(691) die nütz-
liche grobe <u>Dimensionierungsregel</u> für $r_{lw} \gg R_{gr}$

$$P_{Lmges} \leq 5 P_{tot}(\text{für } \vartheta_J = \vartheta_{Jmax}) \qquad (693)$$

Diese Beziehung gibt Auskunft, inwieweit der Transistor ausgenutzt werden kann. Würde man das gleiche Transistorpaar in
der Komplementär-Endstufe jeweils im A-Betrieb verwenden, so
würde jeder Transistor im günstigsten Fall die in Gl.(624)
angegebene Wechselleistung an den Lastwiderstand r_{lw} abgeben.
Diese sog. Gegentakt-A-Endstufe liefert also insgesamt nur

eine maximale Ausgangsleistung von der Größe $P_{Lmges} \approx P_{tot}$
(für $\vartheta_J = \vartheta_{Jmax}$). Dies ist aber nach Gl.(693) nur der fünfte
Teil dessen, was die Gegentakt-B-Endstufe abzugeben vermag.
Neben diese bessere Ausnutzung der Transistoren tritt beim
B-Betrieb außerdem noch der bessere Wirkungsgrad.
Bei der <u>Auswahl der Transistortypen</u> haben wir durch die Gln.
(657), (691) und (693) folgende Bedingungen zu beachten:

$$r_{lw} \gg R_{gr} \qquad |U_{CEOmax}| > |U_B| \; ; \quad |I_{Cmax}| > \frac{4P_{Lmges}}{|U_B|}$$
$$P_{tot}(\text{für } \vartheta_J = \vartheta_{Jmax}) > 0,2 \; P_{Lmges} \tag{694}$$

Um einer Verwirrung vorzubeugen, sei darauf hingewiesen, daß
die Auswahlkriterien bei einer Gegentakt-B-Endstufe mit Ausgangsübertrager anders lauten, weil dort die Kollektor-Emitter-
Spannung größer ist: $|U_{CE}^A| = |U_B|$. Daraus resultiert bei jener
klassischen Schaltung die Forderung $|U_{CEOmax}| > 2|U_B|$. Bei
gleicher Spannungsfestigkeit der Transistoren kann also in
der eisenlosen Endstufe die Batteriespannung U_B größer gewählt werden als bei der Verwendung eines Ausgangsübertragers.

Weiter sei erwähnt, daß bei der Verwendung eines Emitterwider-
standes für den Treibertransistor T_1 in einer Komplementär-
Gegentakt-B-Endstufe die thermische Belastung für beide Transistoren nicht mehr gleich groß ist. Es gilt dann allgemein:
Die Verlustleistung ist in demjenigen der beiden Endtransistoren größer, der die dem Treibertransistor entgegengesetzte
Zonenfolge (PNP bzw. NPN) hat, [16] S.291.

Aufgrund der Nichtlinearität der dynamischen Steuerkennlinie
besonders im Bereich kleiner Kollektorströme (Bild 136a) kommt
es zu sog. <u>"Übernahmeverzerrungen"</u> beim Nulldurchgang des
Laststromes $i_L(t)$ bzw. der Lastspannung $u_L(t)$; siehe Bild 136b).
Durch eine geringe Vorspannung U_{BE}^A für die Endtransistoren in
Durchlaßrichtung kann man erreichen, daß die in Bild 136a) gezeichnete gemeinsame Kennlinie nahezu linear verläuft. Erfah-
rungsgemäß werden bei einem Kollektorruhestrom I_C^A von etwa

1...2 % der maximalen Kollektorstromamplitude $\hat{i}_{cm}$ diese Verzerrungen ausreichend klein, ohne daß der Wirkungsgrad wesentlich verschlechtert wird. Weil der Arbeitspunkt der Endtransistoren durch diese Vorspannung etwas mehr in Richtung A-Betrieb eingestellt ist, spricht man des öfteren auch vom "AB-Betrieb". Die notwendige Vorspannung wird in dem Beispiel aus [1] Bild 3 bzw. hier in Bild 134 durch den Gleichspannungsabfall am Widerstand R_3 erzeugt.

Das in Bild 134 gezeichnete Schaltungsprinzip für eine Komplementär-Endstufe hat den weiteren Vorteil, daß es auch für die entgegengesetzte Polarität der Speisespannung U_B ausgelegt werden kann. Hierzu sind lediglich die Endtransistoren untereinander zu vertauschen und die Transistoren in der Vor- und Treiberstufe durch die entsprechenden komplementären Typen zu ersetzen sowie die Diode und die Elektrolytkondensatoren aus Bild 140 sind umzupolen.

Auswahl der Kondensatoren C_2 und C_3 (in Bild 140)

Die Kondensatoren C_2 und C_3 beschneiden den Frequenzgang des Verstärkers bei tiefen Frequenzen. Läßt man einen Abfall der Ausgangsleistung von 3 dB bei der unteren Grenzfrequenz f_u zu, so gilt als Richtwert für die Mindestgröße der Kondensatoren:

$$C_2 \gtrsim \frac{1}{2\pi f_u r_{1w}} \tag{695}$$

$$C_3 \gtrsim \frac{1}{2\pi f_u R_5} \tag{696}$$

Weil ein guter NF-Endverstärker normalerweise eine Wechselstrom-Gegenkopplung hat, liegt die wirkliche untere Grenzfrequenz niedriger als der Wert f_u, den man bei gegebenen Kondensatoren aus den Gln.(695) und (696) berechnet.

Ausgangsleistung und Betriebsart

Beim A-Verstärker ist die Verlustleistung des Endtransistors nach Gl.(624) mehr als doppelt so hoch wie die abgegebene Wechselleistung. Aus wirtschaftlichen Gründen wird deshalb in der Praxis 5 W als obere Grenze für die Ausgangsleistung beim A-Betrieb angesehen.

Für Ausgangsleistungen von mehr als 5 W ist der Wirkungsgrad
des Verstärkers von ausschlaggebender Bedeutung. Hier ist der
Gegentakt-B- bzw. AB-Betrieb die bevorzugte Betriebsart bis
etwa 20 W Ausgangsleistung.

Für noch größere Ausgangsleistungen wird die Verlustleistung des im A-Betrieb
arbeitenden Treibertran-
sistors sehr groß und der
der Batterie entnommene
Ruhestrom gewinnt an Be-
deutung. Verstärker für
Ausgangsleistungen von mehr
als 20 W werden daher im
allgemeinen als "Quasi-
Komplementär-Endstufen"
ausgelegt, [15] S.196ff.
Bei dieser Schaltungsart

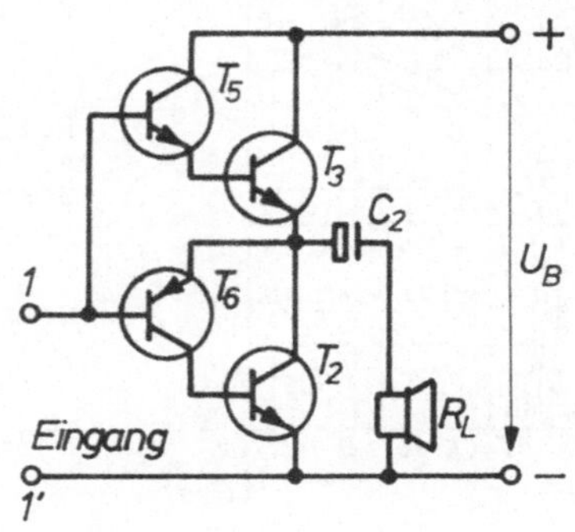

Bild 146

Prinzipschaltung einer
Quasi-Komplementär-Endstufe

haben beide Endtransistoren die gleiche Zonenfolge, die Treiberstufe ist dagegen mit einem komplementären Transistorpaar
bestückt, das für die jetzt notwendige Phasenumkehr sorgt. In
Bild 146 ist das Schaltungsprinzip wiedergegeben. Man erkennt,
daß der obere Endtransistor T_3 wieder in Kollektor-Schaltung
betrieben wird. Er bildet zusammen mit Transistor T_5 die in
[2] S.93ff behandelte Darlington-Schaltung. In dem unteren
Verstärkungszweig bilden die Transistoren T_2 und T_6 ebenfalls
eine Darlington-Schaltung, die in ihrem Aufbau gegenüber der
oberen etwas abgewandelt ist. Auf diese Weise erhält jede
Seite der Endstufe eine sehr hohe Stromverstärkung, so daß
die Treiber-Ausgangsleistung dann geringer sein kann.

Beispiel 74: Die Komplementär-Endstufe nach Bild 134 soll an
einen $5\,\Omega$-Lautsprecher bei Vollaussteuerung eine Wechselleistung von 8 W abgeben.
Verwendet werden soll das Komplementärpaar BD.../BD..., von
dem in Bild 147 ein Datenblattauszug angegeben ist.

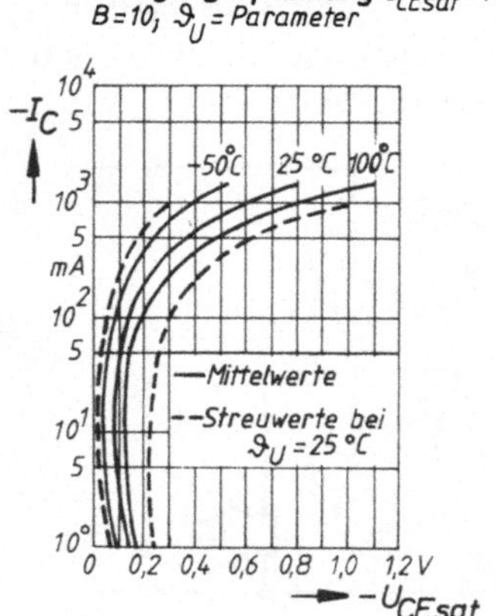

Grenzdaten:

Kollektor-Emitter-Spannung

$$|U_{CEO}| = 45 \text{ V}$$

Kollektor-Spitzenstrom

$$|I_{CM}| = 2,0 \text{ A}$$

Kollektorstrom $\quad |I_C| = 1,5 \text{ A}$

Sperrschichttemperatur

$$\vartheta_J = 150°C$$

Gesamtverlustleistung

$(\vartheta_G = 45°C) \qquad P_{tot} = 12,5 \text{ W}$

Innerer Wärmewiderstand

$$R_{thJG} \leq 8,4 \frac{K}{W}$$

Bild 147 Datenblattauszug für ein komplementäres
Transistorpaar (Silizium)

Wie groß ist

a) die erforderliche Speisespannung U_B ?

b) die gesamte Gleichleistung der Batterie ?

c) die Verlustleistung eines Transistors ?

d) der Wirkungsgrad der Endstufe ?

e) der Maximalwert für den Wärmewiderstand R_{thGU}, wenn die
Umgebungstemperatur ϑ_U maximal auf 60°C (Autoradio) ansteigt?

f) Wie groß ist die Amplitude $\hat{u}_{Lm}$ der Ausgangsspannung?

L ö s u n g : Mit den Gln.(668) und (671) gilt für beide
Transistoren $P_{Lm} = \hat{i}_{cm}^2 r_{1w}/2$. Daraus folgt für den <u>Spitzenstrom</u>

$$\hat{i}_{cm} = \sqrt{\frac{2P_{Lm}}{r_{1w}}} \tag{697}$$

$\hat{i}_{cm} = \sqrt{2 \cdot 8/5}\,\text{A} = 1,79 \text{ A} < |I_{CM}| = 2 \text{ A}$. Weil die Endtransistoren
beim B-Betrieb praktisch im Impulsbetrieb arbeiten (Schalter),
darf der Spitzenstrom $|I_{CM}|$ größer sein als der maximale
Dauerstrom $|I_{Cmax}| = 1,5 \text{ A}$.

Aus Bild 147 kann die Restspannung $|U_{CErest}| = |U_{CEsat}|$ ab-
gelesen werden. Bei der Temperatur $\vartheta_U = 25\,^{\circ}C$ und $|I_C| = \hat{i}_{cm}=$
1,79 A liest man ab: $|U_{CErest}| \approx 0,8$ V.

Mit dem aus Bild 142 ablesbaren Zusammenhang

$$R_{gr} = \frac{|U_{CErest}|}{\hat{i}_{cm}} \tag{698}$$

haben die vorgegebenen Transistoren den Grenzwiderstand $R_{gr} =$
0,8 V/1,79 A = 0,45 Ω.
Die Maschengleichung für die Masche CEDC in Bild 135a) lautet
im Zeitpunkt $t = t_1$:

$$U_{CErest3} + U_{C2} + u_{Lm} = 0$$

Hieraus findet man mit $U_{CErest3} < 0$; $u_{Lm} = i_{Lm}R_L < 0$ (Bild 136);
$U_B > 0$ und $U_{C2} \overset{(647)}{=} U_B/2$ die Beziehung

$$U_B = 2(\hat{i}_{cm}R_L + |U_{CErest}|) \tag{699}$$

$U_B = 2(1,79\ \text{A}\cdot 5\,\Omega + 0,8\ \text{V}) = 19,50\ \text{V} < |U_{CEOmax}| = 45\ \text{V}.$

b) Mittelwert des Kollektorstromes $|\overline{I}_{cm}| \overset{(676)}{=} 1,79$ A$/\pi$ = 0,57 A.
Gleichleistung der Batterie (für beide Transistoren)
$P_{\ominus m}^{\sim} \overset{(683)}{=} |\overline{I}_{cm}|\,|U_B| = 11,12$ W.

c) $r_{lw} = 11,11\ R_{gr}$; $r_{lw} \gg R_{gr}$. Verlustleistung eines Tran-
sistors $P_{totmax} \overset{(689)}{=} \hat{i}_{cm}|U_B|/(2\pi^2) = 1,77$ W.

d) Wirkungsgrad $\eta_m \overset{(679)}{=} P_{Lm}/P_{\ominus m}^{\sim} = 8$ W/11,12 W = 0,72 = 72 %.

e) Mit $[1]$ Gl.(71) und $[1]$ Gl.(63) folgt $R_{thGU} \overset{\leq}{=} (\vartheta_{Jmax} -$
$P_{tot}R_{thJG} - \vartheta_{Umax})/P_{tot} = (150\,^{\circ}C - 1,77\ \text{W}\cdot 8,4\,^{\circ}C/W - 60\,^{\circ}C)/$
1,77 W = 42,45 $^{\circ}$C/W.

f) Ausgangsspannung: $\hat{u}_{Lm} \overset{(671)}{=} \hat{i}_{cm}r_{lw} = 8,95$ V.

<u>Beispiel 75</u>: In Bild 148 ist ein Datenblattauszug eines komplementären Transistorpaares AD.../AD... wiedergegeben. Die Grenzdaten sollen in einer Gegentakt-B-Endstufe nach Bild 134 möglichst voll ausgenutzt werden.

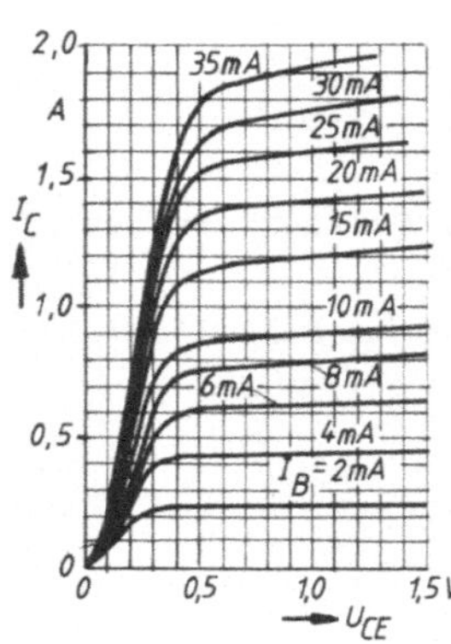

Grenzdaten:

Kollektor-Emitter-Spannung

$$|U_{CEO}| = 20\ V$$

Kollektorstrom $|I_C| = 3\ A$

Sperrschichttemperatur

$$\vartheta_J = 90\,^{\circ}C$$

Gesamtverlustleistung

$$P_{tot} = 4\ W$$

Wärmewiderstand

$$R_{thJG} \leq 4,5\ \frac{K}{W}$$

Bild 148   Datenblattauszug für ein komplementäres
           Transistorpaar (Germanium)

Wie groß ist

a) die Lautsprecherimpedanz (4; 5; 8 oder 16 Ω) zu wählen?

b) der Spitzenstrom $\hat{i}_{cm}$?

c) die Speisespannung U_B ?

d) die Amplitude $\hat{u}_{Lm}$ der Ausgangsspannung ?

e) die Ausgangsleistung P_{Lm} der Endstufe?

f) die Verlustleistung eines Transistors ?

g) die gesamte Gleichleistung der Batterie ?

h) der Wirkungsgrad η_m ?

i) der erforderliche Wärmewiderstand R_{thGU} bei $\vartheta_{Umax} = 45\,^{\circ}C$?

k) der Kondensator C_2 für $f_{u(3dB)} = 30$ Hz ?

L ö s u n g :   Die Grenzgerade R_{gr} geht im Ausgangskennlinienfeld durch den Ursprung und etwa durch den Punkt P (0,4 V; 1,6 A). Daraus folgt der Grenzwiderstand $R_{gr} \approx 0{,}4$ V/1,6 A = 0,25 Ω und $|U_{CErest}|^{(698)} = 3$ A·0,25 Ω = 0,75 V.

Volle Ausnutzung bedeutet: $\hat{\imath}_{cm} = |I_{Cmax}| = 3$ A und

$U_B = |U_{CEOmax}| = 20$ V. Dann ist $|U_{CE}^A| \overset{(646)}{=} 10$ V und $\hat{u}_{cem} = \hat{u}_{Lm} \overset{(669)}{=} 10$ V $-0,75$ V $= 9,25$ V.

a) Zu diesen Maximalamplituden $\hat{u}_{cem}$ und $\hat{\imath}_{cm}$ gehört der Lastwiderstand $r_{lw} = 9,25$ V/3 A $= 3,08\,\Omega$. Gewählt wird ein $4\,\Omega$-Lautsprecher.

b) Spitzenstrom $\hat{\imath}_{Lm} \approx \hat{\imath}_{cm} \overset{(672)}{=} 10$ V$/(4\,\Omega +0,25\,\Omega) = 2,35$ A.

c) Speisespannung $U_B = |U_{CEOmax}| = 20$ V.

d) Ausgangsspannung $\hat{u}_{Lm} = \hat{u}_{cem} \overset{(673)}{=} 10$ V$\cdot 4\,\Omega/4,25\,\Omega = 9,41$ V.

e) Ausgangsleistung $P_{Lm} = \hat{u}_{Lm}\,\hat{\imath}_{Lm}/2 = 11,06$ W.

f) Verlustleistung: Da $r_{lw} \gg R_{gr}$ gilt $P_{tot} \overset{(689)}{=} 2,53$ W bzw.2,38 W.

g) Batterieleistung: $P^{\sim}_{\ominus\,m} \overset{(683)}{=} 2,35$ A$\cdot 20$ V$/\pi = 14,96$ W.

h) Wirkungsgrad: $\eta_m \overset{(679)}{=} 11,06$ W$/14,96$ W $= 0,74 = 74$ %.

i) Wärmewiderstand analog Beisp.74e):
$R_{thGU} \leqq (90\,^oC -2,38$ W$\cdot 4,5\,^oC/W -45\,^oC)/2,38$ W $= 14,4\,^oC/W$.

k) Kondensator $C_2 \overset{(695)}{=} 1/(2\pi\cdot 30$ Hz$\cdot 4\,\Omega) = 1326$ µF;
gewählt wird $C_2 = 1500$ µF.

5.7. C-Betrieb /Sendeverstärker

Die Vorspannung U_{BE}^A hat beim C-Betrieb solche Werte, daß der Arbeitspunkt auf der dynamischen Kennlinie $I_C = f(U_{BE})$ links von der Schleusenspannung U_S liegt (Bild 123c). Ohne Aussteuerung des Transistors fließen nur die Transistorrestströme, so daß in diesem Fall (Standby-Betrieb) praktisch kein Strom verbraucht wird und die thermische Stabilität unkritisch ist. Durch die extreme Arbeitspunktlage - sie entspricht nicht mehr dem in [1] S.14 definierten normalen Betrieb - ist der Teil der Steuerperiode, während dem ein Kollektorstrom fließt, kleiner als π (Bild 123c), d.h. der Stromflußwinkel Θ ist kleiner als 90°.
Seine Größe hängt von der Vorspannung U_{BE}^A ab, Gl.(594).

Der Kollektorstrom $i_c(t)$ ist so stark verzerrt, daß ein Gegen-
taktbetrieb unmöglich wird. Um in diesem Fall zu einem unver-
zerrten Ausgangssignal zu kommen, besteht nur die Möglichkeit,
aus dem Frequenzgemisch des Kollektorstromes mit einem Filter
die Grundwelle oder eine bestimmte Oberwelle (Frequenzverviel-
facher) herauszusieben. In den Schaltungsbeispielen nach
Bild 149 bestehen diese Selektionsmittel jeweils aus einem
einfachen Parallelresonanzkreis.
Der Lastwiderstand bei Verstärkern im C-Betrieb muß also stets
selektiv und schmalbandig sein. Es handelt sich daher hauptsächlich um Hochfrequenz-Verstärker, die vorwiegend nur eine
Frequenz verarbeiten müssen. Dies sind die sog. <u>Sendeverstärker</u>,

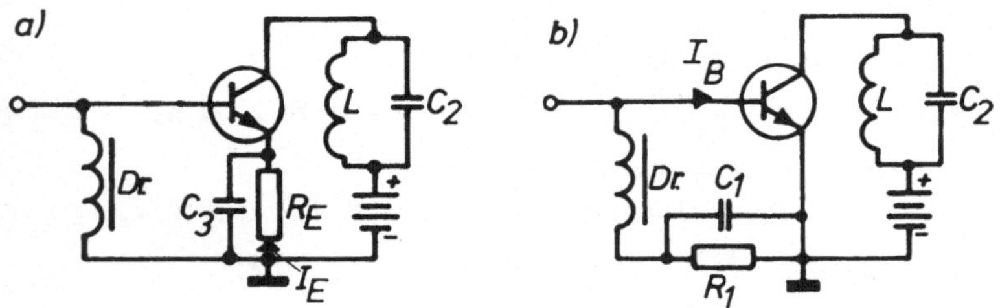

Bild 149   Vorspannungseinstellung beim C-Betrieb
           a) automatische Vorspannung
           b) äußerer Basiswiderstand R_1

die z.B. in Seefunkgeräten, beim Flugzeug-Bordfunk oder im
zivilen Funkverkehr benötigt werden. Man benützt hier den C-
Betrieb vor allem, weil der Wirkungsgrad der höchste ist von
allen drei Betriebsarten.
Der Wirkungsgrad hat einen theoretischen Höchstwert von 89,7%.
In der Praxis erreicht man Werte bis 85 %.
Ein weiterer Vorteil des C-Betriebes ist die einfache Schaltungsauslegung, weil eine aufwendige Arbeitspunktstabilisierung entfällt, die Kollektor-Verlustleistung sehr gering ist
und ohne Aussteuerung praktisch kein Strom verbraucht wird.
Außerdem benötigt man keine Gegentaktanordnung.

Die Verstärkung ist im C-Betrieb zwar geringer als im A- und
B-Betrieb, sie ist aber immer noch völlig ausreichend. In
Bild 149 sind zwei einfache Methoden gezeigt, wie man die
erforderliche Vorspannung U_{BE}^A gewinnen kann.

Automatische Vorspannung

Bei der in Bild 149a) gezeigten Schaltungsvariante entsteht
am Emitterwiderstand R_E automatisch eine Sperrspannung U_{BE}.
Dies kann man sich wie folgt klar machen:
Bei Vernachlässigung des Gleichstromwiderstandes der Drossel
Dr. ist $U_{BE} \approx I_E R_E$. Da die Ruheströme im Reststrombereich lie-
gen, wird zur Erklärung der Zusammenhänge das Bild 74 aus [1]
S.150 herangezogen.
Der Emitterwiderstand R_E kann nur zwischen den Extremwerten
Null und Unendlich variiert werden. Für $R_E = 0$ ist $U_{BE} = 0$
und für $R_E = \infty$ ist $I_E = 0$. Die Vorspannung U_{BE}^A liegt also nach
[1] Bild 7⌐ im Bereich

$$U_{BE2} \lessgtr U_{BE}^A \lessgtr 0 .$$

In diesem U_{BE}-Intervall ist bei einem NPN-Transistor der Emit-
terstrom negativ, d.h. die Vorspannung $U_{BE}^A \approx I_E R_E$ ist ebenfalls
negativ und die Basis-Emitter-Strecke ist automatisch in
Sperrichtung gepolt.
Zur Vermeidung einer Wechselstrom-Gegenkopplung muß der Emitterwiderstand kapazitiv überbrückt werden, sonst geht die Verstärkung der Stufe stark zurück. In der Praxis können hierbei
Schwierigkeiten auftreten, weil bei den i.a. hohen Betriebsfrequenzen die Zuleitungsinduktivitäten vom Transistor und vom
Kondensator eine Rolle spielen, [2] Bild 16b). Man schaltet
daher meistens mehrere Kondensatoren parallel. Hierdurch läßt
sich der Einfluß der Zuleitungsinduktivitäten reduzieren, [2]
S.72. Eine andere Methode, die außerordentlich wirkungsvoll
ist, besteht darin, daß die Induktivität der Zuleitungsdrähte
mit der Überbrückungskapazität bei der Betriebsfrequenz in
Serienresonanz gebracht wird. Die Bandbreite der Verstärkerstufe kann hierdurch allerdings verringert werden, weil die
Zuleitungsinduktivitäten nur bei der Resonanzfrequenz wegge-

stimmt werden.

Es wurde bereits erwähnt, daß man besonders bei Silizium-Transistoren infolge ihrer großen Schleusenspannung U_S den C-Betrieb auch noch mit einer Flußspannung im Bereich $0 \overset{\leq}{=} U_{BE}^A < U_S$ einstellen kann. Eine hierfür häufig verwendete Schaltungsart ist in Bild 149b) gezeichnet. Wie in [1] S.150 bereits erklärt wurde, erzeugt der Basisstrom I_B am äußeren Basiswiderstand R_1 einen Spannungsabfall, der im Bereich $0 \overset{\leq}{=} U_{BE}^A \overset{\leq}{=} U_{BE1}$ liegt, [1] Bild 74. Bei einem NPN-Transistor ist in diesem Vorspannungsintervall der Basisstrom I_B negativ; die sich ergebende Vorspannung $U_{BE} = -I_B R_1$ ist daher positiv und die Basis-Emitter-Strecke ist noch schwach in Durchlaßrichtung gepolt. Da der Widerstand R_1 zwischen Basis und Emitter die Kollektor-Emitter-Durchbruchspannung U_{CER} beeinflußt, [1] Bild 96, muß seine Größe sorgfältig ausgewählt werden.

Die Drosselspulen Dr. in Bild 149 lassen sich leicht mit einer sog. Dämpfungsperle aus dem Kernmaterial "Ferroxcube" (z.B. FXB 3 B), durch die die Spulendrähte geführt werden, realisieren.

Die rechnerische Behandlung eines Transistor-Leistungsverstärkers im C-Betrieb ist nicht einfach. Das liegt hauptsächlich daran, daß die nichtlineare dynamische Steuerkennlinie des Transistors im Aussteuerungsbereich (Großsignalbetrieb) um den Arbeitspunkt herum mathematisch nicht in geschlossener Form angegeben werden kann. Die Kennlinie ist z.B. weder eine reine Exponentialfunktion noch ein exakter Parabelbogen. Obwohl diese Tatsache auch beim A- und B-Betrieb vorliegt, konnten wir die Eigenschaften dieser beiden Verstärkerarten relativ einfach berechnen, weil die idealisierte Betrachtung der Aussteuerungsverhältnisse (Bild 125 und Bild 136) dort noch auf sinusförmige Ausgangsgrößen $i_c(t)$ und $u_{ce}(t)$ führt. Beim C-Betrieb ist dies nicht mehr der Fall. Der Kollektorstromverlauf ist impulsförmig (Bild 123c) und in seiner Form stark vom Stromflußwinkel Θ abhängig.

Um hier zu einer quantitativen Analyse zu kommen, muß man die Steuerkennlinie durch eine in geschlossener Form angebbare

mathematische Funktionsgleichung annähern. Üblicherweise wird
eine Knickkennlinie, ein spezieller Parabelbogen oder eine Ex-
ponentialkennlinie vorausgesetzt. Setzt man dann noch eine
sinusförmige Aussteuerung voraus, so kann der impulsförmige
Kollektorstromverlauf durch eine Fourier-Reihe dargestellt
werden. Daraus lassen sich die Amplituden der einzelnen Fre-
quenzkomponenten des Kollektorstromes entnehmen. Weil diese
Amplituden stark vom Stromflußwinkel Θ abhängen, werden sie
üblicherweise durch die sog. Stromflußwinkelfunktionen $f_k(\Theta)$
dargestellt. Auf diese Art gelangt man schließlich auch zu
mathematischen Ausdrücken, die die Ausgangsleistung und den
Wirkungsgrad des C-Verstärkers als Funktionen des Stromfluß-
winkels angeben.
Der beschriebene Rechengang kann hier aus Platzgründen nicht
wiedergegeben werden. Es wird deshalb auf die Literatur verwiesen: $[14]$, $[17]$, $[18]$.

5.8. Verzerrungen und Klirrfaktor
Weil die Transistorkennlinien nichtlinear sind, wird bei einer
Großsignalaussteuerung der zeitliche Verlauf des Ausgangssignals gegenüber dem des Eingangssignals verzerrt. Man spricht
hierbei von nichtlinearen Verzerrungen. Durch sie enthält das
Ausgangssignal bei sinusförmiger Aussteuerung des Transistors
(mit einer Frequenz) neue Frequenzen. Der Transistor fügt dem
Nutzsignal also Störsignale anderer Frequenzen hinzu. Das Auftreten dieser sog. Oberwellen (Oberschwingungen oder Harmonischen) ist bei der Verstärkung großer Signale unerwünscht.

Als Maß für die nichtlinearen Verzerrungen eines periodischen
Stromes i(t) dient der Klirrfaktor k. Damit aus ihm der Anteil
der neu entstandenen Oberwellen (Oberwellengehalt) an dem verzerrten Gesamtsignal hervorgeht, wurde er wie folgt definiert:

$$k = \frac{\text{Effektivwert aller Oberschwingungen}}{\text{Effektivwert der gesamten Schwingung}} \qquad (700)$$

Das nicht sinusförmige Ausgangssignal kann man bekanntlich
mit der sog. Fourier-Analyse $[17]$, stets als Summe von einzel-

nen sinusförmigen Teilschwingungen darstellen, deren Amplituden und Anfangsphasen i.a. verschieden und deren Frequenzen ganzzahlige Vielfache der Grundwelle sind. Die Grundwelle hat die tiefste Frequenz, die mit der Frequenz des sinusförmigen Steuersignals am Eingang übereinstimmt. Im allgemeinen kommt dazu noch ein konstantes Glied, das sog. Gleichstromglied.
Zur Bezeichnungsweise:
Mit dem Ausdruck "Harmonische" lassen sich alle Teilschwingungen erfassen. Die Grundwelle mit der Frequenz ω ist die 1. Harmonische. Es folgen dann die 2. Harmonische mit der Frequenz 2ω, die 3. Harmonische mit der Frequenz 3ω usw. (höhere Harmonische).
Der ebenfalls übliche Begriff "Oberwelle" wird nicht einheitlich verwendet. Sinnvoll ist, die 2. Harmonische als 1. Oberwelle, die 3. Harmonische als 2. Oberwelle, also allgemein die n-te Harmonische als (n-1)-te Oberwelle zu bezeichnen. Weil diese Bezifferung aber nicht einheitlich eingehalten wird, ist bei Zahlenangaben der Ausdruck "Harmonische" vorzuziehen.
Im folgenden bezeichnet das Symbol $i_{n\omega}$ den Effektivwert der n-ten Harmonischen.
Durch das Einführen eines <u>Klirrfaktors p-ter Ordnung</u>

$$k_p = \frac{\hat{\imath}_{p\omega}}{\sqrt{\hat{\imath}_\omega^2 + \hat{\imath}_{2\omega}^2 + \hat{\imath}_{3\omega}^2 + \ldots}} = \frac{\hat{\imath}_{p\omega}}{\sqrt{\sum_{n=1}^{\infty} \hat{\imath}_{n\omega}^2}} \qquad (701)$$

kann der Einfluß der p-ten Harmonischen dargestellt werden, weil sich der gesamte Klirrfaktor k aus den Klirrfaktoren k_p zusammensetzt:

$$k = \sqrt{k_2^2 + k_3^2 + \ldots} = \sqrt{\sum_{p=2}^{\infty} k_p^2} \qquad (702)$$

Zur Messung des Klirrfaktors k einer verzerrten Signalgröße stehen sog. <u>Klirrfaktormeßbrücken</u> zur Verfügung, die den Klirrfaktor direkt anzeigen.
Der Klirrfaktor wird in Prozent angegeben.

Das Ausmaß der Verzerrungen, d.h. die Größe des Klirrfaktors
hängt davon ab, wie stark die Kennlinien gekrümmt sind (Transistortyp). Da die Transistorkennlinien mehr oder weniger lineare Bereiche aufweisen, hat auch die Arbeitspunktlage einen
entscheidenden Einfluß. Schließlich hängt der Klirrfaktor noch
von der Amplitude des Steuersignals und vom Innenwiderstand
der Steuerquelle ab. Für alle diese Einflußgrößen läßt sich
keine allgemeingültige Empfehlung zu ihrer Dimensionierung
geben, weil sich die Forderungen vielfach widersprechen. Man
muß in diesem Zusammenhang also stets einen Kompromiß schlies-
sen. Hierbei ist die Kenntnis der nachfolgend behandelten
grundlegenden Zusammenhänge sehr nützlich.
Aufgrund der nichtlinearen Eingangskennlinie des Transistors
[1] Bild 28, kann nur eine der beiden Eingangsgrößen $u_{be}(t)$
oder $i_b(t)$ sinusförmig verlaufen, während die andere zwangsläufig nicht sinusförmig ist. Man unterscheidet daher zwei
Grenzfälle: die Spannungs- und die Stromsteuerung, [1] S.118f.

Spannungssteuerung $r_{iw} \ll r_1$

Bei der Spannungssteuerung ist der Innenwiderstand r_{iw} der
Steuerquelle sehr klein gegenüber dem Eingangswiderstand r_1
des Transistors, [2] Bild 7. Weil der Spannungsabfall am Innenwiderstand vernachlässigbar ist, liegt an der Steuerstrecke
des Transistors praktisch die ganze sinusförmige Leerlaufspannung u_g des Steuergenerators. Für eine Emitter-Schaltung
gilt dann $u_{be}(t) = u_g(t) = \hat{u}_g \sin \omega t$. Es wird also in diesem
Fall eine sinusförmige Eingangsspannung erzwungen (Spannungs-
einprägung). Die Verzerrungen der Ausgangsspannung $u_{ce}(t) =
-r_{1w} i_c(t)$ entsprechen bei einem reellen Lastwiderstand r_{1w}
dann den Verzerrungen des Kollektorstromes $i_c(t)$, die durch
die nichtlineare dynamische Spannungs-Steuerkennlinie zustande
kommen, [1] Bild 58. Die Steilheit dieser Kennlinie ist nicht
konstant, dadurch werden bei Gegentakt-Endstufen ungeradzah-
lige Harmonische hervorgerufen. Das Gegentaktprinzip bedingt
die Auslöschung der geradzahligen Harmonischen, sofern beide
Endtransistoren genau gleiche Eigenschaften haben, [17] S.55.

Da z.B. beim B-Betrieb der Ruhestrom I_C^A praktisch gleich Null ist, nimmt nach [1] Gl.(35) die Transistorsteilheit S mit wachsendem Augenblickswert des Kollektorstromes $i_C(t)$ linear zu. Bei sinusförmiger Spannung $u_{be}(t)$ entsteht dadurch eine Überspitzung des Ausgangsstromes $i_C(t) \approx S u_{be}(t)$; der Strom $i_C(t)$ nimmt stärker als linear mit der Spannung $u_{be}(t)$ zu, Bild 150a).

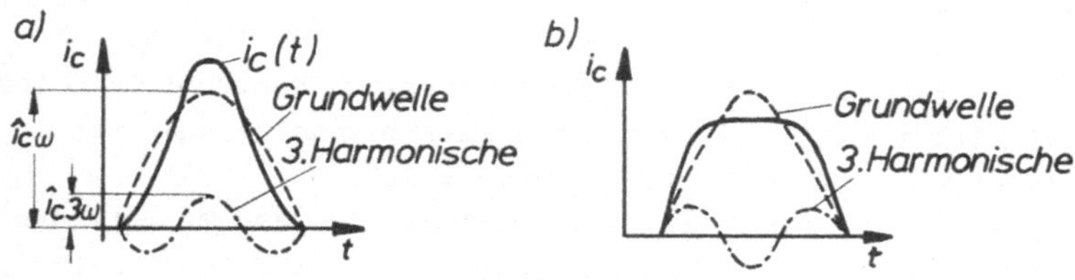

Bild 150   Verzerrungen im B-Betrieb bei
          a) Spannungs-,
          b) Stromsteuerung mit großen Steuersignalen

Wenn man in der Wahl des Arbeitspunktes - z.B. beim A-Betrieb - noch frei ist, empfiehlt es sich, bei Spannungssteuerung den Ruhestrom I_C^A relativ groß zu wählen. Der Arbeitspunkt liegt dann in der Nähe des Wendepunktes der Steuerkennlinie (z.B. [1] Bild 58a) Punkt 2') und die Verzerrungen des Kollektorstromes sind am kleinsten, weil dort die Kennlinie ziemlich linear verläuft. Es muß allerdings bedacht werden, daß bei großen Ruheströmen der Eingangswiderstand r_{1e} stark abnimmt, [1] Bild 41. Hierdurch kann sich die Realisierung einer Spannungssteuerung erschweren.

Stromsteuerung $r_{iw} \gg r_1$

Bei der Stromsteuerung ist der Innenwiderstand r_{iw} der Steuerquelle sehr groß gegenüber dem Eingangswiderstand r_1 des Transistors. Weil in diesem Fall praktisch die ganze sinusförmige Leerlaufspannung u_g des Steuergenerators an seinem Innenwiderstand r_{iw} abfällt, wird ein sinusförmiger Steuerstrom - bei der Emitter-Schaltung $i_b(t) = (\hat{u}_g/r_{iw})\sin \omega t$ - am Transistoreingang erzwungen (Stromeinprägung). Die Verzerrungen des Kollektorstromes $i_c(t)$ sind bei Stromsteuerung demnach durch die Nichtlinearität der dynamischen Strom-Steuerkennlinie gegeben. Diese erhält man entsprechend [1] Bild 58 aus dem Ausgangskennlinienfeld mit I_B als Parameter. Ihre Form entspricht für nicht zu große Lastwiderstände r_{1w} weitgehend der statischen Strom-Steuerkennlinie, [1] Bild 25. In der Nähe des Nullpunktes ist sie aufwärts gekrümmt und durchläuft schon bei kleinen Kollektorströmen $|I_C|$ einen Wendepunkt, von dem ab die Kennlinie bei größeren Strömen $|I_C|$ abwärts gekrümmt verläuft. Aufgrund dieser Kennlinienform nimmt die Stromverstärkung B des Transistors bei sehr kleinen Strömen zunächst mit wachsendem Strom zu, erreicht dann ein mehr oder weniger ausgeprägtes Maximum und nimmt bei weiter zunehmendem Strom schließlich wieder ab, [1] Bild 46. Weil die Stromverstärkung β nicht konstant ist, werden ungeradzahlige Harmonische hervorgerufen.

Im B-Betrieb z.B. bei dem der Kollektorstrom praktisch vom Wert Null an ausgesteuert wird, nimmt mit wachsendem Augenblickswert des Stromes $i_c(t)$ die Stromverstärkung β zu. Bei kleiner Aussteuerung steigt daher der Kollektorstrom $i_c(t) \approx \beta\, i_b(t)$ schneller an als es dem sinusförmigen Verlauf des Steuerstromes $i_b(t)$ entspricht. Es ergibt sich dann ebenfalls eine Überspitzung des Ausgangssignals, Bild 150a).
Bei großen Steuersignalen nimmt die Stromverstärkung infolge großer Augenblickswerte $i_c(t)$ mit zunehmender Aussteuerung dagegen ab. Der Kollektorstrom $i_c(t) \approx \beta\, i_b(t)$ wächst dann weniger als linear mit dem sinusförmigen Basisstrom $i_b(t)$. Es entsteht dadurch ein abgeflachter Verlauf des Kollektorstromes, der verglichen mit der Überspitzung bei Spannungssteuerung die 3. Harmonische in entgegengesetzter Phasenlage enthält, Bild 150b).
Weil der Eingangswiderstand r_{1e} des Transistors für kleine Kollektorströme groß und für große Kollektorströme klein ist, [1] Bild 41, hat man in der Praxis bei vorgegebenem Innenwiderstand r_{1w} (z.B. Ausgangswiderstand der Treiberstufe) weder reine Spannungs- noch reine Stromsteuerung. Für $I_C^A \approx 0$ besteht

daher im B-Betrieb bei kleiner Aussteuerung meistens eine
Spannungssteuerung und bei großer Aussteuerung eine Stromsteuerung.

Günstiger ist jedoch - wie bereits erwähnt - wenn ein hinrei-
chend großer Ruhestrom I_C^A eingestellt wird (AB-Betrieb). Dann
liegt der Arbeitspunkt unten in der Nähe des Wendepunktes der
Strom-Steuerkennlinie. Da bei modernen Silizium-Planar-Tran-
sistoren diese Kennlinie oberhalb des Wendepunktes weitgehend
linear verläuft (konstante Stromverstärkung), [1] Bild 26, ist
für kleine Signale eine Stromsteuerung anzustreben. Für große
Aussteuerungen hat man aber immer noch den abflachenden Einfluß des Stromverstärkungsabfalles, Bild 150b). Dieser Einfluß
ließe sich aber durch einen kleineren Innenwiderstand r_{iw} reduzieren, weil man damit in die Richtung ·einer Spannungssteuerung übergeht und die dann einsetzende Überspitzung (Bild 150a)
die genannte Abflachung gerade aufheben kann (gegenphasige 3.
Harmonische). Um die Verzerrungen gering zu halten, muß also
der Innenwiderstand r_{iw} für kleine Signale groß und für große
Signale klein sein. Diese entgegengesetzten Forderungen an den
Innenwiderstand r_{iw} der Treiberstufe zwingen in der Praxis zu
einem Kompromiß. Man hält die Verzerrungen durch geeignete Wahl
des Ruhestromes sowie durch eine ausreichend große Treiber-
Ausgangsimpedanz r_{iw} bei kleinen Aussteuerungen gering und verhindert die Vergrößerung des Klirrfaktors bei großen Aussteuerungen durch eine entsprechend ausgelegte Gegenkopplung.

Bei hohen Anforderungen an den Klirrfaktor muß auch beim Klein-
signalverstärker auf den Innenwiderstand r_{iw} des Steuergenerators geachtet werden. Die in Bild 151 angegebenen Meßkurven
zeigen, daß der Klirrfaktor bei Spannungssteuerung (Bild 151a)
proportional mit der Eingangsspannung $\hat{u}_{be}$ ansteigt und bei konstanter Aussteuerung der Klirrfaktor durch eine Stromsteuerung
klein gehalten werden kann (Bild 151b).
Dieses Meßergebnis bestätigt unsere obige Feststellung, daß
auch für den Großsignalverstärker die Stromsteuerung günstig
ist, wenn dieser mit kleiner Aussteuerung betrieben wird.

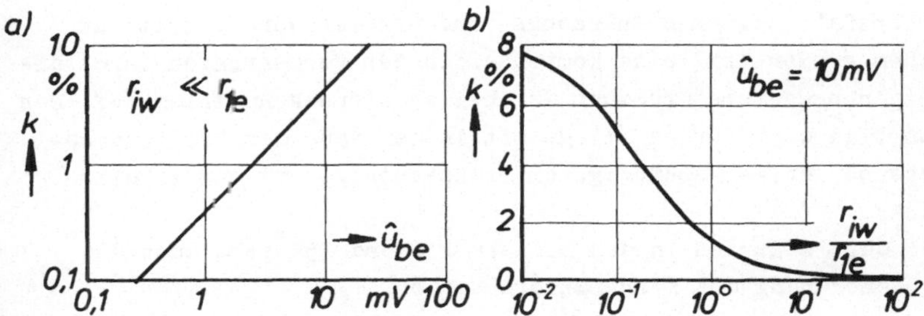

Bild 151 Klirrfaktor bei kleiner Aussteuerung

      a) Spannungssteuerung   b) $\hat{u}_{be}$ = konst

Die entgegengesetzte Krümmung der Spannungs- und Stromsteuer-
kennlinien, [1] Bild 24 und 25, kann auch beim Großsignal-A-
Betrieb vorteilhaft ausgenutzt werden: Man wählt den Ruhestrom
I_C^A so, daß er auf der Spannungs-Steuerkennlinie unterhalb und
auf der Strom-Steuerkennlinie oberhalb des Wendepunktes zu liegen kommt. Bei einer großen konstanten Aussteuerung mit vari-
ablem Innenwiderstand r_{iw} des
Steuergenerators zeigt der
Klirrfaktor dann den in Bild 152
angegebenen Verlauf. Bei kleinen
r_{iw}-Werten (Spannungssteuerung)
machen sich die Nichtlineari-
täten der Spannungs-Steuerkennlinie stark bemerkbar. Der
Klirrfaktor hat infolge der beschriebenen Überspitzung große
Werte. Bei großem r_{iw}-Wert
(Stromsteuerung) ist die Nichtlinearität der Strom-Steuerkennlinie maßgebend. Die beschriebene Abflachung führt wiederum
zu einem großen Klirrfaktor.
Dazwischen gibt es bei einem
bestimmten Innenwiderstand r_{iw}

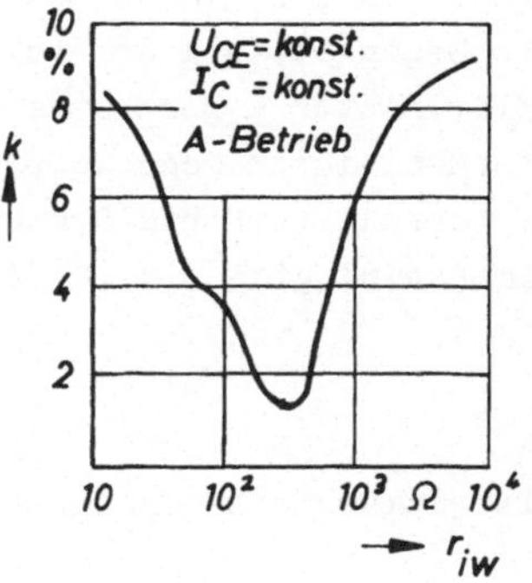

Bild 152
Klirrfaktor bei großer
Aussteuerung

ein ausgeprägtes Minimum für den Klirrfaktor. Bei diesem Betriebsfall zwischen Spannungs- und Stromsteuerung tritt zu einem großen Teil eine Kompensation der Verzerrungen durch die entgegengesetzte Krümmung der beiden Steuerkennlinien auf. Der günstige Wert für r_{iw} liegt oft in der Nähe der Leistungsanpassung, er ist abhängig vom Transistortyp und vom Arbeitspunkt.

Aus den Meßkurven in den Bildern 151 und 152 geht auch die Größenordnung des Klirrfaktors hervor.

Durch Gegenkopplung läßt sich der Klirrfaktor beliebig verringern.

Heute verlangt man bei Sprach- und Musikübertragung Klirrfaktoren kleiner als 0,5 %.

Wesentlich höhere Forderungen sind jedoch an die Zwischenverstärker bei Kabel-Weitverkehrssystemen (Telefonnetz) zu stellen. Hier liegen viele Zwischenverstärker (z.B. mehrere Hundert) in etwa konstanten Abständen im Zuge der Nachrichtenstrecke hintereinander. Weil sich bei der Kettenschaltung von Verstärkern ihre Klirrfaktoren näherungsweise addieren, werden hier Klirrfaktoren von 10^{-4} bis 10^{-5} für den Einzelverstärker gefordert. Diese hohe Linearität kann natürlich nur durch eine starke Gegenkopplung erreicht werden.

Der Klirrfaktor k geht etwa im selben Ausmaß zurück, wie die Verstärkung durch Gegenkopplung abnimmt. Für die in [2] Abschn. 4.6.1 behandelte Strom-Spannungs-Gegenkopplung durch den Emitterwiderstand gilt mit [2] Gl.(188) z.B.

$$k' \approx \frac{k}{1 + k_{iu}v_{ue}} \tag{703}$$

k' Klirrfaktor mit Gegenkopplung

Graphische Bestimmung des Klirrfaktors

Mit dem nachstehend beschriebenen Verfahren läßt sich besonders bei Leistungsverstärkern der Klirrfaktor als Funktion der Aussteuerung und in Abhängigkeit von der Größe des Lastwiderstandes r_{lw} auf graphischem Weg näherungsweise abschätzen. Bei der Spannungs- bzw. Stromsteuerung kann man den Klirrfaktor

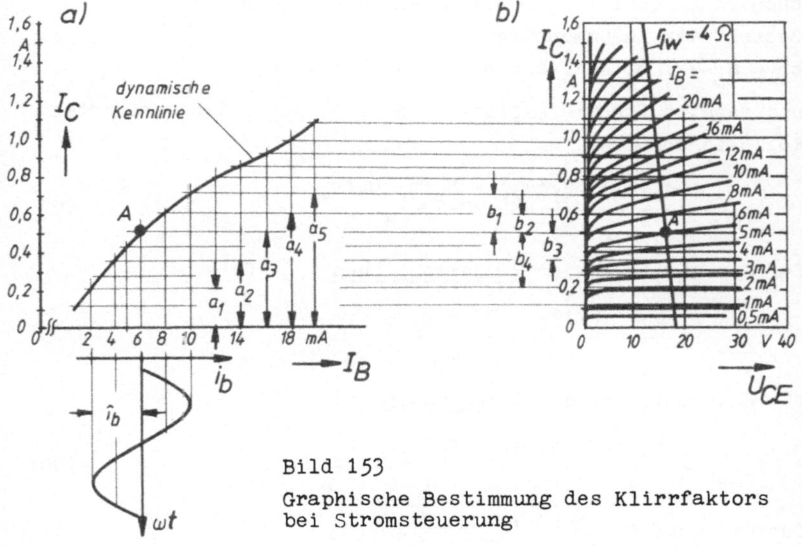

Bild 153

Graphische Bestimmung des Klirrfaktors
bei Stromsteuerung

unmittelbar aus dem Ausgangskennlinienfeld mit U_{BE} bzw. I_B
als Parameter oder aus der dynamischen Spannungs- bzw. Strom-
steuerkennlinie grob bestimmen. Für die Fälle zwischen Strom-
und Spannungssteuerung ist die Methode schwieriger, weil man
sich zuerst die verzerrten Eingangssignalgrößen $u_{be}(t)$ und
$i_b(t)$ konstruieren muß, [12] S.1010.
In Bild 153 ist ein Beispiel für einen Leistungstransistor
BD... mit Stromsteuerung angegeben. Der Arbeitspunkt ist
$I_C^A = 0,5$ A; $U_{CE}^A = 16$ V; $I_B^A = 6$ mA. Ferner wurde ein Lastwiderstand von $r_{lw} = 4\,\Omega$ und eine Aussteuerungsamplitude von $\hat{i}_b =$
4 mA angenommen. Die zugehörige dynamische Strom-Steuerkennlinie ist entsprechend den Angaben in [1] Abschn.7 konstruiert
und in Bild 153a) gezeichnet. Die zu den Scheitelwerten des
Basisstromes i_b gehörenden Kollektorströme sind mit a_1 bzw. a_5
und die zu den halben Maximalwerten des Basisstromes i_b gehörenden Kollektorströme mit a_2 bzw. a_4 bezeichnet. Der Kollektorruhestrom erhielt die Bezeichnung $a_3 = I_C^A$. Mit den entspre-

chenden Abschnitten b_1 bis b_4 auf der I_C-Achse in Bild 153b)
besteht der Zusammenhang

$$b_1 = a_5 - a_3; \quad b_2 = a_4 - a_3; \quad b_3 = a_3 - a_2; \quad b_4 = a_3 - a_1$$

und es gilt für die Amplitude der _Grundwelle_ des verzerrten
Kollektorstromes

$$\hat{i}_{c\omega} = \frac{(a_4 + a_5) - (a_1 + a_2)}{3} = \frac{b_1 + b_2 + b_3 + b_4}{3} \tag{704}$$

für die Amplitude der _2. Harmonischen_

$$\hat{i}_{c2\omega} = \frac{a_3}{2} - \frac{a_1 + a_5}{4} = \frac{b_4 - b_1}{4} \tag{705}$$

für die Amplitude der _3. Harmonischen_

$$\hat{i}_{c3\omega} = \frac{a_4 - a_2}{3} - \frac{a_5 - a_1}{6} = \frac{b_2 + b_3}{3} - \frac{b_1 + b_4}{6} \tag{706}$$

für die Amplitude der _4. Harmonischen_

$$\hat{i}_{c4\omega} = \frac{a_3}{2} + \frac{a_1 + a_5}{12} - \frac{a_2 + a_4}{3} = \frac{b_3 - b_2}{3} - \frac{b_4 - b_1}{12} \tag{707}$$

für den Betrag, um den sich bei dieser Aussteuerung infolge
der in $i_c(t)$ enthaltenen _Gleichstromkomponente_ der Kollektorruhestrom I_C^A verschiebt

$$\varDelta I_C^A = \frac{a_1 + a_5}{6} + \frac{a_2 + a_4}{3} - a_3 = \frac{b_1 - b_4}{6} + \frac{b_2 - b_3}{3} \tag{708}$$

Wenn man sich auf nicht zu große Aussteuerungen beschränkt,
bestehen die Verzerrungen im wesentlichen aus der 2. und 3.
Harmonischen.
Die Abschnitte b_1 bis b_4 müssen für eine andere Aussteuerungsamplitude $\hat{i}_b$ neu bestimmt werden.
Falls Spannungssteuerung vorliegt, muß man das Ausgangskennlinienfeld mit U_{BE} als Parameter der Konstruktion zugrunde
legen, [1] Bild 58.
Die einer Endstufe entnehmbare Wechselstromleistung ist umso
größer, je mehr der Endtransistor ausgesteuert werden kann.

Mit zunehmender Aussteuerung wird aber auch der Klirrfaktor größer. Die Ausgangsleistung der Endstufe kann daher nur unter gleichzeitiger Angabe des Klirrfaktors charakterisiert werden.

Beispiel 76: Für das in Bild 153 gegebene Beispiel ist der Klirrfaktor k und die Arbeitspunktverschiebung ΔI_C^A zu ermitteln.

L ö s u n g :   Aus Bild 153b) kann man ablesen
b_1 = 200 mA; b_2 = 100 mA; b_3 = 150 mA; b_4 = 290 mA.
Dann ist $\hat{i}_{c\omega} \overset{(704)}{=} 246,7$ mA; $\hat{i}_{c2\omega} \overset{(705)}{=} 22,5$ mA; $\hat{i}_{c3\omega} \overset{(706)}{=} 1,7$ mA $\hat{i}_{c4\omega} \overset{(707)}{=} 9,2$ mA; $\Delta I_C^{A} \overset{(708)}{=} -31,7$ mA; $k_2 \overset{(701)}{=} 9$ %; $k_3 \overset{(701)}{=} 0,7$ %; $k_4 \overset{(701)}{=} 3,7$ %; $k \overset{(702)}{=} 9,8$ %. Da ein reeller Lastwiderstand r_{1w} = 4 Ω vorliegt, hat die Ausgangsspannung $u_{ce}(t) = -i_c(t)r_{1w}$ den gleichen Klirrfaktor wie der Kollektorstrom.

Beispiel 77: Um wieviel verringern sich die Verzerrungen, wenn bei einem mehrstufigen Verstärker über alle Stufen hinweg mit 6 dB gegengekoppelt wird (vergl. [2] Beisp.53c) ?

L ö s u n g :   Nach [2] Beisp.53c) bedeuten 6 dB Gegenkopplung über den ganzen Verstärker z.B. bei einer Strom-Spannungs-Gegenkopplung: $1 + k_{iu}v_{uges} \approx 2$. Somit gilt $k'/k \overset{(703)}{\approx} 1/(1+k_{iu}v_{uges})$ $\approx 1/2$. Die Verzerrungen gehen also auf die Hälfte zurück.

6. Feldeffekttransistoren

Ein Feldeffekttransistor - im folgenden kurz mit der üblichen Abkürzung FET bezeichnet - besteht im Prinzip aus einem Stromkanal aus dotiertem Halbleitermaterial, dessen Leitfähigkeit unter dem Einfluß eines elektrischen Feldes beeinflußt werden kann.
Da das senkrecht zur Stromrichtung wirkende elektrische Feld den Widerstand des Stromkanals verändert, ist der FET ein elektrisch steuerbarer Widerstand, der sich im Sinne von [2] Abschn.1 als elektronisches Verstärkerelement einsetzen läßt.

Die beiden Anschlüsse für den Stromkanal werden "Source"-
und "Drain"-Elektrode genannt. Der Strom zwischen diesen beiden Anschlußklemmen läßt sich durch eine Spannung an einer
dritten Elektrode dem sog. "Gate" steuern. Diese aus dem Eng-
lischen übernommenen Bezeichnungen haben die Bedeutung von
Zufluß (Quelle) S, Abfluß D und Tor G (im Sinne von Sperre
oder Schranke). In der Normalausführung ist der FET also ein
dreipoliges Halbleiterbauelement. Es gibt aber auch Ausfüh-
rungsformen, bei denen zwei Gate-Elektroden vorhanden sind.
Hauptsächlich bei den MOS-FET-Typen führt der zweite Gatean-
schluß zum Halbleiter-Substrat B (engl. bulk). Man spricht
dann vom "Substratgate".
In der physikalischen Funktion entspricht die Source-Elektrode
dem Emitter, die Drain-Elektrode dem Kollektor und die Gate-
Elektrode der Basis beim herkömmlichen Transistor.
Man unterscheidet zwei grundsätzlich verschiedene Methoden,
mit denen man die Leitfähigkeit des Stromkanals variieren
kann:
In einem Fall verändert man die Dimensionen des leitfähigen
Kanals. Dies geschieht durch Sperrschichten, die sich ent-
sprechend der angelegten Steuerspannung U_{GS} zwischen Gate und
Source verschieden weit in die Kanalzone ausdehnen und damit
den Stromkanal mehr oder weniger einschnüren. Transistoren,
die nach diesem Wirkungsmechanismus arbeiten, nennt man
Sperrschicht-Feldeffekttransistoren.
Bei der zweiten FET-Art verändert die Steuerspannung U_{GS} durch
Influenzwirkung die Konzentration beweglicher Ladungsträger im
Kanal und verändert dadurch seine Leitfähigkeit. Diese Tran-
sistoren werden aufgrund ihrer technologischen Schichtenfolge
(Metall-Oxyd-Halbleiter; engl. metal-oxide-semiconductor)
MOS-Feldeffekttransistoren genannt.

Im Gegensatz zum herkömmlichen Transistor, bei dem der Strom
nur in einer Richtung vom Emitter zum Kollektor fließen kann,
gestattet der FET das Vertauschen des Drain- und Sourcean-
schlußes; er hat zwischen Drain und Source keine Vorzugsrich-
tung. Zwischen einem gewöhnlichen Transistor und einem FET

besteht noch ein weiterer wesentlicher Unterschied: beim herkömmlichen Transistor sind am Stromfluß sowohl Majoritäts- als
auch Minoritätsträger beteiligt. Beim FET spielen die Minoritätsträger überhaupt keine Rolle; der Strom im Kanal wird allein von Majoritätsträgern getragen. Aus diesen Gründen bezeichnet man den herkömmlichen Transistor gelegentlich als
"bipolar" und den FET aber als "unipolar".

Auf den technologischen Aufbau und die physikalische Wirkungsweise der verschiedenen FET-Typen wird hier nicht näher eingegangen. Hierzu findet man Ausführungen z.B. in [19], [20],
[21].

6.1. Sperrschicht-Feldeffekttransistoren

Die freien Ladungsträger im dotierten Halbleitermaterial des
Stromkanals können entweder P- oder N-Leitfähigkeit haben.
Man unterscheidet daher zwischen N-Kanal-FET und P-Kanal-FET.

Das Schaltsymbol und die für den normalen Verstärkerbetrieb
erforderliche Polarität der Vorspannungen U_{DS} und U_{GS} sind
für einen N-Kanal-Sperrschicht-FET in Bild 154a) angegeben.

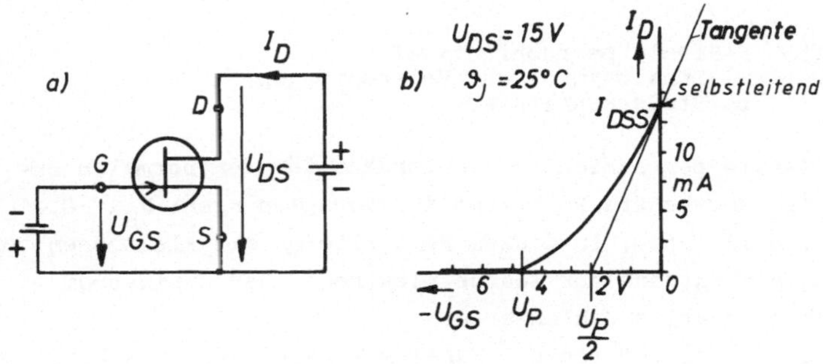

Bild 154   N-Kanal-Sperrschicht-FET
           a) Schaltsymbol und Vorspannungen
           b) Steuerkennlinie

Der Stromkanal ist im Schaltsymbol durch einen Strich zwischen
Drain und Source dargestellt. Die Gate-Elektrode liegt stets
in gleicher Höhe wie der Source-Anschluß. Damit ist die Source-
Seite eindeutig zu erkennen.

Im normalen Betrieb muß das Gate-Potential negativ gegenüber
dem Source-Potential ($U_{GS} < 0$) und das Drain-Potential positiv
gegen das Source-Potential sein ($U_{DS} > 0$). Es fließen dann
Elektronen von der Source- zur Drain-Elektrode des FET. In der
eingezeichneten Zählrichtung für den <u>Drainstrom</u> I_D - beim FET
werden wie beim bipolaren Transistor alle Ströme zum Inneren
des Halbleiterbauelementes gezählt - hat dieser daher einen
positiven Zahlenwert, [1] Abschn.1. Die Größe des Drainstromes kann entsprechend der in Bild 154b) dargestellten <u>Steuer-</u>
<u>kennlinie</u> mit der negativen Steuerspannung U_{GS} eingestellt
werden.

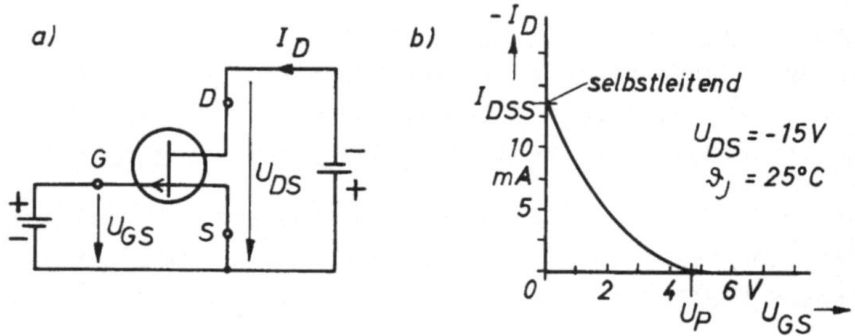

Bild 155   P-Kanal-Sperrschicht-FET
            a) Schaltsymbol und Vorspannungen
            b) Steuerkennlinie

Der P-Kanal-Sperrschicht-FET erfordert für den normalen Betrieb die umgekehrte Polarität der Vorspannungen: $U_{GS} > 0$;
$U_{DS} < 0$, Bild 155a). In diesem Fall fließen die Elektronen von
der Drain-Elektrode zur Source-Elektrode. Der Drainstrom I_D
hat daher negative Zahlenwerte.
Im Schaltsymbol für einen P-Kanal-FET zeigt der Gate-Pfeil
nach außen. Die Pfeilrichtung entspricht dem Leitfähigkeits-
typ des Substrats.

Grundschaltungen

Weil der FET in seiner Grundform ebenso wie der bipolare Transistor ein dreipoliges Bauelement ist, muß im Verstärkerbetrieb jeweils eine Elektrode sowohl mit dem Verstärkereingang

als auch mit dessen Ausgang verbunden sein. Man unterscheidet
daher die in Bild 156 angegebenen drei Grundschaltungen.

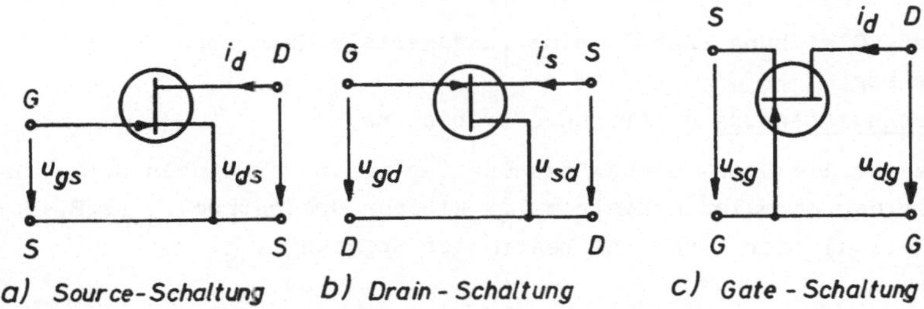

Bild 156   Grundschaltungen des FET

In Fällen, in denen eine besondere Kennzeichnung der Grundschaltung erforderlich ist, werden die Formelzeichen mit einem zusätzlichen Index s, d oder g versehen.

6.1.1. Statische Eigenschaften / Kennlinien

In Bild 157 ist ein Beispiel für das Steuerkennlinienfeld
(links) und das Ausgangskennlinienfeld (rechts) eines N-Kanal-
Sperrschicht-FET gezeichnet, für den Fall, daß dieser mit den
in Bild 154a) angegebenen Polaritäten der Vorspannungen in der
Source-Schaltung betrieben wird.
Betrachten wir zunächst eine Ausgangskennlinie mit U_{GS}=konst.
z.B. U_{GS} = -3 V. Ausgehend von U_{DS} = 0 V nimmt der Drainstrom
I_D linear mit der Spannung U_{DS} zu. Dies bedeutet, daß der
Widerstand des Stromkanals zwischen Drain und Source zunächst
konstant ist und die Größen I_D, U_{DS} und der Kanalwiderstand
durch das ohmsche Gesetz verknüpft sind. Man nennt diesen Bereich daher den "ohmschen Bereich".
Mit zunehmender Spannung U_{DS} wird der Anstieg von I_D mit U_{DS}
immer geringer, bis er ab einer bestimmten Spannung U_{DSsat} nur
noch sehr wenig ansteigt, weil der Stromkanal dann nahezu ab-
geschnürt ist. Mit wachsender Sperrspannung U_{GS} wird die sog.
Kniespannung oder Drain-Source-Sättigungsspannung U_{DSsat}, bei
der diese Abschnürung (engl.: pinch off) eintritt, kleiner.

Es gilt hierbei der Zusammenhang

$$U_{DSsat} = U_{GS} - U_p \tag{709}$$

Diese Gleichung enthält eine fundamentale Kenngröße des FET, die sog.

Abschnürspannung U_p (Pinch-off-Spannung)

Sie ist die Gate-Source-Spannung für einen vorgegebenen (gegenüber dem normalen Ruhestrom I_D^A) kleinen Drainstrom I_D (z.B. für I_D = 1 µA oder 1 nA) bei bestimmter Spannung U_{DS}.

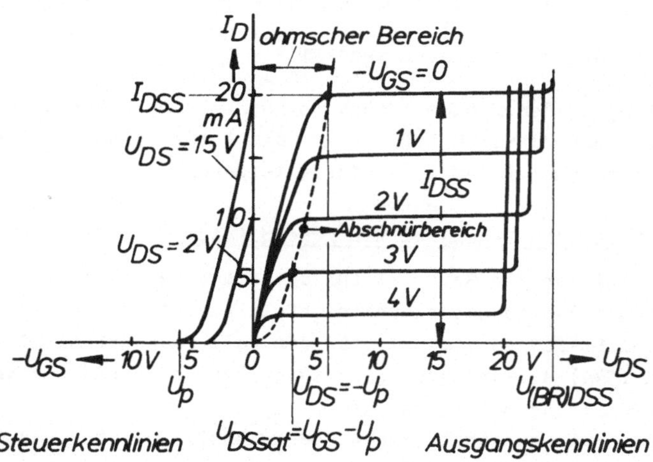

Bild 157 Kennlinien eines N-Kanal-Sperrschicht-FET
(Source-Schaltung)

Am einfachsten kann man diese statische Kenngröße an der Steuerkennlinie ablesen. Für das in Bild 157 links angegebene Beispiel gilt

bei U_{DS} = 15 V; I_D = 1 nA; U_p = -6 V.

In dieser oder ähnlicher Form wird die Gate-Source-Abschnürspannung U_p im FET-Datenblatt stets angegeben. $|U_p|$ = 0,5....6V. Für das Vorzeichen gilt

beim N-Kanal-FET: $U_p < 0$
beim P-Kanal-FET: $U_p > 0$

Entsprechend der Beziehung (709) tritt die Abschnürspannung U_p auch im Ausgangskennlinienfeld auf: Für $U_{GS} = 0$ schnüren beim Erreichen des Wertes $U_{DS} = -U_p$ die Sperrschichten den Kanal ab (Bild 157 rechts, oberste Kennlinie).

Alle durch die Gl.(709) festgelegten Kennlinienpunkte bilden im Ausgangskennlinienfeld die <u>Abschnürgrenze</u>. In Bild 157 rechts ist sie gestrichelt eingezeichnet. Diese Grenze teilt das Ausgangskennlinienfeld eines FET in zwei Bereiche, den <u>ohmschen Bereich</u> (oder auch Triodenbereich) und den <u>Abschnür-bereich</u> (oder auch Sättigungsbereich).

Eine weitere wichtige statische Kenngröße des FET ist der sog. <u>Drain-Source-Kurzschlußstrom</u> I_{DSS}

Er ist definiert als der zwischen Drain und Source fließende Strom bei Kurzschluß zwischen Gate und Source ($U_{GS} = 0$) und bestimmter Spannung U_{DS} im Abschnürbereich.

Die Indexfolge im Symbol I_{DSS} ist genormt und entspricht den Festlegungen, die uns von den Transistorreststrümen bekannt sind, [1] S.151.

Der Drain-Source-Kurzschlußstrom I_{DSS} ist durch den Schnittpunkt der Steuerkennlinie mit der I_D-Achse gegeben (Bild 157 links). Er nimmt mit der Spannung U_{DS} etwas zu, weil die Ausgangskennlinien im Abschnürbereich nicht vollkommen horizontal verlaufen. Der Kennwert I_{DSS} wird daher im Datenblatt stets mit der zugehörigen Spannung U_{DS} angegeben. Für das in Bild 157 links angegebene Beispiel gilt

bei $U_{DS} = 15$ V; $U_{GS} = 0$; $I_{DSS} \approx 20$ mA

Für das Vorzeichen gilt

$$\text{beim N-Kanal-FET:} \quad I_{DSS} > 0$$
$$\text{beim P-Kanal-FET:} \quad I_{DSS} < 0$$

Die in den Bildern 154 und 155 angegebenen Polaritäten der Vorspannungen betreiben die Gate-Kanal-PN-Übergänge in Sperrrichtung. Im normalen Verstärkerbetrieb fließt daher nur ein sehr kleiner Gatereststrom, der meistens als <u>Gate-Source-Kurzschluß-Reststrom</u> I_{GSS} im Datenblatt angegeben wird, z.B. bei $U_{GS} = -20$ V; $U_{DS} = 0$; $\vartheta_J = 25^{\circ}C$; $I_{GSS} = -0,1$ nA.

Der statische Eingangswiderstand r_{1S} zwischen Gate und Source
hat sehr hochohmige Werte (10^{10} bis $10^{11}\Omega$), weil der Gatestrom praktisch Null ist ($I_G \approx 0$).
Polt man die Spannung U_{GS} gegenüber den in den Bildern 154
und 155 angegebenen Vorzeichen der Potentiale um, so geraten
die Gate-Kanal-PN-Übergänge in Durchlaßrichtung und es fließt
ein nicht unerheblicher Gatestrom I_G. Im Verstärkerbetrieb
muß man daher den Ruhestrom I_D^A genügend weit unterhalb dem
Wert I_{DSS} wählen, damit es bei einer Wechselstromaussteuerung
nicht zu einem Gatestrom-Einsatz kommen kann.

Kennlinien-Gleichung

Die Steuerkennlinie - auch Übertragungskennlinie - des FET
in Bild 157 links ist etwa eine Parabel, weil im Abschnürbereich für P- und N-Kanal-FET die I_D, U_{GS}-Kennlinie etwa der
Gleichung

$$I_D = I_{DSS}\left(1 - \frac{U_{GS}}{U_p}\right)^2 \quad \text{für } |U_{DS}| = \text{konst.} \geq |U_{DSsat}| \quad (710)$$

folgt. Diese Kennlinie entspricht der Spannungs-Steuerkennlinie
des bipolaren Transistors. Weil jene Kennlinie einen exponen-
tiellen Verlauf hat, [1] Bild 21, und der Drainstrom des FET
sich aber nur mit dem Quadrat der Steuerspannung U_{GS} ändert,
sind die Signalverzerrungen des FET kleiner als die des span-
nungsgesteuerten bipolaren Transistors.

Grenzwerte

Beim FET dürfen ebenso wie beim bipolaren Transistor, [1]
Abschn.11.2, gewissen Grenzwerte unter keinen Umständen über-
schritten werden. Spannungsschwankungen, Einzelteile-Toleranzen
usw. müssen hierbei sorgfältig berücksichtigt werden. Ein
Überschreiten der vom Hersteller im Datenblatt angegebenen
Grenzwerte kann zu Schädigungen des Transistors führen.

Wie man in Bild 157 rechts erkennen kann, tritt bei genügend
hohen Spannungen U_{DS} ein Drain-Gate-Durchbruch auf. Die Durch-
bruchspannung $U_{(BR)DSS}$ ist bei $U_{GS} = 0$ am größten. Um diesen

Durchbruch zu vermeiden muß die Drain-Source-Spannung unter einem Maximalwert bleiben, z.B. $U_{DSmax} = \overset{+}{-} 30$ V.

Weitere wichtige Grenzwerte sind

U_{GSOmax} ..... maximal zulässige Gate-Source-Spannung

bei $I_D = 0$

z.B. $U_{GSOmax} = -30$ V

I_{Dmax} ..... maximal zulässiger Drainstrom

z.B. $I_{Dmax} = 20$ mA

P_{totmax} ..... maximal zulässige Gesamtverlustleistung

für $\vartheta_U \leq 25^{\circ}$C bzw. $\vartheta_G \leq 25^{\circ}$C

z.B. $P_{totmax} = 300$ mW

ϑ_{Jmax} ..... maximal zulässige Sperrschichttemperatur

z.B. $\vartheta_{Jmax} = 200^{\circ}$C (Silizium)

Für höhere Umgebungstemperaturen ($\vartheta_U > 25^{\circ}$C) muß die Verlustleistung P_{tot} im allgemeinen entsprechend einer Deratingkurve wie beim bipolaren Transistor, [1] Bild 64, reduziert werden. Sie läßt sich aus der Beziehung [1] Gl.(71) ermitteln, wenn der im Datenblatt des FET angegebene Wärmewiderstand R_{thJU} zwischen Sperrschicht bzw. Kanal und Umgebung eingesetzt wird, z.B. $R_{thJU} \doteq 0,59$ K/mW.

6.1.2. Steilheit

Die wichtigste dynamische Kenngröße eines FET ist die <u>Vorwärtssteilheit in Source-Schaltung</u>, kurz <u>Steilheit</u> genannt. Übliche Formelzeichen sind: S, g_{21s}, g_{fs}, g_m oder $|y_{21s}|$, $|y_{fs}|$.

Der NF-Wert der Steilheit kann im für den Verstärkerbetrieb maßgebenden Abschnürbereich entsprechend der Definition

$$g_m = S = \left|\frac{\Delta I_D}{\Delta U_{GS}}\right|_{U_{DS}=konst.} = \left|\frac{i_d}{u_{gs}}\right|_{u_{ds}=0} \tag{711}$$

aus der Steigung der Steuerkennlinie ermittelt **oder mit**

$S = |\partial I_D| / |\partial U_{GS}|$ bei U_{DS} = konst. aus der Gl.(710) abgeleitet werden:

$$S = \frac{2}{|U_p|} \sqrt{I_D I_{DSS}} \qquad (712)$$

Beim FET ändert sich also die Steilheit etwa mit der Quadratwurzel des Drainstromes, Bild 158a):

$$S \sim \sqrt{I_D} \qquad (712a)$$

Dies ist ein gewisser Nachteil, weil die Steilheit eines bipolaren Transistors direkt proportional zum Kollektorstrom ist, Bild 158b) und [1] Gl.(36).

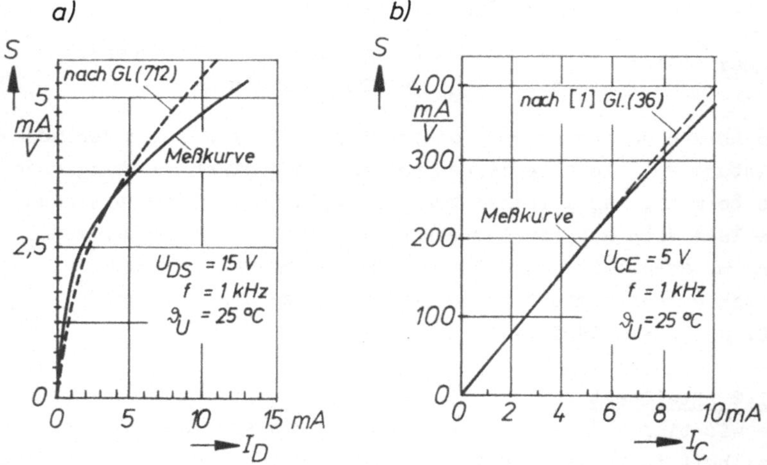

Bild 158   Steilheit bei Transistoren
           a) FET (unipolar)   b) bipolarer Transistor

Eine Erhöhung von I_D zur Steilheitsvergrößerung (höhere Verstärkung, Gl.(721)) des FET ist über einen bestimmten Wert hinaus nicht mehr sinnvoll, weil der dadurch erzielte Verstärkungszuwachs gering ist und außerdem der lineare Aussteuerungsbereich eingeschränkt wird.
Die Größenordnung der Steilheit ist beim FET geringer als beim

bipolaren Transistor. Im Datenblatt wird die für 1 kHz gültige
Steilheit angegeben. Typische Werte bei $U_{DS} = 15$ V, $U_{GS} = 0$:
$S = 1 \ldots\ldots 40$ mA/V. Beim bipolaren Transistor hat die Steilheit größere Werte: bei $U_{CE} = 5$ V; $I_C = 2$ mA: $S = 60 \ldots\ldots$
80 mA/V, [2] S.40.

Die maximale Steilheit S_{max} hat der FET bei $U_{GS} = 0$; $I_D = I_{DSS}$.
Nach Gl.(712) gilt

$$S_{max} = \left| \frac{2I_{DSS}}{U_p} \right| \tag{713}$$

Die Tangente im Punkt $U_{GS} = 0$; $I_D = I_{DSS}$ schneidet demnach die
U_{GS}-Achse bei $U_{GS} = U_p/2$, Bild 154b).

Die Abhängigkeit der Steilheit von der Spannung U_{DS} ist im Abschnürbereich nur gering.

Die Steilheit g_{21s} ist bis zu höheren Frequenzen unabhängig
von der Frequenz, Bild 169.

6.2. MOS-Feldeffekttransistoren

Das Schaltsymbol und die für den normalen Verstärkerbetrieb
erforderliche Polarität der Vorspannungen U_{DS} und U_{GS} sind
für einen N-Kanal-MOS-FET in Bild 159a) angegeben.

Da beim MOS-FET das Gate durch eine Oxydschicht vom Kanal
völlig isoliert ist, darf die Spannung U_{GS} auch positiv werden, ohne daß ein Gatestrom fließt. Der statische Eingangswiderstand zwischen Gate und Source ist daher noch wesentlich
größer als beim Sperrschicht-FET. Er erreicht Werte von 10^{14}
bis 10^{15} Ω (Isolationswiderstände) und ist im Gegensatz zum
Sperrschicht-FET unabhängig von der Polarität der Spannung U_{GS}.
Mit dem MOS-FET lassen sich daher galvanische Kopplungen sehr
einfach realisieren.

Der statische Eingangswiderstand zwischen Source S und dem
Substratgate B entspricht dem eines Sperrschicht-FET, weil
zwischen Substrat und Kanal nur eine Sperrschicht liegt. Dieser Widerstand ist also niedriger. Das Substrat darf gegenüber
der Sourcezone niemals in Durchlaßrichtung gepolt werden.

Der im Schaltungssymbol eingehaltene Abstand zwischen Gate
und Kanal verdeutlicht die isolierende Oxydschicht.

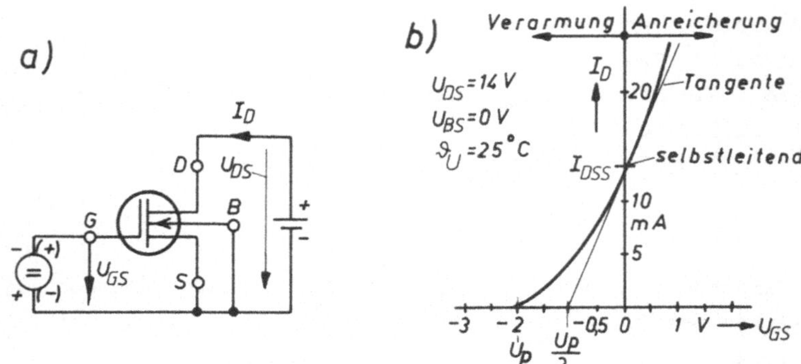

Bild 159   N-Kanal-MOS-FET
           a) Schaltsymbol und Vorspannungen
           b) Steuerkennlinie

Statische Eigenschaften / Kennlinien

In Bild 160a) ist ein Beispiel für das Steuerkennlinienfeld
(Übertragungskennlinien) und in Bild 160b) für das Ausgangskennlinienfeld eines N-Kanal-MOS-FET in Source-Schaltung gezeichnet.

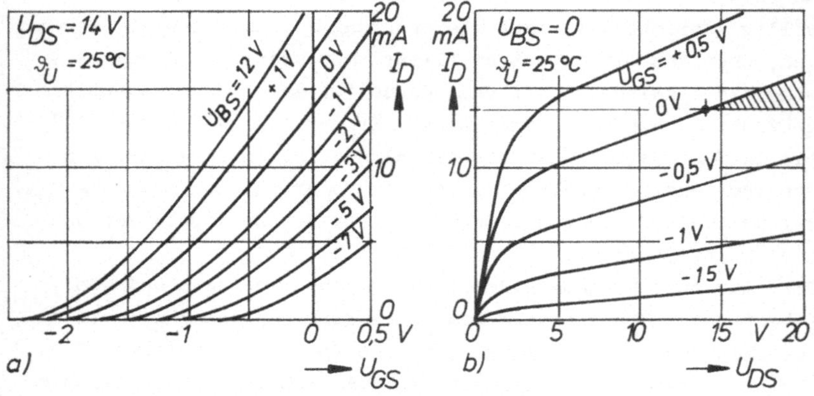

Bild 160   N-Kanal-MOS-FET (selbstleitend)
           a) Steuer-   b) Ausgangskennlinien

Dieser MOS-FET-Typ hat für $U_{GS} < 0$ qualitativ den gleichen Kennlinienverlauf wie ein Sperrschicht-FET. Es existiert also auch hier eine <u>Abschnürspannung</u> U_p (siehe auch Bild 159b) und ein <u>Drain-Source-Kurzschlußstrom</u> I_{DSS}.

Wie aus Bild 160a) deutlich hervorgeht, kann man den Drainstrom auch über das Substratgate B mit der Spannung U_{BS} steuern.

Die Gleichung   der Steuerkennlinie eines MOS-FET ist ebenfalls annähernd durch Gl.(710) gegeben. Aufgrund dieses quadratischen Zusammenhanges zwischen Steuerspannung U_{GS} und Drainstrom I_D gilt die Steilheitsbeziehung aus den Gln.(711) bis (713) auch für diesen MOS-FET-Typ.
Auch die Ausgangskennlinien des MOS-FET verlaufen im Prinzip gleich wie beim Sperrschicht-FET. Man unterteilt das Kennlinienfeld ebenfalls in den ohmschen und den Abschnürbereich, deren gemeinsame Grenze wieder durch Gl.(709) festgelegt ist.

Bei den MOS-FET's gibt es noch einen zweiten Typ, der sich von dem bisher beschriebenen grundsätzlich unterscheidet. Sein Schaltsymbol und seine Steuerkennlinie ist in Bild 161 gezeichnet.

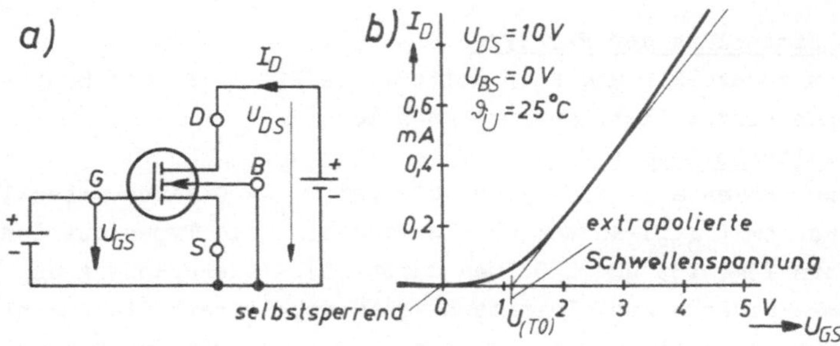

Bild 161   N-Kanal-MOS-FET (selbstsperrend)
       a) Schaltsymbol und Vorspannungen
       b) Steuerkennlinie

Als entscheidender Unterschied ist zu erkennen, daß bei diesem MOS-FET-Typ (abgesehen von kleinen Restströmen) kein Drainstrom fließt, wenn die Steuerspannung U_{GS} negativ oder Null ist.

Außerdem hat dieser MOS-FET wie der bipolare Transistor, [1]
Bild 28, eine <u>Schwellenspannung</u> $U_{(TO)}$ (engl.: threshold volta-
ge), die zwischen Gate und Source mindestens vorhanden sein
muß, bis ein merklicher Drainstrom fließt. Der Drainstrom I_D
ist wieder - wie bei den anderen Typen - vom Quadrat der Steuerspannung U_{GS} abhängig (Quadratische Übertragungskennlinie).

Diesen FET gibt es auch als **P-Kanal-Typ**, Bild 162.

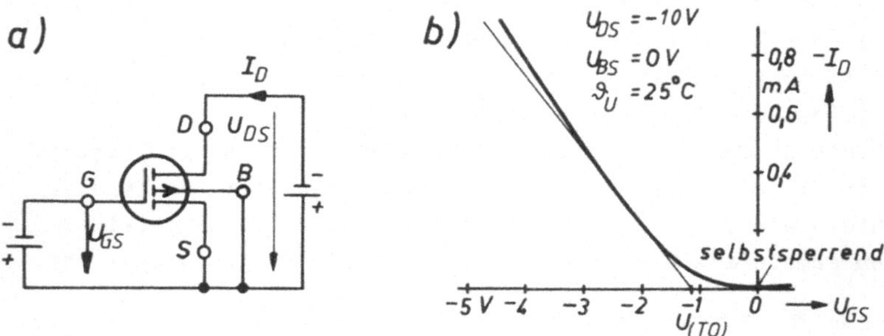

Bild 162   P-Kanal-MOS-FET (selbstsperrend)
                 a) Schaltsymbol und Vorspannungen
                 b) Steuerkennlinie

6.3. Einteilung der FET-Typen

Es ist zweckmäßig und auch üblich, die FET's in zwei Hauptgruppen einzuteilen. Man unterscheidet:

1.) selbstleitender FET

Hierzu zählen alle FET-Typen, die bei $U_{GS} = 0$ einen wesentlichen
Drainstrom (I_{DSS}) aufweisen. Es sind dies die Typen aus den
Bildern 154, 155 und 159. Das durch die Steuerspannung U_{GS} im
Stromkanal erzeugte elektrische Feld verkleinert die Anzahl
der frei beweglichen Ladungsträger. Man spricht daher auch vom
"Verarmungstyp" (engl.: depletion type).
Im Schaltsymbol des selbstleitenden FET ist die Linie für den
Kanal zwischen Source und Drain durchgezogen.

2.) selbstsperrender FET

Hierzu zählen alle FET-Typen, die bei $U_{GS} = 0$ praktisch keinen
Drainstrom aufweisen. Es sind dies die Typen aus den Bildern

161 und 162. Das durch die Steuerspannung U_{GS} im Stromkanal erzeugte elektrische Feld vergrößert die Anzahl der frei beweglichen Ladungsträger. Man spricht daher auch vom "Anreicherungstyp" (engl. enhancement type).

Im Schaltsymbol des **selbstsperrenden** FET ist die Linie für den Stromkanal gestrichelt gezeichnet.

Die Einteilung in die Hauptgruppen Sperrschicht-FET und MOS-FET ist unzweckmäßig, da der MOS-FET nach Bild 159 für $U_{GS} < 0$ wie der Sperrschicht-FET nach Bild 154 arbeitet. Auch die Bezeichnungen Anreicherungs- und Verarmungstyp sind nicht eindeutig, weil der MOS-FET nach Bild 159 sowohl im Anreicherungs- als auch im Verarmungsgebiet eingesetzt werden kann.

6.4. Temperaturverhalten

Das Temperaturverhalten des FET wird bei steigender Temperatur von zwei Effekten beherrscht:

a) Die Beweglichkeit der Ladungsträger im Kanal nimmt ab (wirkt stromvermindernd).

b) Die Kanalbreite vergrößert sich, da sich die Sperrschichtweiten infolge abnehmender Diffusionsspannung ($2,2$ mV/$^{\circ}$C) verkleinern (wirkt stromvergrößernd). Je nach Größe der Vorspannung U_{GS} (Arbeitspunkt) überwiegt der eine oder andere Effekt.

Bild 163 zeigt qualitativ die charakteristische Temperaturabhängigkeit der I_D, U_{GS}-Kennlinie. Bei kleinen Spannungen $|U_{GS}|$ ist die Kanalzone fast völlig geöffnet, und die Änderung der Sperrschichtweiten durch den Effekt b) ist ohne großen Einfluß. Es ergibt sich ein negativer Temperaturkoeffizient für den Drainstrom.

Bei Arbeitspunkten mit Spannungen U_{GS} in der Größenordnung von U_p stoßen die Sperrschichten fast aneinander. Hier überwiegt der Effekt b) und der Drainstrom hat dort einen positiven Temperaturkoeffizient. Durch geeignete Wahl des Arbeitspunktes kann man erreichen, daß die beiden Effekte sich gegenseitig aufheben (Punkt P in Bild 163). Dies ist in der Regel bei $I_D \approx I_{DSS}/4$ der Fall.

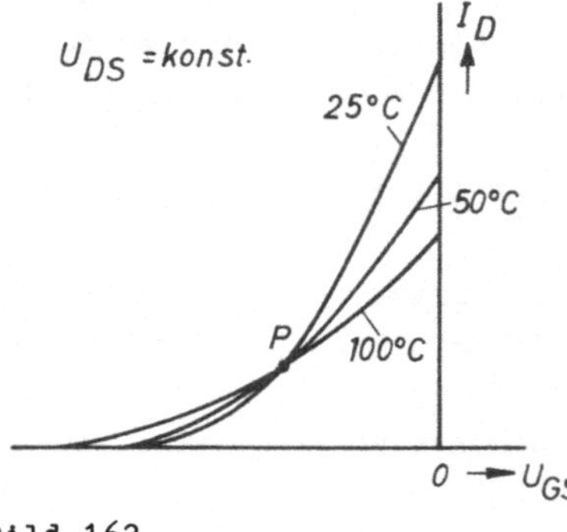

Bild 163
Temperaturabhängigkeit
der Steuerkennlinie

Weil sowohl die Sperrschicht-
FET's als auch die MOS-FET's
dieses günstige Temperaturverhalten aufweisen, neigen alle
FET's i.a. nicht zu thermischen Instabilitäten.
Bei bipolaren Transistoren
steigt dagegen der Kollektorstrom stets exponentiell mit
der Temperatur an,
[1] Abschn.9.

6.5. Arbeitspunkteinstellung

Die Festlegung des Arbeitspunktes eines FET erfolgt durch die
Angabe des Wertepaares I_D und U_{DS}. Die Vorgabe des U_{GS}-Wertes
ist nicht zweckmäßig, weil die Steuerkennlinie relativ großen
Exemplarstreuungen unterworfen ist, Bild 165. Durch eine geeignete Steuerung der Spannung U_{GS} wird der Arbeitspunkt stabilisiert.

Den Arbeitspunkt legt man in Verstärkerschaltungen zweckmäßig
so, daß I_D^A den 0,3 bis 0,5 fachen I_{DSS}-Wert annimmt. Hier hat
der Drainstrom i.a. einen negativen Temperaturkoeffizienten.
Mit steigender Temperatur nimmt der Drainstrom und damit die
<u>Verlustleistung des FET</u>

$$P_{tot} \approx I_D U_{DS} \tag{714}$$

ab.

Die in den Bildern 154, 155, 159, 161 und 162 dargestellte
Arbeitspunkteinstellung mit zwei Speisequellen (Batterien) ist
unwirtschaftlich und enthält vor allem keine Stabilisierung.

Beim selbstleitenden FET kann man den Arbeitspunkt im einfachsten Fall gemäß Bild 164 einstellen und stabilisieren.

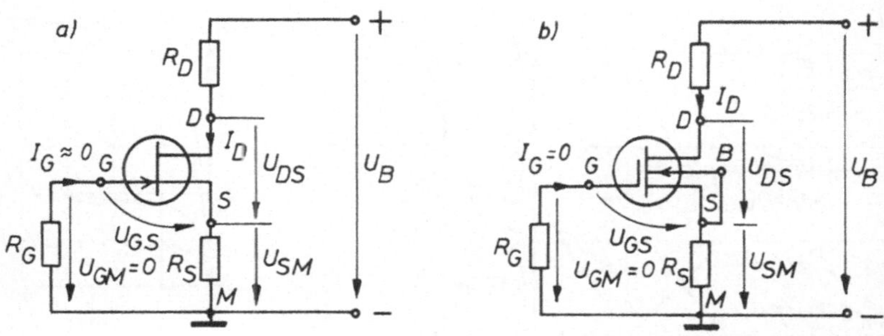

Bild 164   Automatische Vorspannungserzeugung

Weil kein Gatestrom fließt, entsteht über dem Gatewiderstand R_G kein Spannungsabfall (U_{GM} =0). Es gilt daher mit $-I_S = I_D$

$$U_{GS} = -U_{SM} = -I_D R_S \qquad (714a)$$

und die Gate-Source-Spannung U_{GS} hat automatisch die richtige Polarität:

beim N-Kanal-FET ist $I_D > 0$; $U_{GS} < 0$; $U_{DS} > 0$

beim P-Kanal-FET ist $I_D < 0$; $U_{GS} > 0$; $U_{DS} < 0$

Aus Gl.(714a) folgt die Beziehung $I_D = -(1/R_S)U_{GS}$. Im I_D, U_{GS}-Koordinatensystem ist dies die Gleichung einer Geraden durch den Nullpunkt mit negativer Steigung (y=mx), Gerade ① in Bild 165a). Damit ist auch eine Arbeitspunktstabilisierung gegeben, die beim FET vor allem in bezug auf Exemplarstreuungen vorgenommen werden muß. Wie aus dem in Bild 165a) dargestellten Beispiel zu entnehmen ist, streut die Steuerkennlinie des FET erheblich.

Die Temperaturdrift des Arbeitspunktes ist dagegen sehr gering, Bild 163.

Bei ansteigendem Drainstrom wird die Steuerspannung U_{GS} nach Gl.(714a) negativer und wirkt dem Stromanstieg entgegen. Bei einem beliebigen Exemplar des in Bild 165a) dargestellten FET-Typs stellt sich der Arbeitspunkt A irgendwo auf der Geraden ① zwischen den Punkten 1 und 2 automatisch ein. Die mögliche

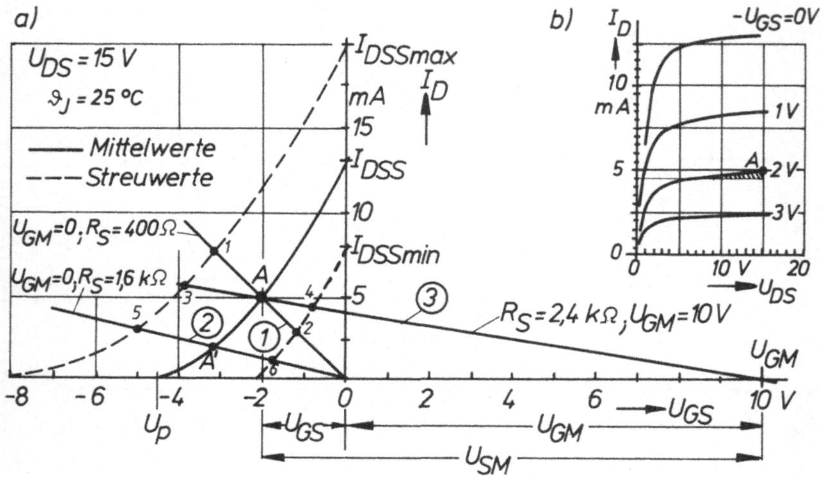

Bild 165   a) Arbeitspunktstabilisierung beim selbstleitenden
                FET
            b) Ausgangskennlinien

Drainstromänderung ist noch recht groß. Um die Stabilisierung
zu verbessern, muß ein größerer Wert für R_S gewählt werden,
Gerade ②. Dadurch wird der Arbeitspunkt A' aber zu sehr kleinen I_D-Werten verschoben und damit der Aussteuerungsbereich
im Verstärkerbetrieb wesentlich eingeschränkt.

Diese automatische Vorspannungserzeugung nach Bild 164 ist
beim selbstsperrenden FET und beim bipolaren Transistor für
den normalen Verstärkerbetrieb nicht anwendbar.

Um die bessere Stabilisierung bei größerem Sourcewiderstand
R_S ausnutzen zu können, muß der höhere Spannungsabfall U_{SM}
mittels eines Gate-Spannungsteilers R_1, R_2 durch eine Teilerspannung $U_{GM} \neq 0$ ausgeglichen werden, Bild 166a).
Die Maschengleichung lautet

$$U_{GS} = U_{GM} - U_{SM} = \frac{U_B R_1}{R_1 + R_2} - I_D R_S \tag{715}$$

Daraus folgt mit $U_{SM} = I_D R_S$ die Geradengleichung (y = mx + b)

$$I_D = -\frac{1}{R_S}\, U_{GS} + \frac{U_{GM}}{R_S} \qquad\qquad (716)$$

In Bild 165a) ist ein Beispiel eingezeichnet, Gerade ③. Da
sich der Arbeitspunkt A in diesem Fall nur zwischen den Punkten 3 und 4 bewegen kann, ist die Änderung des Drainstromes
entsprechend gering.

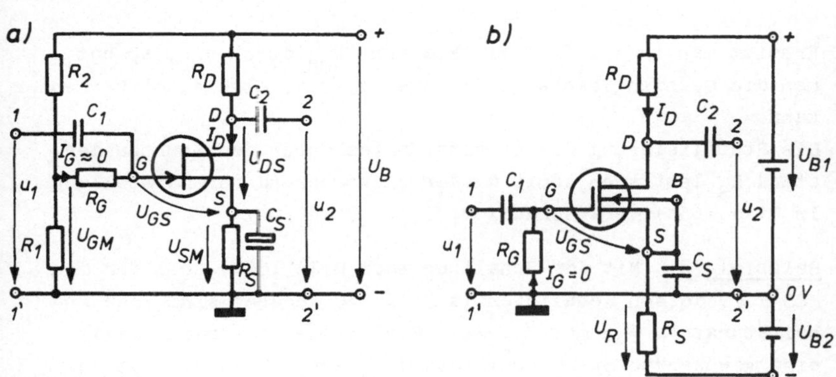

Bild 166 Arbeitspunktstabilisierung beim FET

Diese bei allen FET-Arten anwendbare Stabilisierung entspricht
der Gleichstrom-Gegenkopplung über den Emitterwiderstand R_E
beim bipolaren Transistor, [1] Abschn.10.3 und [1] Bild 82.

Die beiden Gate-Spannungsteiler-Widerstände R_1 und R_2 würden
den hohen Wechselstromeingangswiderstand r_{1s} der Source-Schaltung stark vermindern. Es wird deshalb ein sehr hochohmiger
Gatewiderstand R_G (10 MΩ bis 100 MΩ) vorgeschaltet, Bild
166a).
Wenn eine gleichzeitige Wechselstrom-Gegenkopplung vermieden
werden soll, muß der Sourcewiderstand R_S kapazitiv überbrückt
werden, Bild 166a).
Der Gate-Spannungsteiler R_1, R_2 kann durch eine zweite Speisespannung U_{B2} ersetzt werden, Bild 166b). Weil dann die Maschengleichung

$$U_{GS} = U_{B2} - I_D R_S \qquad\qquad (717)$$

gilt, arbeitet der N-Kanal-MOS-FET für

$U_{B2} < I_D R_S$, d.h. $U_{GS} < 0$ im Verarmungsbereich

und für

$U_{B2} > I_D R_S$, d.h. $U_{GS} > 0$ im Anreicherungsbereich

vergl. Bild 159.

Ersetzt man in Gl.(716) die Spannung U_{GM} durch U_{B2}, so hat man die Geradengleichung, die aus Gl.(717) abgeleitet werden kann.

Die Stabilisierung des Arbeitspunktes durch den Sourcewiderstand R_S läßt sich somit wieder entsprechend der Darstellung in Bild 165a) veranschaulichen.

Beispiel 78: Mit der Schaltung nach Bild 164b) soll für den MOS-FET, dessen Kennlinien in Bild 160 gegeben sind, der Arbeitspunkt I_D = 5 mA; U_{DS} = 14 V eingestellt werden. Damit eine gewünschte Spannungsverstärkung erreicht wird, ist der Drainwiderstand bereits auf den Wert R_D = 2,2 kΩ festgelegt. Wie groß ist

a) der Widerstand R_S,
b) der Widerstand R_G (zweckmäßige Wahl),
c) die Speisespannung U_B ?

L ö s u n g :   a) Aus Bild 160a) wird mit U_{BS} = 0 V, I_D=5 mA abgelesen: U_{GS} = -0,96 V $\overset{(714a)}{=}$ -5 mA·R_S; R_S = 192 Ω.

b) z.B. R_G = 10 MΩ.

c) $U_B = I_D R_D + U_{DS} + U_{SM}$ = 5 mA· 2,2 kΩ + 14 V + 0,96 V =
   = 25,96 V.

Das Substratgate B wird beim MOS-FET mit der Source-Elektrode verbunden (U_{BS} = 0), wenn die Steuerbarkeit des Drainstromes mit der Spannung U_{BS} nicht ausgenutzt werden soll, Bilder 159, 161, 162, 164b), 166b).

Beispiel 79: Mit der Schaltung nach Bild 166a) soll für einen
Sperrschicht-FET, dessen Steuerkennlinien in Bild 165a) gegeben sind, der Arbeitspunkt eingestellt werden. U_{DS} = 15 V.

a) Der Sourcewiderstand R_S ist so zu dimensionieren, daß sich
der Drainstrom bei maximaler Streuung der I_D, U_{GS}-Kennlinie
nur zwischen den Werten I_{Dmax} = .5,5 mA und I_{Dmin} = 4,3 mA ändern kann.

b) Wie groß ist die zugehörige Teilerspannung U_{GM} ?

c) Welche Werte hat die Vorspannung U_{GS} im Streubereich der
Kennlinie?

d) Welche Speisespannung U_B ist erforderlich, damit bei R_D =
1 kΩ ein Drainstrom von I_D = 5 mA fließen kann?

e) Man dimensioniere die Widerstände R_1, R_2, R_G.

L ö s u n g :   a) Der Widerstand R_S ist am einfachsten durch
die in Bild 165a) dargestellte graphische Methode zu ermitteln:
eingetragen werden die durch die Werte I_{Dmax} und I_{Dmin} vorgegebenen Punkte 3 und 4. Die Steigung der Geraden ③ durch diese
beiden Punkte entspricht R_S = 12 V/5 mA = 2,4 kΩ.

b) Im Schnittpunkt der Geraden ③ mit der U_{GS}-Achse kann man
ablesen: U_{GM} = 10 V.

c) Abgelesen wird ebenfalls bei Punkt 3: U_{GS} = -3,9 V und bei
Punkt 4: U_{GS} = -0,8 V.

d) U_B = 5 mA·1 kΩ + 15 V + 5 mA·2,4 kΩ = 32 V.

e) $R_1/(R_1+R_2)$ = 10 V/32 V. Daraus folgt R_1 = 0,45 R_2. Gewählt
wird R_2 = 1 MΩ. Somit ist R_1 = 450 kΩ. Der Gate-Spannungsteiler ist unbelastet (I_G = 0); er muß nicht wie der Basis-
Spannungsteiler des bipolaren Transistors niederohmig sein.
Gewählt wird R_G = 100 MΩ.

6.6. Ersatzschaltbilder des FET

Für viele Anwendungen im NF-Gebiet genügt die einfache Wechselstrom-Ersatzschaltung der häufig benutzten Source-Schaltung
nach Bild 167.

Dem schwachen Anstieg des Drainstromes mit zunehmender Spannung U_{DS} im Abschnürbereich, Bild 160b) ist im Ersatzschaltbild durch den <u>Drain-Source-Leitwert</u>

$$g_{ds} = \frac{1}{r_{ds}} = \lim_{\Delta \to 0} \left|\frac{\Delta I_D}{\Delta U_{DS}}\right|_{U_{GS}=konst} = \frac{\partial I_D}{\partial U_{DS}}\bigg|_{AP} \qquad (718)$$

Rechnung getragen (vergl. [1] Gl.(15)). Der <u>Wechselstrom-Ausgangswiderstand</u> r_{2s} der Source-Schaltung kann analog zu [1] Bild 34 aus der Neigung der Ausgangskennlinie im Abschnürbereich ermittelt werden. Aus der Ersatzschaltung in Bild 167 läßt sich ablesen

$$r_{2s} = \frac{1}{g_{ds}} = r_{ds} \qquad (718a)$$

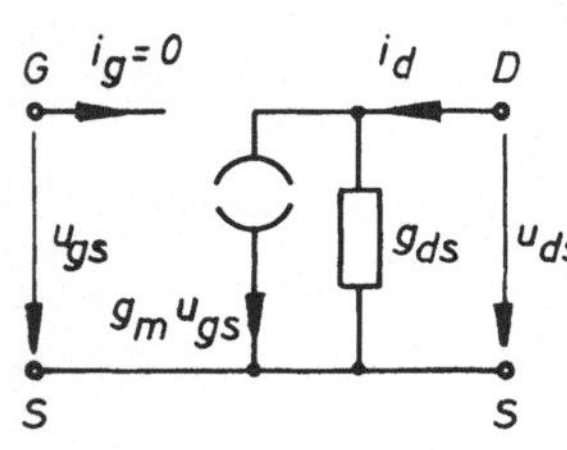

Bild 167

NF- Ersatzschaltbild der Source-Schaltung

Je nach Frequenz und Arbeitspunkt hat der Ausgangswiderstand r_{2s} Werte von einigen zehn bis hundert Kiloohm.

In Bild 167 stellt die Größe g_m die bereits erläuterte Steilheit S nach Gl.(711) dar.

<u>Beispiel 80</u>: Wie groß ist der NF-Ausgangswiderstand des MOS-FET aus Bild 160 im Arbeitspunkt U_{DS} = 14 V; I_D = 13,7 mA ?

L ö s u n g : r_{ds} = 6,1 V/2,3 mA = 2,7 kΩ; g_{ds} = 377 µS.

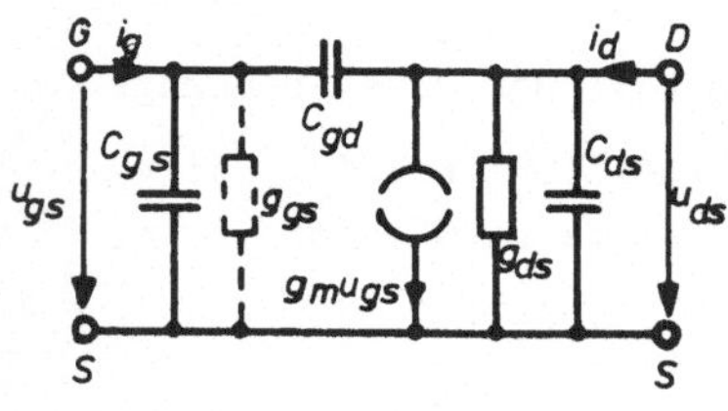

Bereits bei mittleren Frequenzen müssen die durch den technologischen Aufbau eines FET bedingten Sperrschicht- und Streukapazitäten in der Kleinsignal-Ersatzschaltung berücksichtigt werden, Bild 168. Es handelt sich um eine physikalische Ersatzschaltung, da

Bild 168

Ersatzschaltbild der Source-Schaltung für mittlere Frequenzen

sie in dem betrachteten Frequenzbereich dem physikalischen
Aufbau eines FET entspricht.

Weil der statische Eingangswiderstand zwischen Gate und Source
sehr groß ist (10^{10} bis $10^{15}\,\Omega$) wird die Eingangsimpedanz der
Source-Schaltung aufgrund der Gate-Source-Kapazität C_{gs} schon
bei relativ niedrigen Frequenzen kapazitiv.

Der Leitwert g_{gs} ist bei mittleren Frequenzen wesentlich kleiner als der Leitwert der parallel geschalteten Kapazität C_{gs}
($g_{gs} \ll \omega C_{gs}$). Man kann ihn daher bis zu mittleren Frequenzen
vernachlässigen. Bei Hochfrequenzanwendungen muß er berücksichtigt werden.

Es ist allgemein üblich, daß die Hersteller einen FET für
Hochfrequenzanwendungen wie bei bipolaren Transistoren durch
die y-Parameter spezifizieren. Im HF-Gebiet verwendet man daher das Vierpol-Ersatzschaltbild in Leitwertform, [2] Bild 28.

6.7. Vierpolparameter des FET

Das Bild 169 zeigt den typischen Frequenzgang der y-Parameter
eines FET in Source-Schaltung.

Bemerkenswert ist, daß die Steilheit $S = g_m = g_{21s}$ in einem
weiten Bereich von der Frequenz unabhängig ist. Man darf also
beim FET auch im HF-Bereich mit dem NF-Wert der Steilheit rechnen. Die Steilheit des bipolaren Transistors hängt stärker von
der Frequenz ab, [2] Bild 17c) und [2] S.127.

Abgesehen von der Steilheit g_{21s} und dem Imaginärteil b_{11s} der
Eingangsadmittanz sind die y-Parameter praktisch unabhängig
vom Drainstrom I_D, Bild 170.

Beispiel 81: Für den in Bild 169 charakterisierten FET sind
im Arbeitspunkt $U_{DS} = 15$ V; $I_D = 8$ mA bei f = 100 MHz die Elemente der Ersatzschaltung aus Bild 168 zu bestimmen.

Lösung : Die Leitwertparameter der Ersatzschaltung aus
Bild 168 lauten:

$$y_{11s} = g_{gs} + j\omega(C_{gs} + C_{gd})$$
$$y_{12s} = -j\omega C_{gd}$$
$$y_{21s} = g_m - j\omega C_{gd}$$
$$y_{22s} = g_{ds} + j\omega(C_{ds} + C_{gd})$$

$$(719)$$

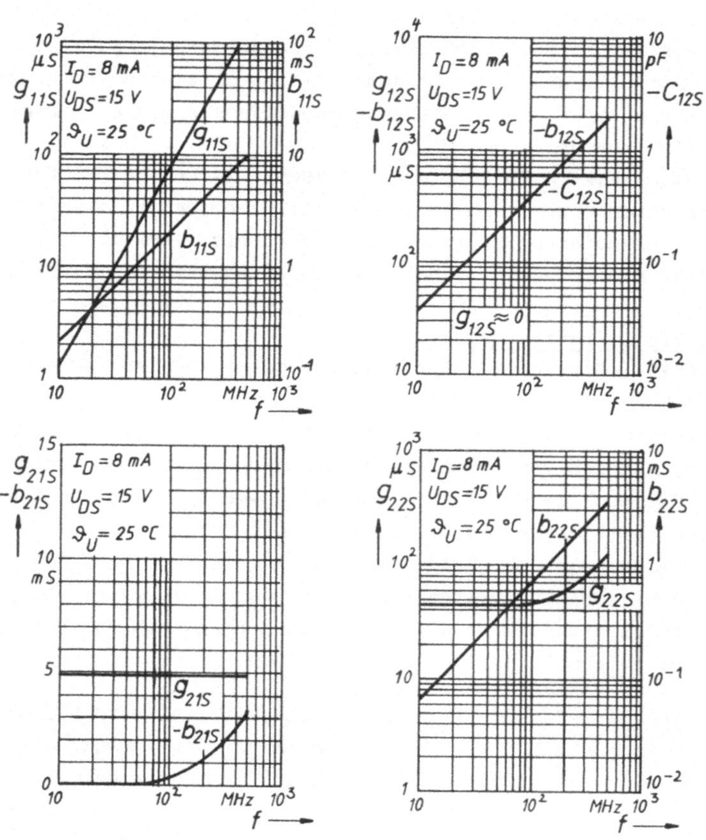

Bild 169 y-Parameter eines FET als Funktion der Frequenz

Daraus folgen umgekehrt die Elemente der Ersatzschaltung aus
den y-Parametern des Datenblattes:

$$j\,\omega\,C_{gd} = -y_{12s} \quad ; \qquad\qquad g_m = y_{21s} - y_{12s}$$

$$g_{gs} + j\,\omega\,C_{gs} = y_{11s} + y_{12s} \quad ; \quad g_{ds} + j\,\omega\,C_{ds} = y_{22s} + y_{12s} \tag{720}$$

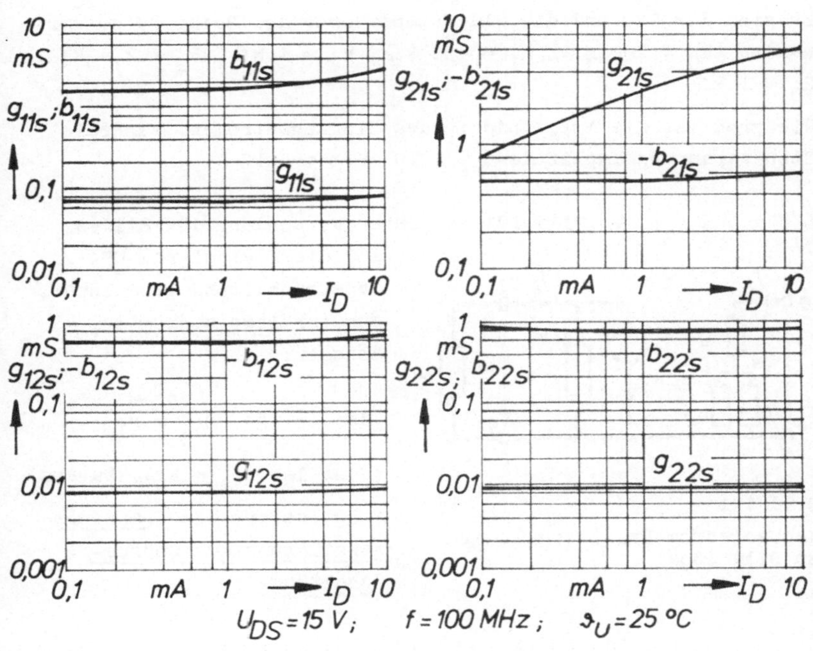

Bild 170   Stromabhängigkeit der y-Parameter

Aus Bild 169 läßt sich ablesen:

$$y_{11s} = (0,08 + j\,2)\ mS \quad ; \quad y_{12s} = -\,j\,370\ \mu S$$

$$y_{21s} = (4,9 - j\,0,4)\ mS \quad ; \quad y_{22s} = (0,046 + j\,0,7)\ mS$$

Hieraus berechnet man mit Gl.(720):

$C_{gd} \approx -C_{12s} = 0,6\ pF$; $g_m \approx 4,9\ mS$; $g_{gs} + j\,\omega\,C_{gs} = 0,08\ mS\ +$

$j\,1,63\ mS$ (auch hier bei 100 MHz ist $g_{gs} \ll \omega\,C_{gs}$); $g_{gs} = 0,08\ mS$;

$C_{gs} = 2,6\ pF$; $g_{ds} + j\,\omega\,C_{ds} = (0,046 + j\,0,33)\ mS$;

$g_{ds} = 0{,}05$ mS $(r_{ds} = 20$ k$\Omega)$; $C_{ds} = 0{,}5$ pF.

<u>Beispiel 82:</u> Man zeichne für den in Bild 166a) angegebenen
NF-Verstärker das Wechselstrom-Ersatzschaltbild und berechne
seine Spannungsverstärkung v_{us} sowie den Wechselstrom-Eingangs-
widerstand R_{1s} und den Wechselstrom-Ausgangswiderstand r_{2s}.
Es sind der FET und die Widerstandswerte aus Beisp.79 zu ver-
wenden ($R_G = 100$ MΩ , $R_1 = 450$ kΩ , $R_2 = 1$ MΩ , $R_S = 2{,}4$ kΩ ,
$R_D = 1$ kΩ).

Wie groß ist die Amplitude $\hat{\imath}_1$ des Eingangsstromes, wenn die
Steuerspannungsamplitude $\hat{u}_{gs} = 10$ mV beträgt?

L ö s u n g : In Bild 171 ist unter Verwendung des Bildes
167 die Kleinsignal-NF-
Ersatzschaltung gezeichnet.
Aus ihr läßt sich mit g_m=S
ablesen:

$$u_{ds} = -Su_{gs} \frac{r_{ds}r_{lw}}{r_{ds} + r_{lw}}$$

(Hier ist $r_{lw} = R_D$). Daraus
folgt sofort die <u>Spannungs-
verstärkung der Source-
Schaltung.</u>

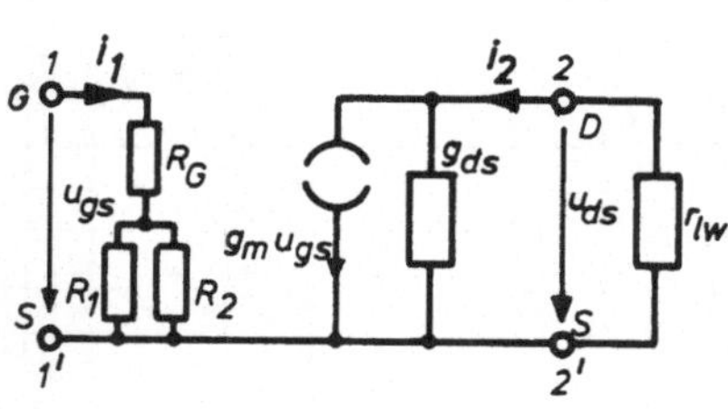

Bild 171
Wechselstrom-Ersatzschaltung
zu Bild 166a)

$$v_{us} = \frac{u_{ds}}{u_{gs}} = - S \, \frac{r_{ds}r_{lw}}{r_{ds}+r_{lw}} \approx - S \, r_{lw} \qquad (721)$$

Im Normalfall ist der Lastwiderstand r_{lw} wesentlich kleiner
als der Drain-Source-Widerstand r_{ds}.

Die Spannungsverstärkung eines FET in Source-Schaltung kann
also mit der gleichen Beziehung wie beim bipolaren Transistor
in Emitter-Schaltung berechnet werden, [2] Gl.(30). Es sind
hierbei aber die im Abschn.6.1.2 erläuterten Unterschiede
zwischen der Steilheit eines FET und eines bipolaren Transistors unbedingt zu beachten.

In diesem Beispiel gelten folgende Zahlenwerte:

$r_{lw} = R_D = 1\ k\Omega$. $I_{DSS} = 13\ mA$; $U_p = -4,5\ V$;

Arbeitspunkt: $U_{DS} = 15\ V$; $I_D = 5\ mA$ (Bild 165a); $S \overset{(712)}{=} 3,6\ mS$.

$v_{us} \overset{(721)}{=} -3,6$. $R_{1s} \cong R_G + R_1 /\!/ R_2 = 100,31\ M\Omega$; $\hat{i}_1 = 10\ mV/100,31 M\Omega$

$= 0,1\ nA$. Der Verstärker kann praktisch leistungslos gesteuert

werden: $P_1 = \hat{i}_1 \hat{u}_{gs}/2 = 0,5\ pW$. Aus Bild 165b) liest man ab:

$r_{ds} = 10\ V/0,5\ mA = 20\ k\Omega$. Nach Bild 171 gilt $r_{2s} = r_{ds} = 20\ k\Omega$.

Die größte Verstärkung ergibt sich bei angenähertem Leerlauf

$(r_{lw} \gg r_{ds})$ aus Gl.(721) zu

$$v_{us\infty} \approx -Sr_{ds} \tag{722}$$

Ebenso wie der bipolare Transistor kann der FET im Kleinsig-
nalbetrieb als linearer Vierpol betrachtet werden. Die Wech-
selstromeigenschaften einer FET-Verstärkerschaltung lassen
sich mit den in $[2]$ Abschn.4 angegebenen Formeln berechnen,
wenn dort die Vierpolparameter des FET eingesetzt werden.

Beispiel 83: Wie groß ist bei $f = 100\ MHz$ die Ein- und Ausgangsadmittanz des FET, dessen y-Parameter in Beisp.81 bestimmt wurden, wenn er an seinem Ein- und Ausgang mit einem
reellen Leitwert $(Y_{iw} = Y_{lw} = 1\ mS)$ belastet wird? Man berechne auch die Betriebs-Eingangskapazität C_{1s} und die Betriebs-
Ausgangskapazität C_{2s} sowie die Spannungsverstärkung.

L ö s u n g : Mit $[2]$ Gl.(76) ist $Y_{1s} = (0,98 + j\ 3,13)\ mS$,
$C_{1s} = 5\ pF$. Mit $[2]$ Gl.(77) folgt $Y_{2s} = (0,78 + j\ 1,02)\ mS$,
$C_{2s} = 1,6\ pF$. Nach $[2]$ Gl.(75) berechnet man $v_{us} = 3,9\ e^{j142^{\circ}}$
$|v_{us}| = 3,9$, Phasenverschiebung zwischen u_{ds} und u_{gs} gleich
142°.

Beispiel 84: Der Verstärker aus Bild 166a) mit der Arbeitspunktstabilisierung entsprechend Beisp.79 und den Betriebsei-
genschaften aus Beisp.82 ist in der Schaltung nach Bild 172

so abgewandelt, daß neben der Gleichstrom- auch eine Wechselstrom-Gegenkopplung auftritt.

a) Man zeichne das Vierpolschema und

b) berechne die gegenüber den Ergebnissen aus Beisp.82 ver-
änderten Betriebswerte v'_{us}, R'_{1s}, r'_{2s} des FET-Verstärkers mit
Strom-Spannungs-Gegenkopplung.

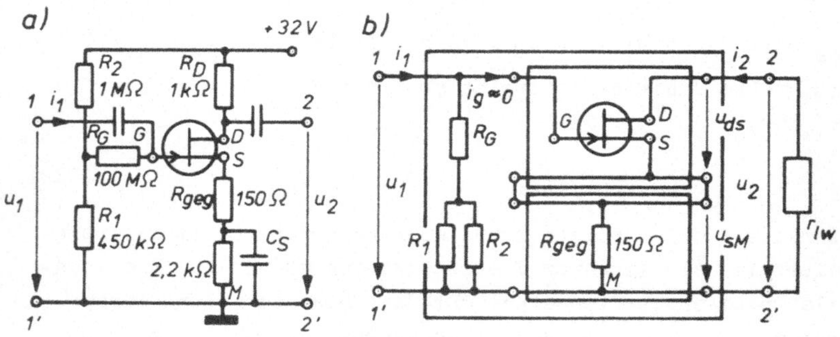

Bild 172 Strom-Spannungs-Gegenkopplung
          a) Schaltbild   b) Vierpolschema

c) Wie groß sind. bei einer Eingangsspannung von $\hat{u}_1 = 10$ mV
die Amplituden der Wechselgrößen i_1, u_2, u_{sM}, u_{ds}, i_2 ?

L ö s u n g :   a) Das Vierpolschema zeigt Bild 172b) vergl.
[2] Bild 51.

b) Aus Beisp.82 übernehmen wir die Werte: $r_{lw} = R_D = 1$ kΩ ,
$R_{1s} = 100,31$ MΩ , $v_{us} = -3,6$, $r_{2s} = 20$ kΩ. Der Gegenkopplungs-
faktor hat nach [2] Gl.(185) hier den Wert $k_{iu} = -R_{geg}/r_{lw} =$
$- 0,15$. Daraus folgt der Gegenkopplungsgrad $1 + k_{iu}v_{us} = 1,54$
$\hat{=} 3,75$ dB. Mit [2] Gl.(188) gilt $v'_{us} = - 3,6/1,54 = - 2,34$.
Der Eingangswiderstand R_{1s} des Verstärkers wird nicht verändert: $R'_{1s} = R_{1s} = 100,31$ MΩ. Nach [2] Gl.(193) ist $r'_{2s} =$
20 kΩ·$1,54 = 30,8$ kΩ.

c) $\hat{\imath}_1 = 10$ mV/100,31 MΩ = 0,1 nA; $\hat{u}_2 = \hat{u}_1 |v'_{us}| = 10$ mV·2,34

= 23,4 mV; $\hat{\imath}_2 = \hat{u}_2/r_{1w} = 23,4$ mV/1 kΩ = 23,4 µA; $\hat{u}_{sM} = \hat{\imath}_2 R_{geg}$

= 23,4 µA·150 Ω = 3,5 mV. Die Spannungen u_2 und u_{sM} sind gegen-

phasig (vergl. [2] S.167). Daher gilt mit $u_{ds} = u_2 - u_{sM}$ die

Amplitudenbeziehung $\hat{u}_{ds} = \hat{u}_2 + \hat{u}_{sM} = 26,9$ mV.

Die Gegenkopplung durch den Source-Widerstand verkleinert die
Spannungsverstärkung und vergrößert den Ausgangswiderstand.

Beispiel 85: Die einfachste Art, einen FET bis etwa 500 MHz
bezüglich seiner inneren Rückwirkung über die Gate-Drain-
Kapazität C_{gd} zu neutralisieren, ist in dem HF-Verstärker nach
Bild 173a) gezeigt: Man schaltet eine Induktivität L_N parallel
zur Gate-Drain-Strecke. Der Kondensator C_3 dient nur zur
Gleichstromabblockung (Kurzschluß für Wechselströme).

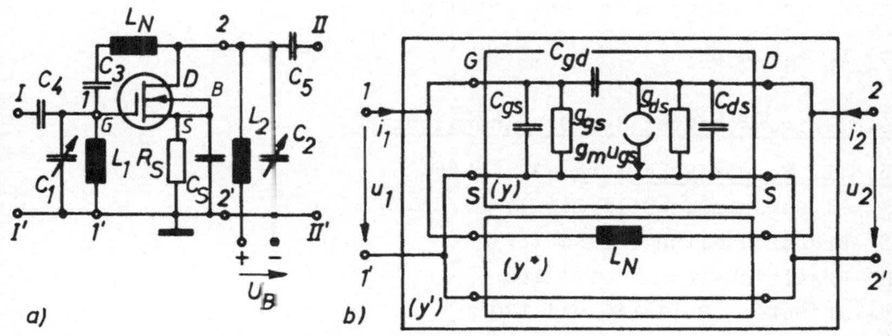

Bild 173   MOS-FET HF-Verstärker
          a) Schaltbild   b) Ersatzschaltung

a) Man zeichne eine Wechselstrom-Ersatzschaltung analog zu
Bild 86b).
b) Die Dimensionierungsvorschrift für die verlustlos angenommene Neutralisationsinduktivität L_N ist mit Hilfe der Vierpoltheorie herzuleiten (vergl.Abschn.4.9).
c) Wie groß ist die Induktivität L_N zu wählen, daß ein FET
mit $C_{gd} = 0,6$ pF bei $f = 100$ MHz neutralisiert wird?

L ö s u n g :   Mit der HF-Ersatzschaltung aus Bild 168 ist
in Bild 173b) das Vierpolschema des Verstärkers gezeichnet.
b) Mit $y_{12s} \overset{(719)}{=} - j \omega C_{gd}$ und $y_{12}^* = j/(\omega L_N)$ gilt für die Gesamtschaltung $y_{12}' = y_{12s} + y_{12}^*$. Aus der Neutralisationsbedingung
$y_{12}' = 0$ folgt die erforderliche Induktivität

$$L_N = \frac{1}{\omega^2 C_{gd}} \tag{723}$$

Diese Beziehung entspricht der bekannten Formel $\omega_o = 1/\sqrt{LC}$ für
die Resonanzfrequenz eines Schwingkreises. Die Induktivität
L_N bildet also zusammen mit der Kapazität C_{gd} einen Parallelresonanzkreis, bei dessen Resonanzfrequenz die Gate-Drain-
Kapazität weggestimmt wird. Weil der Realteil g_{12s} sehr klein
ist ($g_{12s} \approx 0$), wird dieser Schwingkreis praktisch nur durch
die Verluste der Induktivität L_N bedämpft. Diese Neutralisation wirkt daher sehr schmalbandig.

c) $L_N = 4{,}2$ µH.

6.8. Eigenschaften der Grundschaltungen

6.8.1. Source-Schaltung, Bild 156a)
Schaltbeispiele: Bild 166a), b) und Bild 173
NF-Ersatzschaltung: Bild 167
HF-Ersatzschaltung: Bild 168
y-Parameter: Bild 169 und 170
Die Source-Schaltung entspricht der Emitter-Schaltung des bi-
polaren Transistors. Sie ist die am häufigsten verwendete
Grundschaltung. Ihr NF-Eingangswiderstand R_{1s}, der praktisch
nur durch den Gate-Widerstand R_G (Bild 166) bestimmt wird,
ist sehr groß (10 MΩ bis 100 MΩ). Im NF-Gebiet kann die
Source-Schaltung daher leistungslos gesteuert werden.

Schon bei relativ niedrigen Frequenzen wird der Eingangswiderstand der Source-Schaltung aufgrund der Gate-Source-Kapazität
C_{gs} kapazitiv. Wie beim bipolaren Transistor, [2] S.132, ist
auch beim FET der _Miller-Effekt_ festzustellen: die Rückwir-

kungskapazität C_{gd} erscheint am Eingang der Source-Schaltung
mit dem Faktor $(1 - v_{us})$ vergrößert ($v_{us} < 0$). Auf ganz analoge
Weise, wie in [2] Beisp.46 für den bipolaren Transistor gezeigt, läßt sich aus Bild 168 die <u>Betriebs-Eingangsadmittanz</u>
der Source-Schaltung herleiten. Entsprechend [2] Gl.(151)
findet man den Ausdruck

$$Y_{1s} = g_{gs} + j\,\omega \left[C_{gs} + (1-v_{us})\,C_{gd} \right] \qquad (724)$$

Die <u>Miller-Kapazität</u> hat beim FET die Größe

$$C_M = (1 - v_{us})C_{gd} \qquad (725)$$

Die Rückwirkungskapazität C_{gd} liegt beim Sperrschicht-FET
etwa in der Größenordnung 0,5 pF. Beim MOS-FET kann sie wesentlich kleiner gehalten werden, z.B. 0,025 pF.
Hauptsächlich der kapazitive Anteil der Eingangsadmittanz Y_{1s}
führt schon bei mittleren Frequenzen zu einem Gate-Wechselstrom
i_g. Da dann der FET eine kleine Steuerleistung benötigt, ist
es sinnvoll, auch hier von Leistungsverstärkung zu sprechen.
Mit der Source-Schaltung erreicht man die größte Leistungsverstärkung von allen drei Grundschaltungen.
Der bei niedrigen und mittleren Frequenzen noch relativ hohe
Eingangswiderstand der Source-Schaltung gestattet es, daß die
Resonanzkreise in selektiven Verstärkern ohne Anzapfung direkt
an den FET-Eingang angeschlossen werden können, Bild 173a).

Neben dem hohen Eingangswiderstand hat die Source-Schaltung
einen mittleren Ausgangswiderstand (einige 10 kΩ), Gl.(718a).
Ihre Spannungsverstärkung ist größer Eins, (10 bis 40), Gl.(721).
Das Minuszeichen in Gl.(721) besagt, daß bei der Source-Schal-
tung zwischen Ein- und Ausgangsspannung im NF-Gebiet eine
Phasenverschiebung von 180° besteht.
Bei höheren Frequenzen ist meist eine Neutralisation erforder-
lich, Bild 173.

6.8.2. <u>Drain-Schaltung oder Sourcefolger</u>, Bild 156b)
In Bild 174 sind zwei Schaltungsbeispiele angegeben.

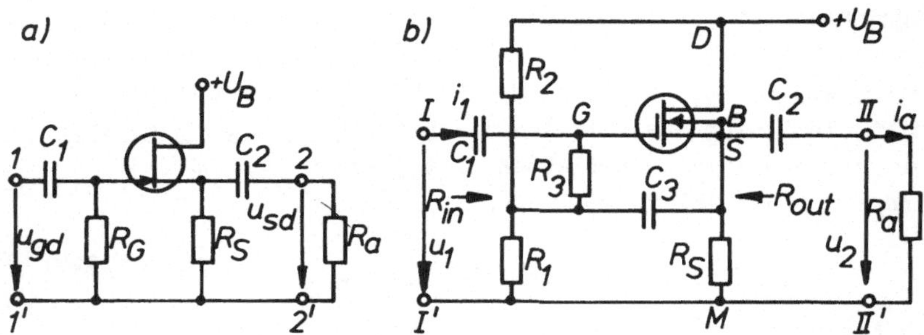

Bild 174 Drain-Schaltung (Sourcefolger)
          a) einfachste Ausführung b) bootstrap-Anordnung

Als NF-Ersatzschaltung erhält man zunächst durch Umzeichnen
von Bild 167 die Darstellung in Bild 175a). Die gesteuerte
Stromquelle $g_m u_{gs}$ der Source-Schaltung kann man mit der Beziehung $u_{gs} = u_{gd} - u_{sd}$ in zwei Stromanteile $g_m u_{gs} = g_m u_{gd} -
g_m u_{sd}$ zerlegen. Der erste Term ist die gesteuerte Stromquelle
$g_m u_{gd}$ der Drain-Schaltung. Der zweite Term entspricht einem
Strom durch einen Leitwert g_m, an dem die Spannung u_{sd} liegt
und dessen Zählrichtung von Drain nach Source zeigt (Minuszeichen), Bild 175b).

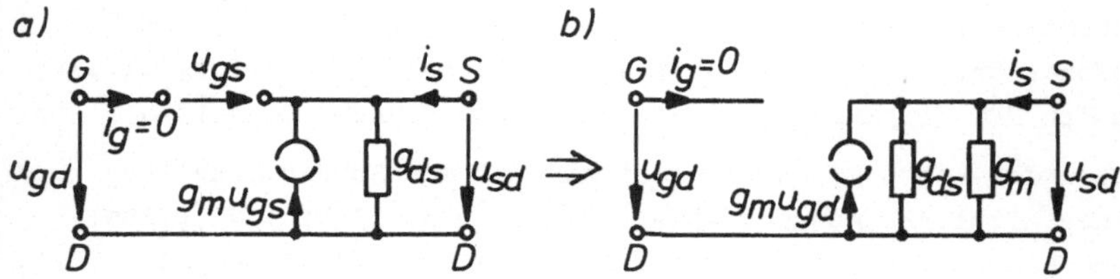

Bild 175 NF-Ersatzschaltbild der Drain-Schaltung

Aus dem Ersatzschaltbild 175b) kann man die Ausgangsspannung
ermitteln, die vorhanden ist, wenn die Drain-Schaltung mit
einem wirksamen Lastwiderstand r_{lw} (in Bild 174a   ist z.B.
$r_{lw} \,\hat{=}\, R_S // R_a$) belastet wird. Daraus folgt unmittelbar die
<u>Spannungsverstärkung</u>

$$v_{ud} = \frac{g_m r_{lw}}{1+(g_m+g_{ds})r_{lw}} \approx \frac{g_m r_{lw}}{1+g_m r_{lw}} \approx 1 \qquad (726)$$

Die in Gl.(726) mit angegebenen Näherungen sind i.a. zutreffend, weil $g_{ds} \ll g_m$ und $g_m r_{lw} \gg 1$.

Die Spannungsverstärkung der Drain-Schaltung ist etwas kleiner als Eins und die Ein- und Ausgangsspannungen sind außerdem gleichphasig ($v_{ud} > 0$).

Der NF-Eingangswiderstand wird wie bei der Source-Schaltung praktisch durch den Widerstand R_G bestimmt (Bild 174a).
Mit der bootstrap-Anordnung nach Bild 174b) (vergl. [2] Bild 61) wird der Gatewiderstand R_3 wechselstrommäßig auf Source-Potential gelegt. Es lassen sich dann sehr große Eingangswiderstände erzielen (Miller-Effekt):

$$R_{in} \approx \frac{R_3}{1-v_{ud}} \qquad (727)$$

Für den NF-Ausgangswiderstand kann man direkt aus Bild 175b) ablesen

$$r_{2d} = \frac{1}{g_{ds} + g_m} \approx \frac{1}{g_m} = \frac{1}{S} \qquad (728)$$

Da die Drain-Schaltung einen hohen Eingangs- und einen niedrigen Ausgangswiderstand hat, wird sie im NF-Gebiet hauptsächlich als Impedanzwandler eingesetzt.
Die Eigenschaften der Drain-Schaltung entsprechen denen der Kollektor-Schaltung.

Die Ausgangsspannung u_{sd} wirkt bei der Drain-Schaltung bei höheren Frequenzen über die Kapazität C_{gs} auf den Eingang zurück. Durch den Millereffekt wird hier die Betriebs-Eingangskapazität C_{1d} gegenüber C_{gd} **kaum vergrößert**:

$$C_{1d} = C_{gd} + (1-v_{ud})C_{gs} \approx C_{gd} \qquad (729)$$

Bei der Drain-Schaltung wirkt daher i.a. eine wesentlich kleinere Eingangskapazität als bei der Source-Schaltung.

Beispiel 86: Der FET, dessen Kennlinien in Bild 160 gegeben sind, soll bei I_D = 5 mA; U_{DS} = 14 V in der bootstrap-Schaltung nach Bild 174b) eingesetzt werden. Vorgegeben sind die Widerstände R_S = 3,3 kΩ; R_a = 12 kΩ; R_3 = 100 MΩ . Man dimensioniere den Gate-Spannungsteiler R_1, R_2. Welche Batteriespannung U_B ist erforderlich? Wie groß ist die Spannungsverstärkung v_u, der Eingangswiderstand R_{in}, der Ausgangswiderstand R_{out} und die Stromverstärkung v_i der Gesamtschaltung zwischen den Klemmen I und II ?

L ö s u n g :   Aus Bild 160a) bei U_{BS} = 0 V abgelesen:
U_{GS} = - 0,96 V; U_p = - 2 V; I_{DSS} = 13,7 mA. $S \overset{(712)}{\approx} 8$ mA/V, U_B = $U_{DS} + I_D R_S$ = 30,5 V. Gewählt wird R_1 = 1 MΩ . $R_2 \overset{(715)}{=} 963$ kΩ . Gewählt wird R_2 = 1 MΩ . Das Vierpolschema ist durch $\begin{bmatrix}2\end{bmatrix}$ Bild 61b) gegeben, wenn dort der Vierpol ⓐ gegen die Drain-Schaltung aus Bild 156b) ausgetauscht und $R_E = R_S$ gesetzt wird.

Da beim FET $h_{11s} \rightarrow \infty$ und h_{21s}/h_{11s} = S ist, hat nach $\begin{bmatrix}2\end{bmatrix}$ Gl.(249) die bootstrap-Schaltung die y-Matrix:

$$(y') = \begin{pmatrix} \dfrac{1}{R_3} & -\dfrac{1}{R_3} \\[2ex] -\left(S + \dfrac{1}{R_3} \right) & S + \dfrac{1}{R_3} \end{pmatrix} \tag{730}$$

Daraus folgt det(y') = 0. Mit $\begin{bmatrix}2\end{bmatrix}$ Gl.(75) und $SR_3 \gg 1$ ergibt sich hieraus die Spannungsverstärkung

$$v_u = \frac{u_2}{u_1} \approx \frac{S r_{1w}}{1 + S r_{1w}} \overset{(721)}{=} \frac{|v_{us}|}{1 + |v_{us}|} \tag{731}$$

Aus $\begin{bmatrix}2\end{bmatrix}$ Gl.(251) erhält man mit der Matrix (730) den Eingangswiderstand

$$R_{in} = \frac{u_1}{i_1} = R_3 + (SR_3 + 1) r_{1w} \approx |v_{us}| R_3 \tag{732}$$

Der Ausgangswiderstand R_{out} links von den Klemmen II II' ist nach [2] Bild 61 mit $r_2' = u_2/i_2$ durch die Parallelschaltung der Widerstände $R_1//R_2//R_S//r_2'$ festgelegt. Weil r_2' sehr niederohmig ist, gilt $R_{out} \approx r_2'$. Aus [2] Gl.(77) findet man mit Gl.(730) und $Z_{iw} \ll R_3$ (Spannungssteuerung) für den <u>Ausgangswiderstand</u> die Beziehung

$$R_{out} \approx \frac{1}{S} \qquad (733)$$

Durch Einsetzen von Gl.(730) in [2] Gl.(74) erhält man zunächst $i_2/i_1 \approx - SR_3$. Weil mit $R_p \mathrel{\hat=} R_1//R_2//R_S$ außerdem $-i_a/i_2 = R_p/(R_a+R_p)$ gilt, hat man für die <u>Stromverstärkung</u> den Ausdruck

$$v_i = \frac{-i_a}{i_1} \approx - S\,\frac{R_3 R_p}{R_a + R_p} \qquad (734)$$

In diesem Beispiel ist: $R_p = 3{,}3$ kΩ; $r_{lw} \mathrel{\hat=} R_1//R_2//R_S//R_a \mathrel{\hat=}$ 2,6 kΩ; $|v_{us}| \overset{(721)}{=} 20{,}8$; $v_u \overset{(731)}{=} 0{,}95$; $R_{in} \overset{(732)}{=} 2{,}08$ GΩ; $R_{out} \overset{(733)}{=} 125\,\Omega$. $v_i \overset{(734)}{=} - 1{,}7 \cdot 10^5$.

6.8.3. Gate-Schaltung, Bild 156c)

In Bild 176 ist ein Schaltungsbeispiel (HF-Vorstufe eines UKW-Empfängers) angegeben.

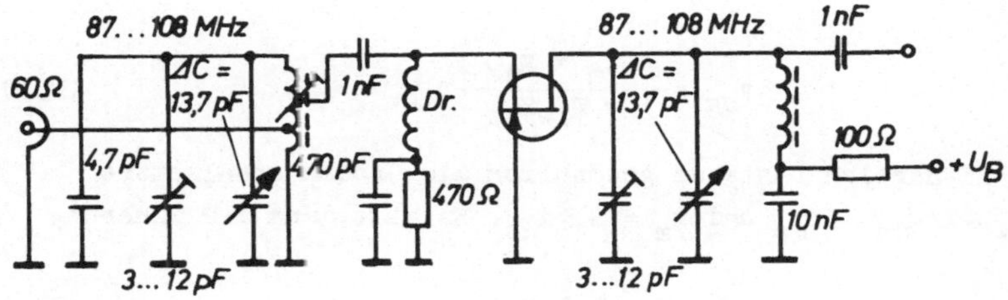

Bild 176   HF-Vorstufe in Gate-Schaltung

Durch Umzeichnen der Bilder 167 und 168 erhält man das NF-
und HF-Ersatzschaltbild der Gate-Schaltung (Bild 177).

In bezug auf die Ein- und Ausgangswiderstände und die Phasenlage der Ein- und Ausgangsspannung entspricht die Gate-Schaltung der Basis-Schaltung.

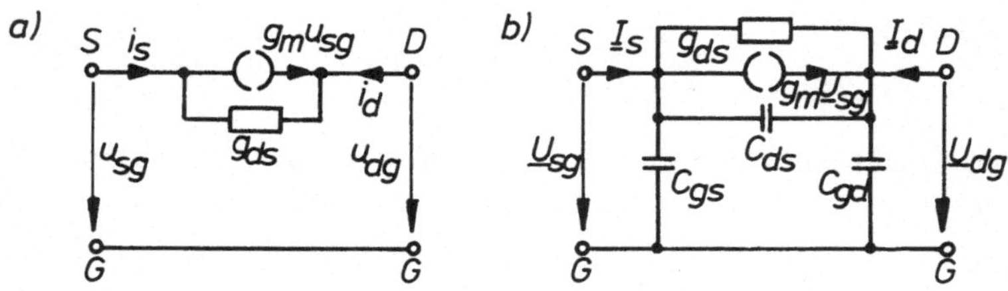

Bild 177 a) NF-   b) HF-Ersatzschaltbild
           der Gate-Schaltung

Beispiel 87: Man berechne mit Hilfe der NF-Ersatzschaltung
aus Bild 177a) die Betriebs-Spannungsverstärkung v_{ug}, den
Betriebs-Eingangswiderstand r_{1g} und den Betriebs-Ausgangswider-
stand r_{2g} der Gate-Schaltung für einen FET mit den Daten

S = 5 mS; g_{ds} = 50 µS und für die Widerstände r_{iw} = 0; r_{1w} =
1 kΩ.

L ö s u n g :   Mit $v_{ug} = u_{dg}/u_{sg} = -i_d r_{1w}/u_{sg}$ und $- i_d =$
$(g_m + g_{ds})\, u_{sg}/(1+r_{1w}g_{ds})$ folgt

$$v_{ug} = \frac{g_m + g_{ds}}{1 + r_{1w}g_{ds}}\, r_{1w} \tag{735}$$

Im NF-Bereich bestehen gewöhnlich die Größenverhältnisse
$r_{1w} \ll 1/g_{ds} = r_{ds}$ und $g_m = S \gg g_{ds}$. Es gilt dann die Näherung

$$v_{ug} \approx S\, r_{1w} \tag{736}$$

Die Gate-Schaltung hat also eine gleich große Spannungsverstärkung wie die Source-Schaltung, Gl.(721), aber ihre Ein- und

Ausgangsspannungen sind gleichphasig ($v_{ug} > 0$).

Aus Bild 177a) ist abzulesen: $i_s = -i_d$. Somit gilt für den Eingangswiderstand $r_{1g} = u_{sg}/i_s = -u_{sg}/i_d = u_{sg}r_{1w}/u_{dg} = r_{1w}/v_{ug}$. Mit Gl.(735) läßt sich daher schreiben

$$r_{1g} = \frac{r_{1w}}{v_{ug}} = \frac{1 + r_{1w}g_{ds}}{g_m + g_{ds}} \tag{737}$$

und mit $r_{1w} \ll 1/g_{ds}$; $g_m = S \gg g_{ds}$ schließlich auch

$$r_{1g} \approx \frac{1}{S} \tag{738}$$

Die Gate-Schaltung hat also einen sehr kleinen Eingangswiderstand. Bei höheren Frequenzen kommt noch ein kapazitiver Imaginärteil hinzu, Bild 177b). Aufgrund der sehr niederohmigen Eingangsimpedanz muß der erste HF-Kreis mit einer passend gewählten Anzapfung versehen werden, Bild 176.

Für Spannungssteuerung ($r_{iw} = 0$) kann der Ausgangswiderstand r_{2g} direkt aus Bild 177a) abgelesen werden:

$$r_{2g} = \frac{1}{g_{ds}} = r_{ds} \tag{739}$$

In diesem Fall haben die Gate- und die Source-Schaltung den gleich großen Ausgangswiderstand, vergl. Gl.(718a).
Für $r_{iw} \neq 0$ erhält man den Ausdruck

$$r_{2g} = \frac{1 + (S+g_{ds})r_{iw}}{g_{ds}} \tag{740}$$

Mit den im Beisp.87 vorgegebenen Werten ist: $v_{ug} \overset{(736)}{=} 5$; $r_{1g} \overset{(738)}{=} 200\,\Omega$; $r_{2g} \overset{(739)}{=} 20$ kΩ.

Die Gate-Schaltung läßt sich aufgrund ihres sehr kleinen Eingangswiderstandes nicht leistungslos steuern ($i_s = -i_d$). Sie wird daher hauptsächlich als <u>Impedanzwandler</u> eingesetzt.

Weil bei jedem selbstleitenden FET die im Abschn.6.5 behandelte automatische Arbeitspunkteinstellung möglich ist, kann die Gate-Elektrode bei einem N-Kanal-FET und positiver Betriebs-

spannung U_B direkt auf Masse gelegt werden, Bild 176. Dies
ist bei höheren Frequenzen von großem Vorteil, weil sich hierdurch der Schaltungsaufwand verringert. Durch die auf Null-
potential liegende Steuerelektrode G wird auch die Rückwirkung
zwischen Aus- und Eingang stark reduziert. Der Ein- und Ausgangskreis ist also in der Gate-Schaltung weitgehend entkop-
pelt und der Rückwirkungsleitwert y_{12g} hat sehr kleine Werte.
Im Vergleich zur Source-Schaltung arbeitet damit die Gate-
Schaltung wesentlich stabiler, so daß bei ihr i.a. keine Neutralisation erforderlich ist. Insgesamt gesehen ist die Gate-
Schaltung der Source-Schaltung im HF-Bereich überlegen.

In der Normalausführung ist das Gate mit dem Substrat verbunden. Durch das Erden des Substrates wird in der Gate-Schaltung
die parasitäre Drain-Gate-Kapazität etwa um den Faktor 3 herabgesetzt. Dies begünstigt ebenfalls das HF-Verhalten der
Gate-Schaltung.
FET's haben ganz allgemein für HF-Anwendungen an Bedeutung
gewonnen, weil bei ihnen nur die Beweglichkeit der Majoritäts-
träger eine Rolle spielt. Damit ist der FET in dieser Hinsicht
dem bipolaren Transistor überlegen, dessen Verwendbarkeit bei
sehr hohen Frequenzen durch die relativ träge Diffusion der
Minoritätsträger begrenzt wird. Die Beweglichkeit der Majori-
tätsträger des FET im elektrischen Feld ist viel größer
(Driftbewegung). Da die Löcherbeweglichkeit stets wesentlich
kleiner ist als die Elektronenbeweglichkeit, verwendet man
immer FET's mit N-Kanal, um gute HF-Eigenschaften zu erzielen.

Beispiel 88: Der Ausgangskreis der in Bild 176 wiedergegebenen UKW-Vorstufe hat eine Bandbreite von b = 1,5 MHz. Man berechne den Betrag der Spannungsverstärkung v_{ug} bei f=100 MHz
als Funktion der Kreiskapazität C (1 pF $\leq$ C $\leq$ 25 pF), wenn
der FET eine Steilheit von $|y_{21g}|$ = 14 mS hat und der Ausgangs-
kreis unter Einschluß aller Kapazitäten jeweils auf 100 MHz
abgestimmt ist.

L ö s u n g :   Auf die in Bild 176 gezeichnete HF-Vorstufe
folgt in einem UKW-Empfänger die sog. Mischstufe, die i.a.

ebenfalls einen FET-Transistor in Source-Schaltung enthält.
Weil deren Eingangswiderstand hochohmig ist, interessiert vor
allem die Spannungsverstärkung der Vorstufe. Für sie folgt
aus $[2]$ Gl.(75) mit $y_{22g} \ll Y_{1w} = G_{1w}$ die Näherung $|v_{ug}| \approx |y_{21g}|$
$/G_{1w}$. Setzt man den Kreisleitwert G_{1w} nach Gl.(415) gleich
$2\pi bC$, so gilt schließlich der Zusammenhang

$$|v_{ug}| \approx \frac{1}{2\pi bC} |y_{21g}| \qquad (741)$$

Bei gegebener Bandbreite b und
vorgegebenem FET ist die Spannungsverstärkung also umgekehrt
proportional zur Kreiskapazität
C (Hyperbelfunktion). Die Spannungsverstärkung ist umso grös-
ser, je kleiner die gesamte
Kreiskapazität C gewählt wird.

Die numerische Auswertung der
Gl.(741) ist in Bild 178 dargestellt.

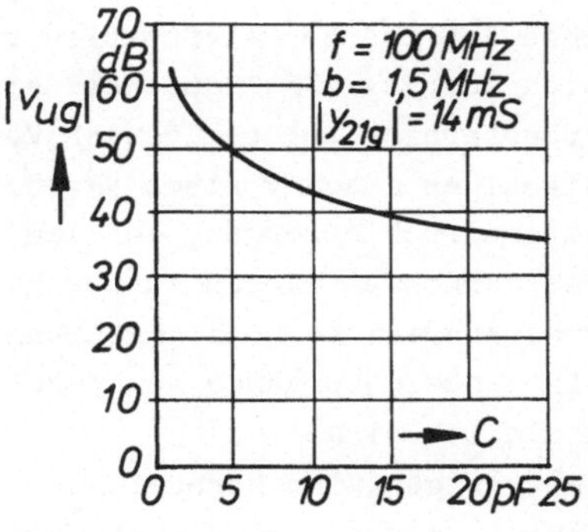

Bild 178
Spannungsverstärkung als
Funktion der Kreiskapazität

7. Rauschen

Den Signalen, die mit einem Empfänger verstärkt werden, sind
immer irgend welche Störungen überlagert. Man muß hier prinzipiell zwischen Störungen unterscheiden, die von außen in den
Empfänger gelangen und solche, die im Inneren des Empfängers
entstehen. Zu den ersteren gehören atmosphärische Störungen
(z.B. Blitz), industrielle Störungen durch Maschinen und Schalter (Lichtbogenschwingungen), Zündfunken von Motoren sowie
Störungen, die aus dem Weltall kommen und zwar überwiegend vom
Zentrum der Milchstraße und schließlich auch die Wärmestrah-
lung der Atmosphäre und der Gegenstände im Einzugsbereich der
Antenne.
Im Inneren des Empfängsgerätes kann z.B. bei ungenügender Sie-

bung in der Stromversorgung die Netzfrequenz (50 Hz) zum sog.
"Netzbrummen" führen. Weiter machen sich naturgegebene Schwan-
kungserscheinungen in den Bauelementen (Widerständen, Röhren,
Transistoren) als innere Störsignale bemerkbar.

Alle Störsignale können auch noch durch ihr Zeitverhalten un-
terschieden werden: Von den aufgezählten Störsignalen weisen
einige eine Periodizität auf (Netzbrumm, Zündfunken) andere
laufen zeitlich impulsförmig mit längeren Intervallen ab
(Schalter, Blitz) bzw. die Störungen gehen völlig regellos
ohne definierte Zeitfunktion vor sich. Für die letzteren hat
sich der Begriff "Rauschen" eingebürgert, weil sie im Tonfre-
quenzbereich bei genügender Verstärkung und fehlendem Nutzsignal am Ausgang eines NF-Verstärkers im Lautsprecher einen
Höreindruck erzeugen, der dem Begriff "Rauschen" entspricht.
Man verwendet diesen Ausdruck aber heute auch in allen anderen
Frequenzgebieten und Anwendungsbereichen der Physik und Technik, sobald Vorgänge von regellosen Schwankungserscheinungen
begleitet sind.

Im strengen Sinn kennzeichnet man also mit dem Begriff "Rauschen" ungeordnete Schwankungserscheinungen (z.B. bei den
Strömen und Spannungen eines Verstärkers), die ganz zufällig
auftreten und nur statistischen Gesetzmäßigkeiten gehorchen.

Rauschen setzt sich aus einer sehr großen Anzahl von Einzel-
ereignissen (Impulsen) zusammen, die voneinander völlig unabhängig sind, so daß man vom Ablauf des Einzelereignisses
nicht auf irgend ein anderes, früher oder später auftretendes
schließen kann. Es lassen sich lediglich mit der mathematischen
Statistik bestimmte Aussagen über die Eigenschaften der Zeitfunktion des Rauschens machen. So kann man bei der in Bild 179
als Beispiel wiedergegebenen regellos schwankenden Spannung

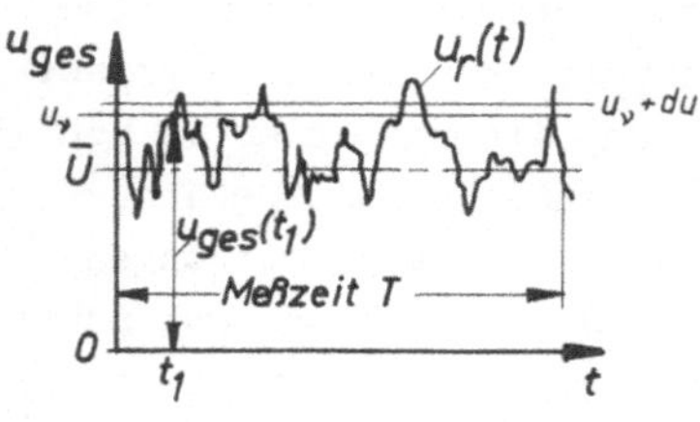

Bild 179
Oszillogramm einer Spannung Ū
mit überlagerter stark ver-
stärkter Rauschspannung u_r

$u_{ges} = \overline{U} + u_r(t)$ nicht voraussagen, wie groß der Augenblickswert $u_{ges}(t_1)$ im Zeitpunkt t_1 der Messung sein wird. Man kann aber etwas darüber sagen, wie groß die Wahrscheinlichkeit ist, daß der Wert $u_{ges}(t_1)$ in einem bestimmten Intervall zwischen u_ν und $u_\nu + du$ liegt. Damit ist wenigstens die Häufigkeit bekannt, mit der ein gewisser Augenblickswert u_ν während der Meßzeit T auftritt. Nähere Untersuchungen zeigen, daß die Amplitudenverteilung des Rauschens (engl.: random noise) eine sog. Gauß'sche Wahrscheinlichkeitsverteilung besitzt, [22], [23], [24].

Eine weitere statistische Eigenschaft solcher Rauschsignale (z.B. in Bild 179) ist, daß der <u>arithmetische Mittelwert</u> ihrer Augenblickswerte $u_r(t)$

$$\overline{u}_r = \lim_{T \to \infty} \frac{1}{T} \int_0^T u_r(t)\,dt = 0 \qquad (742)$$

gleich Null ist. D.h. es gilt auch

$$\overline{U} = \lim_{T \to \infty} \frac{1}{T} \int_0^T u_{ges}(t)\,dt \qquad (743)$$

Der Querstrich über den Symbolen kennzeichnet die zeitliche Mittelung.

Der arithmetische Mittelwert der ins Quadrat erhobenen Augenblickswerte (Amplituden) $u_r(t)$ ist dagegen positiv und endlich:

$$\overline{|u_r|^2} = \lim_{T \to \infty} \frac{1}{T} \int_0^T u_r^2(t)\,dt \qquad (744)$$

Genauere Untersuchungen haben ergeben, daß sich die regellosen Vorgänge des Rauschens allein mit Hilfe des quadratischen Mittelwertes der Schwankungserscheinung entsprechend Gl.(744) kennzeichnen lassen. Diese Darstellung ist für die meisten praktischen Zwecke ausreichend.

Da die Wurzel aus dem quadratischen Mittelwert den <u>Effektivwert</u>, z.B. in Bild 179

$$u_{reff} = \sqrt{\overline{|u_r|^2}} = \sqrt{\lim_{T\to\infty}\frac{1}{T}\int_0^T u_r^2(t)\,dt} \tag{745}$$

der Rauschgröße darstellt, bestimmt der quadratische Mittel-
wert $\overline{|u_r|^2}$ die Rauschleistung

$$P_r = \frac{\overline{|u_r|^2}}{R} \tag{746}$$

die an einem Widerstand R auftritt.

Eine Rauschspannung u_r ist eine Wechselspannung mit der Be-
sonderheit, daß ihre Amplitude, Frequenz und Phase ständig
andere Werte annehmen, die zeitlich statistisch schwanken.
Man kann also eine Rauschspannung nicht wie eine Sinusgröße
beschreiben, weil hierfür unendlich viele Amplituden-, Frequenz-
und Phasenwerte erforderlich wären.

Bei der Messung von Rauschgrößen lassen sich daher immer nur
quadratische Mittelwerte bestimmen. Diese sind aber unabhängig davon, wie lange und wann man mißt, wenn die Meßzeit T
(Bild 179) genügend lang ist ($T \gg 1/\Delta f$; Δf Bandbreite der
Meßanordnung).

Will man die frequenzmäßige Zusammensetzung eines Rauschsignals bestimmen, so kann man nicht mit herkömmlichen Verfahren
arbeiten. Die Fourier-Analyse ist nicht unmittelbar bei einer
Rauschspannung anwendbar, weil ihr zeitlicher Verlauf unregel-
mäßig schwankt und daher nichtperiodisch ist. In [24] S.118
ist gezeigt, wie trotzdem eine Fourier-Zerlegung eines Rauschsignals gedacht werden kann.

Das Amplitudenspektrum einer Rauschspannung besteht nicht aus
diskreten Frequenzen (Linienspektrum), sondern es ist konti-
nuierlich, weil der zeitliche Verlauf eines Rauschsignals
nichtperiodisch ist, [25] Abschn.1.5.3.

Zur genauen Messung einer Spektrallinie wäre also ein selek-
tives Voltmeter mit der Bandbreite Null erforderlich. Weil
dies technisch unmöglich ist, geht man in der Praxis wie folgt
vor: Wie erwähnt, mißt man stets den quadratischen Mittelwert
$\overline{|u_r|^2}$, also eine der Rauschleistung proportionale Größe und

zwar mit einem Meßgerät (z.B. Thermoumformer) endlicher Bandbreite Δf. Dividiert man die gemessene Rauschleistung durch
den erfaßten Frequenzbereich Δf, so ergibt sich die sog.
<u>Rauschleistungsdichte</u>, falls ein verhältnismäßig schmales
Frequenzintervall Δf in der Umgebung einer Meßfrequenz f verwendet wurde, $\Delta f \ll f$.
Die Rauschleistungsdichte hat die Einheit W/Hz = Ws; sie ist
also eine Energie.
Zur Charakterisierung eines bestimmten Rauschsignals trägt
man die zugehörige Rauschleistungsdichte in Abhängigkeit von
der Frequenz auf. Dies ist das sog. <u>Leistungsdichtespektrum</u>.

Eine der wichtigsten Rauscharten, die in einem Verstärker vor-
kommen, ist das
<u>Widerstands-, Wärme- oder thermische Rauschen</u>.
Man kann mit einer geeigneten Meßanordnung (hochohmig und aus-
reichende Verstärkung) an jedem Widerstand eine sehr kleine
Rauschspannung feststellen, auch wenn an ihn von außen keiner-
lei Spannung gelegt wird. Diese natürliche schnell schwankende
Spannung hat folgende Ursache: Die frei beweglichen Elektronen
des Widerstandsmaterials führen infolge der Wärmezufuhr von
außen unregelmäßige, in Zickzackform verlaufende Bewegungen
nach allen Seiten aus. Von Zeit zu Zeit haben aber viele Elektronen eine gemeinsame Richtung, was zu ständig wechselnden
Ladungen der beiden Widerstandsanschlußstellen führt. Durch
die gegenseitigen Ladungsunterschiede tritt eine Spannung am
Widerstand auf.
Mißt man im Frequenzband der Breite Δf den zeitlichen Mittelwert des Quadrates der am Widerstand R auftretenden Rausch-
Leerlaufspannung $|u_r|$, so ergibt sich der Zusammenhang

$$u_{reff} = \sqrt{|u_r|^2} = \sqrt{4 \ kTR \Delta f} \qquad (747)$$

für den Effektivwert u_{reff} der Rauschspannung.

   $k = 1{,}38 \cdot 10^{-23}$ Ws/K   Boltzmann'sche Konstante

   T   absolute Temperatur in Kelvin.

Verbindet man die beiden Widerstandsanschlüsse durch einen
Kurzschluß, so gilt für den Effektivwert des fließenden Rausch-
Kurzschlußstromes analog

$$i_{reff} = \sqrt{\overline{|i_r|^2}} = \sqrt{4\ kT\ G \varDelta f} \qquad (748)$$

(G = 1/R Leitwert)

Ein Widerstand kann somit hinsichtlich seines Wärmerauschens
durch eine Ersatzspannungsquelle mit der Leerlaufspannung
u_{reff} nach Gl.(747) und dem nichtrauschenden Innenwiderstand
R dargestellt werden, Bild 180a). Seine <u>verfügbare Rauschlei-
stung</u> hat nach $\begin{bmatrix}2\end{bmatrix}$ Gl.(52) die Größe $P_{vr} = u^2_{reff}/(4R)$ bzw.
mit Gl.(747)

$$P_{vr} = kT \varDelta f \qquad (749)$$

Aus dieser sog. Nyquist-Formel folgt unmittelbar, daß die
Rauschleistungsdichte $P_{vr}/\varDelta f = kT$ unabhängig ist von dem
Wert R des rauschenden Widerstandes und unabhängig ist von der
Frequenz f, Bild 180b). Das thermische Rauschen erstreckt sich
von der tiefsten bis zur höchsten technischen Frequenz. Weil

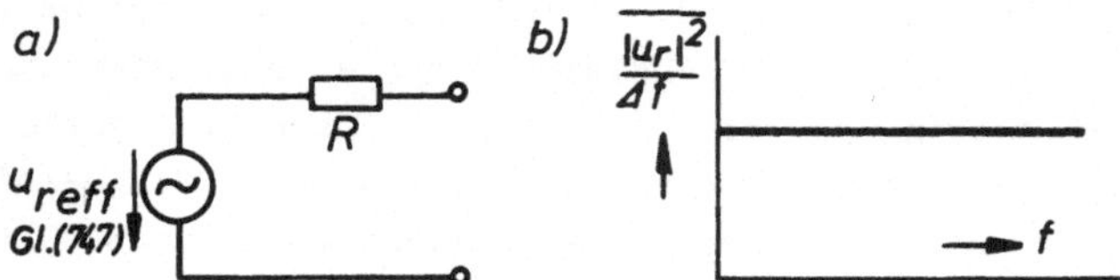

Bild 180   a) Spannungsersatzschaltbild und
            b) Leistungsdichtespektrum für einen
               rauschenden Widerstand

bei weißem Licht auch alle Frequenzen (oder Farben) vorhanden
sind, nennt man das Rauschen eines Widerstandes gelegentlich
auch "weißes Rauschen". Bei Beschreibungen des Rauschens be-
zieht man sich überlicherweise auf eine Bezugstemperatur T_o,
die so definiert ist, daß das Produkt kT_o den Wert

$$kT_o = 4,00 \cdot 10^{-21} Ws \qquad (750)$$

annimmt. Aus Gl.(750) folgt für die <u>Rausch-Bezugstemperatur</u> der Wert T_0 = 290 K, was etwa 17°C entspricht. Häufig wird auch der Wert T_0 = 300 K benutzt und die Bezugstemperatur als Raumtemperatur bezeichnet.

<u>Beispiel 89</u>: Wie groß sind die Effektivwerte u_{reff} der Rausch-Leerlaufspannung und i_{reff} des Rausch-Kurzschlußstromes bei einem Widerstand von R = 10 kΩ bei T = T_0 und Δf = 10 kHz?

L ö s u n g : $u_{reff} \overset{(747)}{=} 1,26$ µV; $i_{reff} \overset{(748)}{=} 0,13$ nA.

Diese Werte hängen nur von Δf, nicht dagegen von der Lage auf der Frequenzskala ab.
Das thermische Rauschen tritt überall auf, wo verlustbehaftete Schaltelemente vorhanden sind. An einem Parallelschwingkreis ist also z.B. auch eine Rauschspannung festzustellen. Ebenso an der reellen Komponente einer komplexen Impedanz. Reine Blindwiderstände (verlustfreie Induktivitäten und Kapazitäten) sind dagegen rauschfrei.
In Halbleiterbauelementen zeigen die Bahnwiderstände - beim bipolaren Transistor z.B. der Basisbahnwiderstand oder beim FET der Kanalwiderstand zwischen Source und Drain - thermisches Rauschen.
Im physikalischen Mechanismus der Transistoren liegen weitere Ursachen für zusätzliche Rauschbeiträge dieser Bauelemente.
So treten Ladungsträger in statistischer Unregelmäßigkeit durch eine Sperrschicht, dies führt ebenso wie die unregelmäßige Generation und Rekombination von Ladungsträgern zu statistisch verteilten Schwankungen der zugehörigen Ströme. Auch die Aufteilung des Emitter-Gleichstromes in Kollektor- und Basis-Gleichstrom ist Schwankungen unterworfen (Stromverteilungsrauschen). Des weiteren rekombinieren die Ladungsträger mit schwankenden Geschwindigkeiten an der Oberfläche des Halbleiterkristalls.
Außer dem Wärmerauschen der Widerstände führen auch ein Teil der aufgezählten weiteren Rauschursachen in Halbleiterbauelementen zu einem frequenzunabhängigen weißen Rauschen. Hierfür

hat man von der Elektronenröhre her die Bezeichnung <u>Schrot-
rauschen</u> übernommen. Die restlichen Rauschanteile haben eine
zur Frequenz umgekehrt proportionale Leistung. Sie werden daher als <u>1/f-Rauschen</u> oder wie bei der Elektronenröhre als
<u>Funkelrauschen</u> bezeichnet. Das Funkelrauschen überdeckt i.a.
das Schrotrauschen im Bereich 0 bis 50 kHz. Bei HF-Transistoren
spielt es aber praktisch keine Rolle.

Da sich in einer Verstärkerschaltung die Rauschsignale den
Nutzsignalen überlagern und gleich diesen mit verstärkt werden, kann man die Verstärkung des Empfängers nicht beliebig
vergrößern, um immer kleinere Nutzsignale empfangen zu können.
Dies ist nur solange sinnvoll, wie sich die Nutzsignale trotz
der unvermeidbaren Störsignale noch genügend erkennbar aus
dem Störpegel abheben. Die kleinste Nutzsignal-Spannung, die
noch einwandfrei empfangen wird, charakterisiert die <u>Empfind-
lichkeit</u> der Empfangsanlage. Sie ist abhängig von der Größe der
Rauschleistung, die über die Antenne empfangen wird und von
der Größe der <u>Eigenrauschleistung</u> des Empfängers. Während man
das von der Antenne mit dem Nutzsignal aufgenommene Rauschen
hinnehmen muß, ist es die Aufgabe des Ingenieurs, die Empfangs-
schaltung (Verstärker) so auszulegen, daß die durch den Empfänger selbst erzeugten Rauschbeiträge möglichst klein bleiben. Die Empfindlichkeit des Empfängers wird auf diesem Wege
verbessert, so daß immer kleinere Nutzsignale verstärkt werden
können. Man erreicht aber eine untere Grenze, wenn die vom
Empfänger noch einwandfrei verstärkten Nutzsignale in die
Größenordnung der von der Antenne gelieferten Rauschsignale
kommen. Der sinnvoll noch verstärkbare Nutzsignal-Eingangs-
pegel wird also durch den Rauschleistungspegel nach unten begrenzt. Diese untere Grenze ist bei Frequenzen bis ca. 500 MHz
heute schon erreicht. D.h. in diesem Frequenzgebiet sind die
vorhandenen Verstärkerelemente und Verstärkeranordnungen genügend rauscharm. Eine weitere Erhöhung der Empfänger-Empfind-
lichkeit würde hier keinen Gewinn bringen, weil bei diesen Frequenzen von der Antenne eine intensive Störstrahlung aus dem
Weltraum aufgenommen wird. Erst bei höheren Frequenzen (im

GHz-Bereich) liegen glücklicherweise günstigere Verhältnisse
vor. Hier ist das Rauschen aus dem Weltall so klein, daß es
sich wieder lohnt, nach Verstärkerbauelementen und Verstärker-
konzeptionen zu suchen, die noch rauscharmer sind als die herkömmlichen Verstärker. Die Ingenieurwissenschaften haben auf
diesem Gebiet in den vergangenen Jahren große Fortschritte
gemacht. Ergebnisse intensiver Forschung sind z.B. der Mole-
kularverstärker (Maser), der parametrische Verstärker und
auch Verstärker mit FET's.
Weil für die kleinste noch einwandfrei verstärkbare Nutzsignalleistung ihr Verhältnis zur vorhandenen Rauschleistung aus-
schlaggebend ist, hat man den <u>Rausch- oder Störabstand</u> definiert:

$$S_r = \frac{P_S}{P_r} \qquad\qquad (751)$$

der meistens in dB angegeben wird.
Die Rauscharmut ist nur bei Verstärkern, die für kleine Nutzsignale (HF-Eingangsstufen) gedacht sind, von Bedeutung. Sie
ist dagegen belanglos bei Großsignalverstärkern.
Bild 181 zeigt schematisch die Wechselgrößen, die in einer
Verstärker-Betriebsschaltung bei Empfindlichkeitsüberlegungen
zu berücksichtigen sind. Im einzelnen bedeuten die eingezeichneten Symbole:

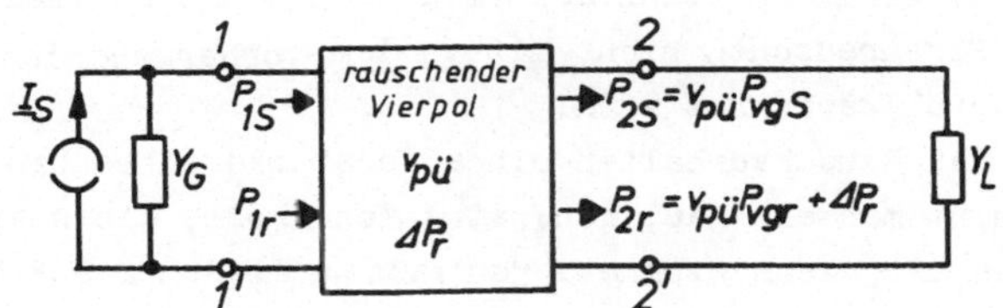

Bild 181 Verstärkervierpol zur Definition der Rauschzahl F

Index: S Nutzsignal;   r   Rauschen

I_S Signalurstrom der Quelle
Y_G Innenadmittanz der Signalquelle
P_{1S} Eingangs-Nutzsignalleistung

P_{1r} Eingangs-Rauschleistung

P_{2S} Ausgangs-Nutzsignalleistung

P_{2r} Ausgangs-Rauschleistung

$\varDelta P_r$ Eigenrauschleistung des Verstärkervierpols
             auf seinen Ausgang bezogen

P_{vgS} verfügbare Nutzsignalleistung der Quelle

P_{vgr} verfügbare Rauschleistung der Quelle, Gl.(749)

$v_{pü}$ Übertragungs-Leistungsverstärkung, [2] Gl.(53)

Y_L Lastadmittanz

Die Rauschleistung, die am Ausgang 22' von der Last Y_L aufgenommen wird, setzt sich aus zwei Anteilen zusammen:

$$P_{2r} = v_{pü}P_{vgr} + \varDelta P_r \tag{752}$$

Der Anteil $v_{pü}P_{vgr}$ ist die am Ausgang auftretende verstärkte
Rauschleistung der Signalquelle, hervorgerufen durch das thermische Rauschen des auf der Rausch-Bezugstemperatur $T_o=290$ K
befindlichen Realteils der Innenadmittanz Y_G.
Der zweite Anteil $\varDelta P_r$ ist die Ausgangsrauschleistung, die
durch innere Rauschquellen des Verstärkers erzeugt wird.

Das Rauschen der Last Y_L bleibt unberücksichtigt, weil sie i.a.
durch die Eingangsadmittanz der folgenden Stufe gegeben ist,
und deren Eigenrauschen nicht mit zu dem **vorhergehenden** Verstärkervierpol gerechnet wird.
Damit man das Rauschverhalten eines Verstärkers beschreiben
kann, braucht man ein Maß, d.h. eine Kenngröße, die sein Eigenrauschen $\varDelta P_r$ kennzeichnet. Man **faßt** zu diesem Zweck alle
verschiedenen Rauschanteile des Verstärkervierpols pauschal
zusammen und charakterisiert sie durch die sog. <u>Rauschzahl</u> F.
Diese Rauschkenngröße ist wie folgt definiert:

$$F = \frac{P_{2r}}{v_{pü}P_{vgr}} = \frac{v_{pü}P_{vgr} + \varDelta P_r}{v_{pü}P_{vgr}} = 1 + \frac{\varDelta P_r}{v_{pü}P_{vgr}} \tag{753}$$

Die Rauschzahl F ist das Verhältnis der Gesamtrauschleistung
P_{2r} am Ausgang einer Verstärkeranordnung, wenn am Eingang
eine äußere Impedanz $Z_G = 1/Y_G = R_G + jX_G$ mit dem Realteil R_G
angeschlossen ist zu der Rauschleistung, die am Ausgang dieser
Anordnung entstehen würde, wenn

1.) die Anordnung ohne Eigenrauschen ΔP_r wäre und

2.) alles Rauschen nur durch den am Eingang angeschlossenen
Widerstand R_G bei $T = T_o = 290$ K erzeugt würde.

Der ideale (nicht realisierbare) Verstärker hat also die
Rauschzahl $F = 1$. Die Rauschzahl eines realen Verstärkers hat
einen umso größeren Zahlenwert, je größer sein Eigenrauschen
ΔP_r ist.

Es ist üblich, die Rauschzahl in dB anzugeben; sie wird dann
auch als <u>Rauschmaß</u> bezeichnet:

$$F/dB = 10 \lg F \tag{754}$$

Ein Verstärker bzw. Bauelement ist also umso rauscharmer, je
näher sein Rauschmaß bei dem Idealwert $F = 0$ dB liegt.

Zur Definition der Rauschzahl F werden hier bewußt die Übertragungs-Leistungsverstärkung $v_{p\ddot{u}}$, [2] Gl.(53) und die verfügbare Rauschleistung P_{vgr} der Signalquelle herangezogen,
weil die Rauschzahl F keine Anpassung zwischen Signalquelle
und Verstärkereingang 11' voraussetzt. Außerdem ist wegen der
i.a. vorhandenen Fehlanpassung die tatsächliche Eingangs-
Rauschleistung $P_{1r} \lesssim P_{vgr}$ selten bekannt, während die verfügbare Rauschleistung P_{vgr} des thermisch rauschenden Signal-
quelle-Innenwiderstandes über die Nyquist-Beziehung in Gl.
(749) leicht berechnet werden kann: $P_{vgr} = kT\Delta f$.

Die Verstärkung $v_{p\ddot{u}}$ gilt sowohl für die Rausch- als auch für
die Nutzsignalleistungen. Eliminiert man daher mit $v_{p\ddot{u}} =$
P_{2S}/P_{vgS} die Leistungsverstärkung in $F = P_{2r}/(v_{p\ddot{u}}P_{vgr})$, so
ergibt sich wegen $P_{vgS}/P_{vgr} = P_{1S}/P_{1r}$ der leicht einprägsame
Zusammenhang

$$F = \frac{\text{Rauschabstand am Eingang}}{\text{Rauschabstand am Ausgang}} = \frac{P_{1S}/P_{1r}}{P_{2S}/P_{2r}} \tag{755}$$

Die Abweichung der Rauschzahl F gegenüber ihrem Idealwert
Eins

$$F_z = F - 1 = \frac{\varDelta P_r}{v_{pü} P_{vgr}} = \frac{\varDelta P_r}{v_{pü} kT \varDelta f} \tag{756}$$

heißt <u>zusätzliche Rauschzahl</u> F_z.

Anhand der Gl.(755) ist leicht zu erkennen, daß die Rauschzahl F weder am Ein- noch am Ausgang des Verstärkervierpols
Anpassung voraussetzt, denn die ein- und ausgangsseitige Fehlanpassung fällt in dem Ausdruck für F jeweils heraus, da sowohl das Rauschen als auch das Nutzsignal in ihrer Größe durch
die Fehlanpassungen im gleichen Maß beeinflußt werden, so daß
der Rauschabstand unverändert bleibt.

<u>Messung der Rauschzahl F</u>
In Bild 182 ist das Blockschaltbild eines Rauschmeßplatzes
dargestellt.

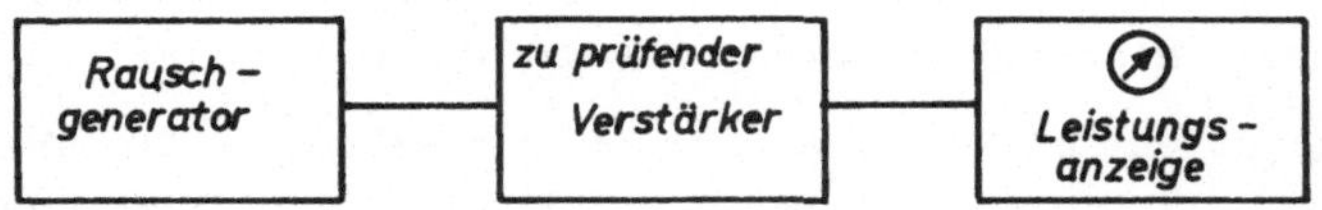

Bild 182   Blockschaltbild eines Rauschmeßplatzes

Zur Messung werden benötigt
1.) <u>ein Rauschgenerator</u>. Dies ist ein spezieller Meßsender,
der an seinen Ausgangsklemmen weißes Rauschen liefert. Für den
praktischen Einsatz kommen hier im wesentlichen Hochvakuum-
Dioden im Sättigungsgebiet sog. <u>Rauschdioden</u> in Betracht, [22],
[23]. Mit ihnen läßt sich ein Rauschgenerator mit dem Innenwiderstand R_G aufbauen, dessen verfügbare Rauschleistung

$$P_{vr} = \frac{e I_D R_G \varDelta f}{2} \tag{757}$$

durch den Dioden-Sättigungsstrom I_D d.h. mit der Heizspannung
der Diode variiert und über Gl.(757) leicht berechnet werden
kann. (e = $1,6 \cdot 10^{-19}$ As Elementarladung; $\varDelta f$ Bandbreite des
Meßinstrumentes in Bild 182).

2.) einen selektiven Leistungsmesser mit einstellbarer Mittenfrequenz f ($\Delta f \ll f$).

Es werden zwei Messungen durchgeführt:

In der ersten Messung wird der Rauschstrom des Rauschgenera-
tors ausgeschaltet. Am Eingang des zu prüfenden Verstärkers
liegt dann nur das thermische Rauschen des Innenwiderstandes
R_G, weil in diesem Meßverfahren keine Nutzsignale erforderlich
sind. Für die vom Instrument am Ausgang angezeigte Rauschleistung gilt nach den Gln.(753) und (749)

$$P_{2r} = v_{pü}P_{vgr}F = v_{pü}kT_o \Delta fF \tag{758}$$

Bei einer zweiten Messung schaltet man den Rauschgenerator
ein und stellt dann einen solchen Diodenstrom I_D ein, daß die
Rauschleistung am Ausgang gerade verdoppelt wird. Wenn wir
den hierfür erforderlichen Diodenstrom I_{Do} nennen, so stellt
der Rauschgenerator in dieser Einstellung gemäß Gl.(757) dem
Verstärkereingang die Rauschleistung $eI_{Do}R_G \Delta f/2$ zur Verfügung. Sie wird vom Meßobjekt mit $v_{pü}$ verstärkt und erscheint
am Ausgang als zusätzliche Rauschleistung, die gleich groß
ist wie die Rauschleistung P_{2r} aus der 1. Messung:

$$\frac{eI_{Do}R_G \Delta f}{2}v_{pü} = v_{pü}kT_o \Delta fF \tag{759}$$

Von Vorteil ist, daß die Leistungsverstärkung $v_{pü}$ herausfällt.
Sie muß also nicht separat ermittelt werden.

Aus Gl.(759) folgt für die zu messende Rauschzahl F

$$F = \frac{eI_{Do}R_G}{2kT_o} = \frac{I_{Do}R_G}{2U_T} \tag{760}$$

U_T = kT/e Temperaturspannung. Bei $T = T_o = 290$ K ist $U_T =$
25 mV.

In der Beziehung der Gl.(759) kürzt sich auch die Meßbandbrei-
te Δf heraus. Ihr genauer Wert ist also nicht so wichtig.
Wählt man jedoch das Größenverhältnis $\Delta f \ll f$, so läßt sich die
Frequenzabhängigkeit F(f) der Rauschzahl experimentell bestim-

men, falls die Mittenfrequenz des selektiven Leistungsmessers variiert werden kann.

Ein auf diese Art gemessener typischer Frequenzgang der Rauschzahl F eines bestimmten HF-Transistors ist in Bild 183 aufgezeichnet.

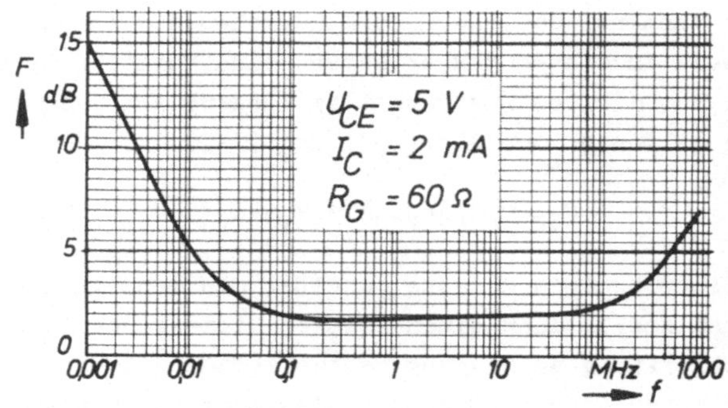

Bild 183   Frequenzgang der Rauschzahl F eines
           bestimmten HF-Transistors

Die Rauschzahl F eines Transistors ist frequenzabhängig. Bei niedrigen Frequenzen folgt das Rauschen dem bereits erwähnten 1/f-Gesetz (Funkelrauschen). Durch die doppellogarithmische Darstellung des Bildes 183 ergibt sich daher in diesem Frequenzbereich, der nach oben **bis einige kHz ausgedehnt ist,** eine Gerade. In dem anschließenden Frequenzgebiet ist das Rauschen praktisch frequenzunabhängig. Hier überwiegt das weiße Rauschen des Transistors. Bei sehr hohen Frequenzen ist allerdings wieder ein Anstieg der Transistor-Rauschzahl festzustellen. Dieses Anwachsen kann wie folgt erklärt werden: Die verschiedenen Rauschanteile des Transistors entstehen nicht alle räumlich an derselben Stelle im Halbleitersystem. Von dem Eigenrauschen ΔP_r des Transistors kann ein Teil ΔP_{r1} seinem Eingang 11' und ein Teil ΔP_{r2} seinem Ausgang 22' zugeordnet werden. Der Anteil ΔP_{r1} wird vom Transistor mit seiner Leistungsverstärkung v_p, [2] Gl.(83) verstärkt, während der Anteil ΔP_{r2} unverstärkt am Ausgang auftritt:

$$\Delta P_r = \Delta P_{r1} v_p + \Delta P_{r2} \tag{761}$$

Eliminiert man hiermit in Gl.(753) die Größe ΔP_r, so ergibt
sich mit $v_p/(v_{pü}P_{vgr}) = 1/P_{1r}$ die Rauschzahl zu

$$F = 1 + \frac{\Delta P_{r1}}{P_{1r}} + \frac{\Delta P_{r2}}{P_{1r}v_p} \tag{762}$$

Der Anteil ΔP_{r1} geht also unabhängig von der Leistungsverstärkung in die Rauschzahl F ein, während der Anteil ΔP_{r2} mit
zunehmender Frequenz immer mehr die Rauschzahl F anwachsen
läßt, weil die Leistungsverstärkung v_p des Transistors mit
steigender Frequenz abnimmt, [2] Bild 49.
Das Transistorrauschen ist außer von der Frequenz auch noch
vom Arbeitspunkt abhängig. Bild 184a) zeigt die Abhängigkeit
der Rauschzahl für einen bestimmten Transistor bei verschiedenen Kollektorströmen. Es existiert ein ausgeprägtes Minimum,

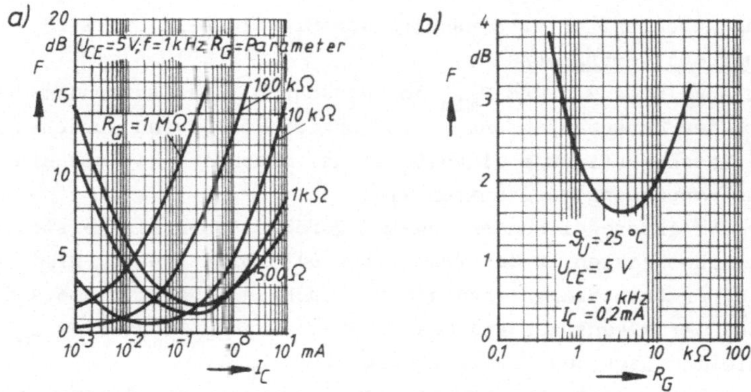

Bild 184   Rauschmaß F eines Transistors (Beispiel)
          als Funktion   a) des Stromes I_C
          b) des Generatoreninnenwiderstandes R_G

dessen Lage und Größe von dem Innenwiderstand R_G des Steuergenerators abhängt. Die starke Abhängigkeit der Rauschzahl F
vom Generatorinnenwiderstand R_G ist für einen bestimmten Transistortyp in Bild 184b) gesondert angegeben. Dieser Innenwiderstand ist entweder durch den Rauschgenerator oder durch eine
Signalquelle festgelegt. Man erhält also eine günstige minimale

Rauschzahl F_{opt} für einen Verstärker mit der Eingangsimpedanz
$Z_E = R_E + jX_E$, wenn man dem Realteil R_G des Generatorinnenwiderstandes $Z_G = R_G + jX_G$ einen bestimmten von der Frequenz und
vom Arbeitspunkt abhängigen Wert R_{Gopt} gibt. Der Imaginärteil
X_G wird hierbei wie bei der Leistungsanpassung gewählt, $X_G =$
$- X_E$. Diese Einstellung wird <u>Rauschanpassung</u> genannt. In den
meisten Fällen ist der für die Rauschanpassung erforderliche
Widerstand R_{Gopt} nicht identisch mit dem Wert $R_G = R_E$ für
Leistungsanpassung. Die Leistungsanpassung führt daher i.a.
nicht zu Minimalwerten der Rauschzahl.

Bei HF-Verstärkern, die mit einem Eingangsresonanzkreis aus-
gerüstet sind, kann durch eine passende geringe Verstimmung
des Eingangskreises gegen seine Resonanzfrequenz die Rauschzahl des Verstärkers noch verkleinert werden. Diese günstige
Einstellung des Imaginärteils der Admittanz der Eingangsschal-
tung geschieht unter Einschluß der Signalquelle und wird
<u>Rauschabstimmung</u> genannt.

Ein absolutes Minimum F_{min} der Rauschzahl, das unter dem Wert
F_{opt} der Rauschanpassung liegt, ergibt sich, wenn zunächst
die Rauschabstimmung eingestellt und anschließend noch eine
Rauschanpassung vorgenommen wird.

Für die interessierenden Anwendungsfälle geben die Hersteller
die Rauschzahlen in den Transistor-Datenblättern an, Bild 184.
Zu einer brauchbaren Angabe der Rauschzahl F gehört stets die
Größe der Frequenz f und des Generatorinnenwiderstandes R_G
sowie die Lage des Arbeitspunktes (I_C; U_{CE}).

Man bekommt heute HF-Transistoren angeboten, bei denen das
weiße Rauschen bis zu einigen 100 MHz reicht und deren Rauschmaß unter 1....3 dB liegt. Es gibt auch Mikrowellen-Transisto-
ren, die z.B. bei 4 GHz eine Rauschzahl von 4,2 dB aufweisen.
Besonders rauscharm sind die FET's. Mit ihnen erreicht man
heute Rauschzahlen von z.B. 1 dB bei 100 MHz.

Rauschzahl mehrstufiger Verstärker

Im folgenden berechnen wir die Rauschzahl F_{ges} einer Kettenschaltung von zwei Vierpolen aus den Rauschzahlen F_I und F_{II}

der beiden Vierpole. Die Rauschzahl F_I hängt von dem Innenwiderstand Z_S der Signalquelle ab, und die Rauschzahl F_{II}
hängt ab von der Ausgangsimpedanz Z_A, die der 1. Vierpol aufweist, wenn er eingangsseitig mit Z_S abgeschlossen ist. Zur

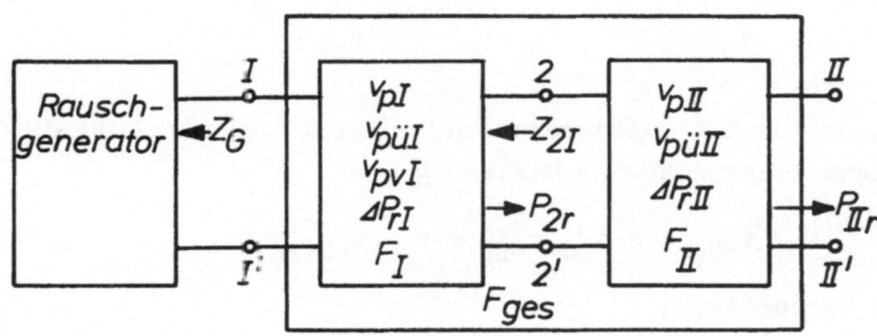

Bild 185   Zur Berechnung der Rauschzahl F_{ges}

separaten Messung der Rauschzahl F_I muß also der Rauschgenerator einen Innenwiderstand von der Größe $Z_G = Z_S$ haben. Nach
den Gln.(753) und (749) gilt dann mit den Bezeichnungen aus
Bild 185

$$F_I = \frac{P_{2r}}{v_{püI}\,kT\,\Delta f} \tag{763}$$

Zur separaten Messung der Rauschzahl F_{II} muß der 2. Vierpol
aus der Kettenschaltung herausgenommen und an einen Rauschgenerator mit dem Innenwiderstand $Z_G = Z_A$ angeschlossen werden.
(Die verschiedenen Innenwiderstände Z_G kann man durch Zwischenschalten von geeigneten Transformationsgliedern erreichen,
[26] S.133. Nach den Gln.(753) und (749) gilt jetzt mit den
Bezeichnungen aus Bild 185

$$F_{II} = 1 + \frac{\Delta P_{rII}}{v_{püII}\,kT\,\Delta f} \tag{764}$$

Zur Messung der Rauschzahl F_{ges} des Gesamtverstärkers wird dieser, wie in Bild 185 angegeben, an einen Rauschgenerator mit
dem Innenwiderstand $Z_G = Z_S$ angeschlossen. Entsprechend den
Gln.(753) und (749) gilt mit den Bezeichnungen aus Bild 185

$$F_{ges} = \frac{P_{IIr}}{v_{püges}\, kT\, \Delta f}$$
(765)

Mit den Definitionen, $\begin{bmatrix}2\end{bmatrix}$ Gln.(41), (53) und $\begin{bmatrix}2\end{bmatrix}$ S.68,

$$v_p = \frac{P_2}{P_1} \; ; \quad v_{pü} = \frac{P_2}{P_{vg}} \; ; \quad v_{pv} = \frac{P_{vout}}{P_{vg}}$$

läßt sich für die Kettenschaltung in Bild 185 z.B. anhand
der Signalleistungen die Beziehung

$$v_{püges} = v_{püI}\, v_{pII} = v_{pvI}\, v_{püII}$$
(766)

leicht herleiten.
Bei der Messung von F_{ges} ist entsprechend Bild 185

$$P_{IIr} = P_{2r}\, v_{pII} + \Delta P_{rII}$$
(767)

Setzen wir die Ergebnisse aus den Gln.(766) und (767) in die
Gl.(765) ein, so ist

$$F_{ges} = \frac{P_{2r}\, v_{pII} + \Delta P_{rII}}{v_{pvI}\, v_{püII}\, kT\, \Delta f} = \frac{v_{püI}\, P_{2r}\, v_{pII} + v_{püI}\, \Delta P_{rII}}{v_{püI}\, v_{pvI}\, v_{püII}\, kT\, \Delta f}$$
(768)

Jetzt benützen wir erneut die Gl.(766) und erhalten

$$F_{ges} = \frac{v_{pvI}\, v_{püII}\, P_{2r} + v_{püI}\, \Delta P_{rII}}{v_{püI}\, v_{pvI}\, v_{püII}\, kT\, \Delta f}$$
(769)

bzw. gekürzt den Ausdruck

$$F_{ges} = \frac{P_{2r}}{v_{püI}\, kT\, \Delta f} + \frac{1}{v_{pvI}} \cdot \frac{\Delta P_{rII}}{v_{püII}\, kT\, \Delta f}$$
(770)

Durch Vergleich mit den Gln.(763) und (764) finden wir schließlich den Zusammenhang

$$F_{ges} = F_I + \frac{F_{II}-1}{v_{pvI}}$$
(771)

Die Rauschzahlen der Einzelstufen addieren sich also nicht.

Es geht lediglich die Rauschzahl F_I der ersten Stufe voll ein,
diese ist also besonders rauschwirksam. Die Rauschzahl F_{II} der
2. Stufe geht umso weniger ein, je größer die verfügbare Leistungsverstärkung v_{pvI}, [2] S.68 der 1. Stufe ist. Im Normalfall ist v_{pvI} so groß, daß der Beitrag der 2. Stufe bereits
vernachlässigt werden kann.

Man beachte: Wenn auch v_{pvI} die verfügbare Leistungsverstärkung ist, so braucht doch für die Gültigkeit der Gl.(771) an
keiner Stelle der Kette in Bild 185 eine Leistungsanpassung
vorzuliegen.

Durch Erweitern der vorgeführten Rechnung auf n hintereinander
geschaltete Verstärker erhält man die Rauschzahl

$$F_{ges} = F_I + \frac{F_{II}-1}{v_{pvI}} + \frac{F_{III}-1}{v_{pvI}v_{pvII}} + \frac{F_{IV}-1}{v_{pvI}v_{pvII}v_{pvIII}} + \ldots \qquad (772)$$

Sind die einzelnen Stufen nicht gleich, so ergibt sich die
kleinste Rauschzahl F_{ges}, wenn die n Stufen im Sinne wachsender Rauschzahl aufeinander folgen.

Beispiel 90: Ein bestimmter UKW-Tuner-Modul für HiFi-Stereo-
empfänger hat bei f = 100 MHz ein Rauschmaß F = 5,44 dB. Wie
groß muß die Nutzsignalleistung P_{1S} am Tuner-Eingang mindestens
sein, daß bei einer Tuner-Bandbreite von b = 1,5 MHz an seinem
Ausgang der für sehr gute Musikwiedergabequalität geforderte
Störabstand von S_{r2} = 60 dB besteht?

L ö s u n g : $10 \lg S_{r2} = 60$. Daraus folgt $S_{r2} \overset{(751)}{=} P_{2S}/P_{2r} =$
10^6. Weiter ist $F \overset{(755)}{=} (P_{1S}/P_{1r})/S_{r2}$. Mit $P_{1r} \overset{(749)}{=} kT_o b$ ergibt sich
die Forderung

$$P_{1S} = kT_o b F S_{r2} \qquad (773)$$

Hier ist $F \overset{(754)}{=} 3{,}5$ und damit gilt für die erforderliche Eingangs-
leistung $P_{1S} \overset{\geq}{=} 21$ nW.

In dieser Berechnung ist das zusätzliche Rauschen, das die
Antenne einfängt nicht berücksichtigt, sondern nur das thermische Rauschen ihres Strahlungswiderstandes. Oberhalb etwa

100 MHz ist dies zulässig, weil hier die Rauschzahl der heutigen Empfänger-Eingangsschaltungen die entscheidende Rolle spielt. Unterhalb 100 MHz ist das Antennenrauschen größer als es dem thermischen Rauschen ihres Strahlungswiderstandes entspricht, weil die Antenne hier von außen Rauschsignale aufnimmt. Diese erhöhte Rauschleistung wird formal durch die sog. Antennentemperatur T_A berücksichtigt, [22], [23].

Beispiel 91: Wie groß ist der Rauschabstand am Ausgang eines Verstärkers für $f = 350$ MHz mit $F = 2$, wenn am Eingang eine Nutzsignalleistung von $P_{1S} = 8 \cdot 10^{-15}$ W empfangen wird und der Verstärker eine Bandbreite von $b = 10$ kHz hat?

L ö s u n g :   Aus Gl.(773) folgt direkt $S_{r2} = P_{1S}/(kT_0 bF) = 100 \,\hat{=}\, 20$ dB.

Beispiel 92:   Im UHF-Gebiet des Fernsehens (z.B. $f = 600$ MHz) ist das zusätzliche Rauschen, das die Antenne einfängt, praktisch zu vernachlässigen. Sie liefert hier nur das thermische Rauschen ihres Strahlungswiderstandes R_S. Um einen rauschfreien Bildeindruck zu bekommen, muß der Störabstand 40 dB betragen. Wie groß muß der Effektivwert u_{1eff} der erforderlichen Mindesteingangsspannung sein, wenn ein UHF-Tuner mit einem Eingangswiderstand $r_1 = 240\ \Omega$ und einer Bandbreite $b = 5$ MHz sowie einem Rauschmaß $F = 7,5$ dB verwendet werden soll?

L ö s u n g :   Mit $P_{1S} = u_{1eff}^2/r_1$ folgt sofort aus Gl.(773) die Beziehung

$$u_{1eff} = \sqrt{kT_0 bF S_{r2} r_1} \tag{774}$$

Aus $10\,\lg F = 7,5$ folgt $F = 5,62$, so daß mit $S_{r2} = 10^4$ hier $u_{1eff} \gtrsim 0,5$ mV gefordert werden muß.

Literaturverzeichnis

[1] Kirschbaum, H.D.: Transistorverstärker. Band 1
     Technische Grundlagen. Teubner Stuttgart 1975

[2] Kirschbaum, H.D.: Transistorverstärker. Band 2
     Schaltungstechnik Teil 1. Teubner Stuttgart 1976

[3] Filipkowski, A.: Transistorverstärker für hohe Frequenzen.
     Dt. Übersetzung v. K. Lunze. Verlag Technik, VEB,
     Berlin 1966

[4] Shea, R.F.: Transistortechnik. 2. Auflage.
     Berliner Union 1962

[5] Schubert, J.: Röhre und Transistor als Vierpol
     (Telefunken-Fachb.) 2. Auflage. Franzis-Verlag 1970

[6] Siemens-Datenbuch

[7] Hetterscheid, W.Th.H.: Selektive Transistorverstärker.
     Band I Grundlagen. Philips Techn. Bibliothek 1965

[8] dsgl. Band II Entwicklung und Konstruktion. 1971

[9] Shea, R.F.: Amplifier handbook. Mc Graw-Hill, New York 1966

[10] Siemens: Bauelemente. Technische Erläuterungen und Kenn-
     daten für Studierende. 3. Auflage 1981

[11] Feldtkeller, R.: Einführung in die Theorie der Hoch-
     frequenz-Bandfilter. Hirzel-Verlag Stgt., 6. Auflg.1969

[12] Meinke,H./Gundlach,F.W.: Taschenbuch der Hochfrequenz-
     technik. Springer-Verlag, 3. Auflage 1968

[13] Weitzsch, F.: Einige theoretische Untersuchungen ...
     in transistorbestückten ZF-Verstärkern bei Verwendung
     von Bandfiltern. Nachr.Techn.Fachber. 18(1960) S.A-23
     bis A 37 oder Valvo-Berichte V (1959), H.3, S. 98-112

[14] Gerdsen, P.: Großsignalaussteuerung eines bipolaren Tran-
     sistors mit Stromflußwinkeln $\theta < 180$.
     elektronik-industrie 3(1976) S. 30-32 und 4(1976)S.76-79

[15] Valvo-Fachbuch: Transistor-Kompendium III. Niederfrequenz-
     verstärker. Hamburg 1970

[16] Telefunken-Laborbuch, Band 4, 3. Auflg. 1970

[17] Oberg, H.J.: Berechnung nichtlinearer Schaltungen.
     Teubner Stuttgart 1973

[18] Koch, H.: Transistorsender. Entwurf, Berechnung und Bau.
     Franzis-Verlag 1969

[19] Wüstehube, J.: Feldeffekt-Transistoren. Valvo-Fachbuch 1968

[20] Gad, H.: Feldeffektelektronik. Teubner Stuttgart 1976

[21] Texas Instruments: Das FET-Kochbuch. München 1977

[22] Bittel, H./Storm, L.: Rauschen. Springer 1971

[23] Henne, W.: Rauschkenngrößen der Antennen, HF- und NF-
       Verstärker. R. Oldenbourg München 1972

[24] Telefunken-Laborbuch, Band 3, 4. Auflage 1968

[25] Herter/Röcker: Nachrichtentechnik. Hanser Verlag 1976

[26] Sarkowski, H.(Hrsg.): Dimensionierung von Halbleiter-
       Schaltungen. Lexika-Verlag Grafenau-Döffingen 1974

[27] Kovács,F.: Hochfrequenzanwendungen von
       Halbleiter-Bauelementen.
       Franzis-Verlag München 1977

[28] Jansen, J.H.: Transistor-Handbuch. Franzis 1980

243

<u>Formelzeichen</u>

Die Formelzeichen aus [1] Seite 209 f und [2] Seite 226 f
werden - mit wenigen Ausnahmen - konsequent weiter benutzt
und hier nicht erneut aufgeführt.

a   Aussteuerungsfaktor und gelegentlich Abkürzungsgröße

b'   normierte Bandbreite

d   Dämpfung

F   Rauschzahl und Abkürzungsgröße in Gl.(571)

f_o Bandmittenfrequenz

Δf Frequenzabweichung; Meßbandbreite

I_{DSS} Drain-Source-Kurzschlußstrom

k   Kopplungsfaktor; Klirrfaktor; Boltzmann'sche Konstante

k/d   normierte Kopplung

N, n   Windungszahlen; Anzahl der Filter

P_L abgegebene Wirkleistung

$P_\ominus$, $P_{\tilde{\ominus}}$, $P_{tot}^{\sim}$ siehe Symbol-Liste auf Seite 117

P_{1S}, P_{1r}, P_{2S}, P_{2r}, ΔP_r, P_{vgS}, P_{vgr} siehe Seite 229 und 230

P_r Rauschleistung

Q_o Leerlaufgüte

Q_B Betriebsgüte

$q = Q_o/Q_B$ Güteverhältnis

R_{gr} Grenzwiderstand

S   Selektivität

s   Stabilitätsfaktor

S_r Rauschabstand

T_o Rausch-Bezugstemperatur

U_S Schleusenspannung

u_r Rauschspannung

ü   Übersetzungsverhältnis

v   Verstimmung; Verstärkung

η Wirkungsgrad

Θ Stromflußwinkel

ϱ Abkürzung [2] Gl.(88)

σ Abkürzung [2] Gl.(87)

Φ_A Verluste infolge Fehlanpassung

Φ_K Einfügungsverluste

Ω normierte Verstimmung; Einheit Ohm

ω_0 Resonanzfrequenz; Bandmittenfrequenz

Indizes

b, B   Bulk

d, D   Drain

g, G   Gate

h   obere Bandgrenze

m   Vollaussteuerung

N   Neutralisation

r   Rauschen

s, S   Source

t   untere Bandgrenze

o   Bandmitte; Leerlauf in [1] ; NF-Wert in [2]

$\sim$ proportional

$\overline{I}, \overline{u}$ zeitlicher Mittelwert

Sachregister

Teubner Lehrbücher

Moeller
Leitfaden der Elektrotechnik
Herausgegeben von H.Fricke, H.Frohne und P.Vaske

Band I   Grundlagen der Elektrotechnik
Teil 1:   Elektrische Netzwerke
            17., neubearbeitete und erweiterte Auflage
            Geb. DM 59,--

Band II   Elektrische Maschinen und Umformer
Teil 1:   Aufbau, Wirkungsweise und Betriebsverhalten
            12., neubearbeitete und erweiterte Auflage
            Kart. DM 38,--

Teil 2:   Berechnung elektrischer Maschinen
            8., überarbeitete Auflage
            Kart. DM 34,--

Band III   Bauelemente der Halbleiterelektronik
Teil 1:   Grundlagen, Dioden und Transistoren
            Kart. DM 38,--

Teil 2:   Feldeffekt-Transistoren, Thyristoren und Optoelektronik
            Kart. DM 42,--

Band IV   Grundlagen der elektrischen Meßtechnik
            in Vorbereitung

Band VI   Hochspannungstechnik
            Kart. DM 34,--

Band VII   Programmierbare Taschenrechner in der Elektrotechnik
            Anwendung der TI 58 und TI 59
            Kart. DM 44,--

Band IX   Elektrische Energieverteilung
            4., neubearbeitete und erweiterte Auflage
            Kart. DM 42,--

Band X   Grundlagen der Digitaltechnik
            Kart. DM 38,--

Band XI   Grundlagen der elektrischen Nachrichtenübertragung
            Geb. DM 48,--

Band XII   Grundlagen der Verstärker
            in Vorbereitung

Preisänderungen vorbehalten

Teubner Studienskripten Elektrotechnik

v. Münch,   Werkstoffe der Elektrotechnik
                 4., überarbeitete und erweiterte Auflage.
                 254 Seiten. DM 17,80

Oberg,   Berechnung nichtlinearer Schaltungen
                 für die Nachrichtenübertragung
                 168 Seiten. DM 14,80

Pinske,   Elektrische Energieerzeugung
                 127 Seiten. DM 12,80

Pregla/Schlosser, Passive Netzwerke
                 Analyse und Synthese
                 198 Seiten. DM 15,80

Römisch,   Berechnung von Verstärkerschaltungen
                 2., durchgesehene Aufl. 192 Seiten. DM 15,80

Schaller/Nüchel, Nachrichtenverarbeitung

                 Band 1 Digitale Schaltkreise
                 2., neubearbeitete Aufl. 168 Seiten. DM 14,80

                 Band 2 Entwurf digitaler Schaltwerke
                 3., überarbeitete und erweiterte Auflage.
                 191 Seiten. DM 15,80

                 Band 3 Entwurf von Schaltwerken
                 mit Mikroprozessoren
                 155 Seiten. DM 12,80

Schlachetzki/v. Münch, Integrierte Schaltungen
                 255 Seiten. DM 17,80

Schmidt,   Digitalelektronisches Praktikum
                 2., durchgesehene Aufl. 238 Seiten. DM 15,80

Seinsch,   Grundlagen elektr. Maschinen und Antriebe
                 230 Seiten. DM 16,80

Thiel,   Elektrisches Messen nichtelektrischer Größen
                 2., überarb.u.erw.Aufl. 244 Seiten. DM 16,80

Unger,   Hochfrequenztechnik in Funk und Radar
                 223 Seiten. DM 16,80

Vaske,   Berechnung von Drehstromschaltungen
                 180 Seiten. DM 14,80

Vaske,   Berechnung von Gleichstromschaltungen
                 3., überarbeitete und erweiterte Auflage.
                 132 Seiten. DM 12,80

Vaske,   Berechnung von Wechselstromschaltungen
                 2., durchgesehene Aufl. 224 Seiten. DM 16,80

Vaske,   Übertragungsverhalten elektrischer Netzwerke
                 3., überarbeitete Auflage.
                 164 Seiten. DM 14,80

Weber,   Laplace-Transformation für Ingenieure
                 der Elektrotechnik
                 3., überarbeitete und erweiterte Auflage
                 205 Seiten. DM 15,80

Westermann,   Laser
                 190 Seiten. DM 14,80

Preisänderungen vorbehalten